图 1-1　恶劣天气下视频图像处理对比图

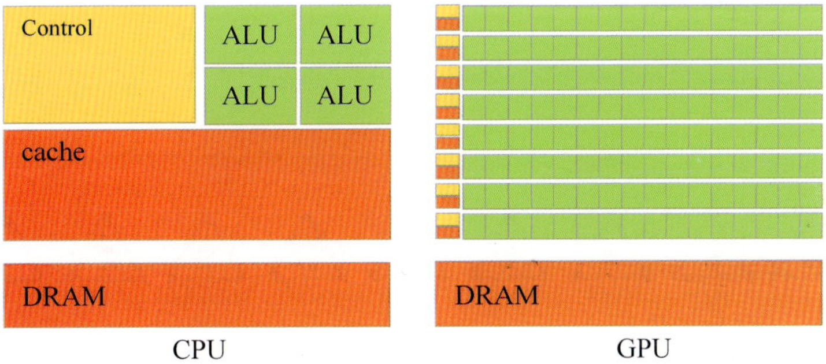

图 1-4　CPU 与 GPU 逻辑架构对比

图 2-5　车道线图像灰度化

图 2-12 我国交通禁令标志图

图 2-13 我国交通警告标志图

图 2-14　我国交通指示标志图

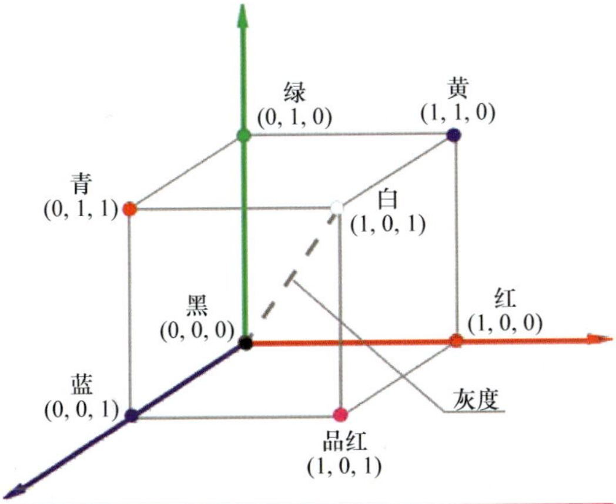

图 2-26　RGB 彩色立方体示意图

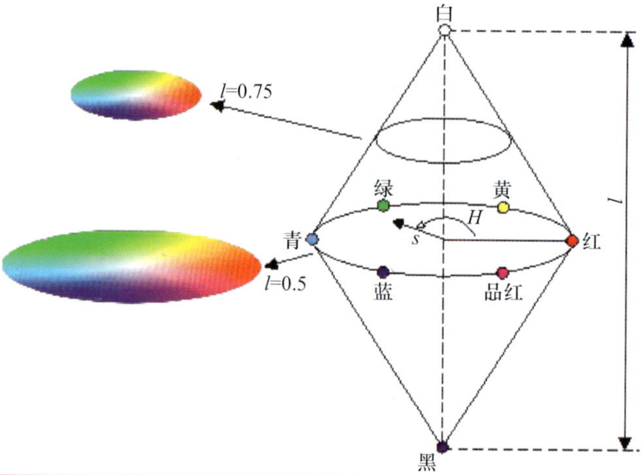

图 2-27　HIS 色彩空间示意图

图 2-29　归一化 *RGB* 效果图

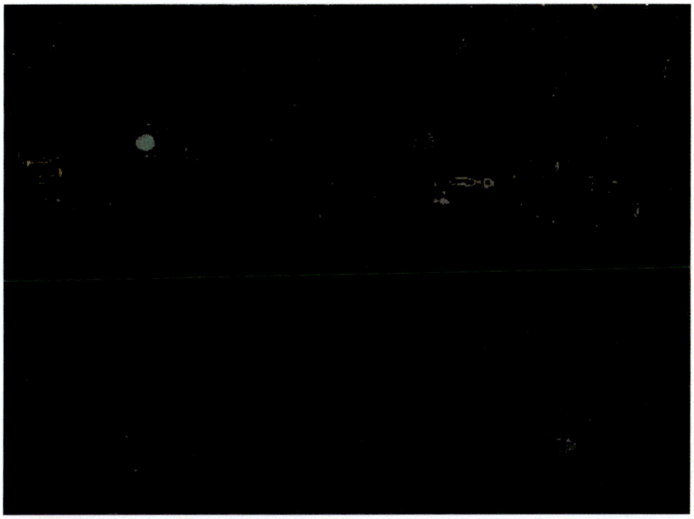

图 2-30　挑选候选区域图

图 2-31　效果较好的测试图

图 2-32 误检效果图

图 2-33 漏检的测试图

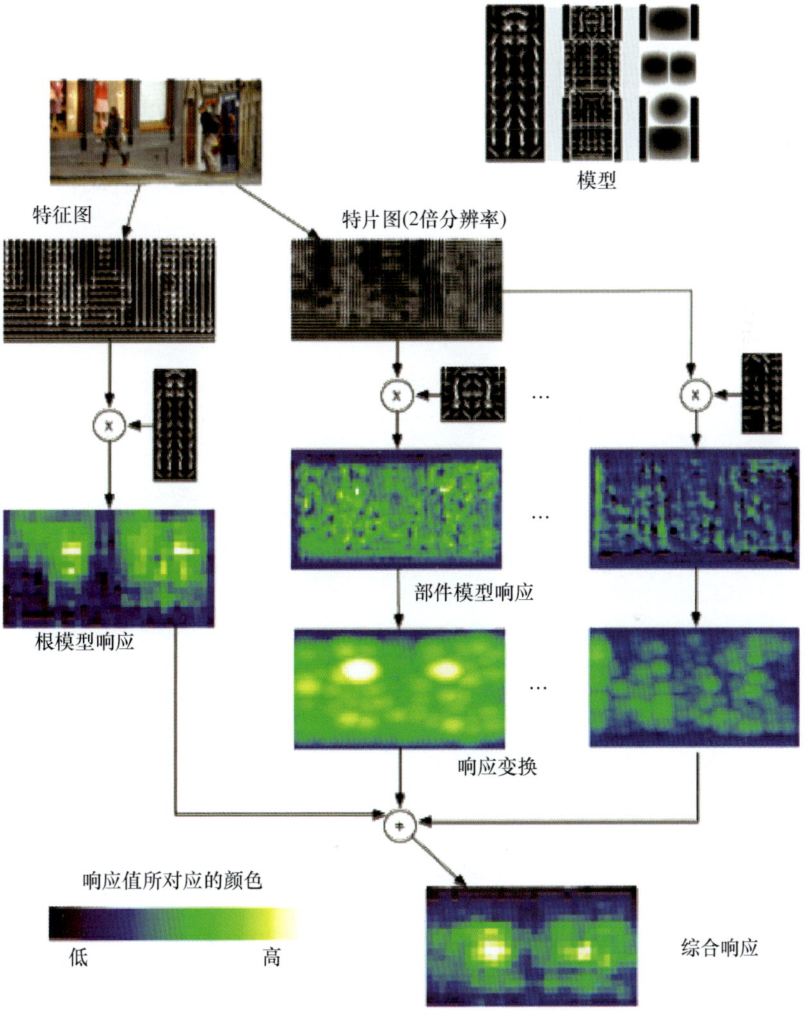

图 2-36　DPM 算法的检测流程

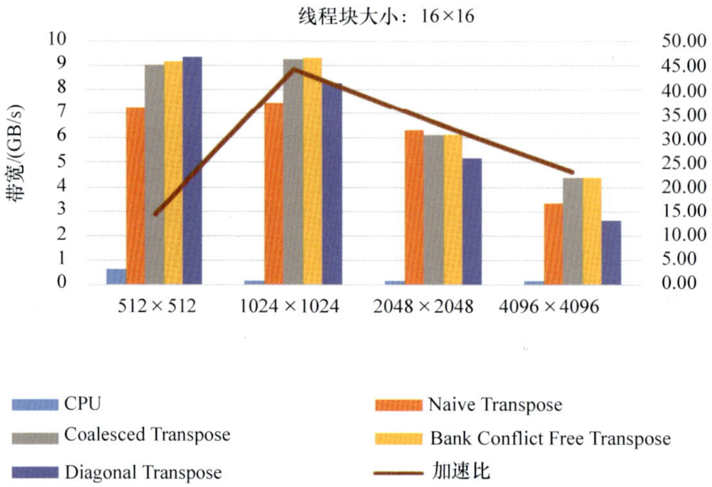

图 5-12 线程块大小为 16×16 的性能图

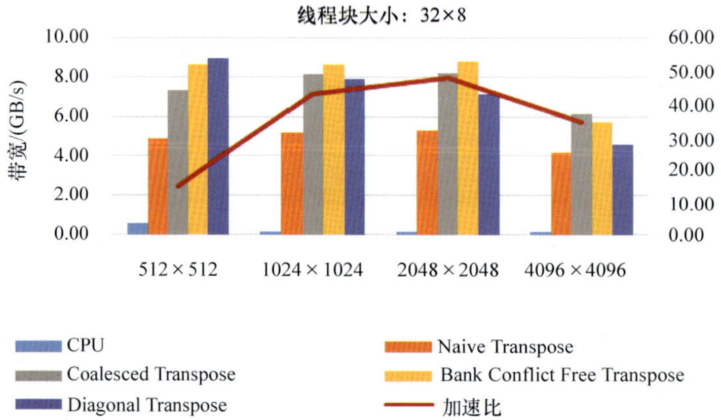

图 5-13 线程块大小为 32×8 的性能图

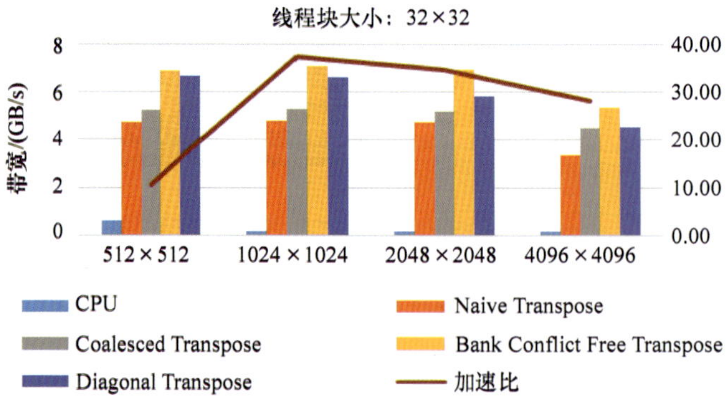

图 5-14 线程块大小为 32×32 的性能图

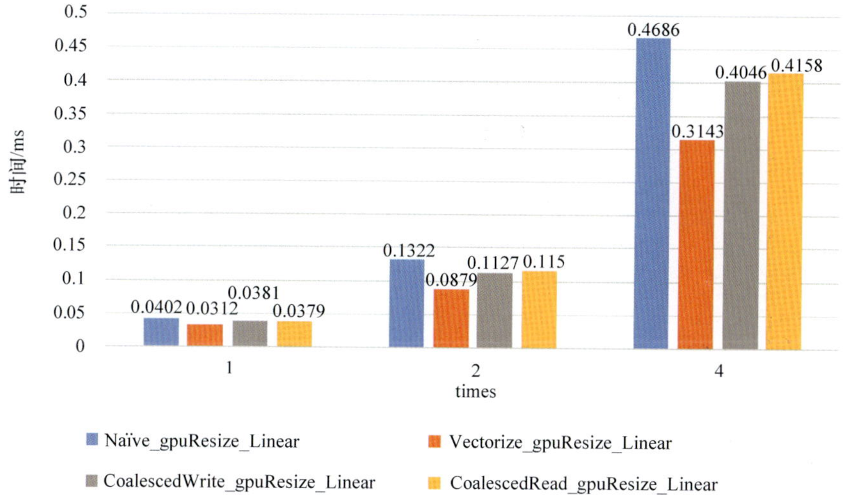

图 5-30 通道 1 下 resize 算法性能对比

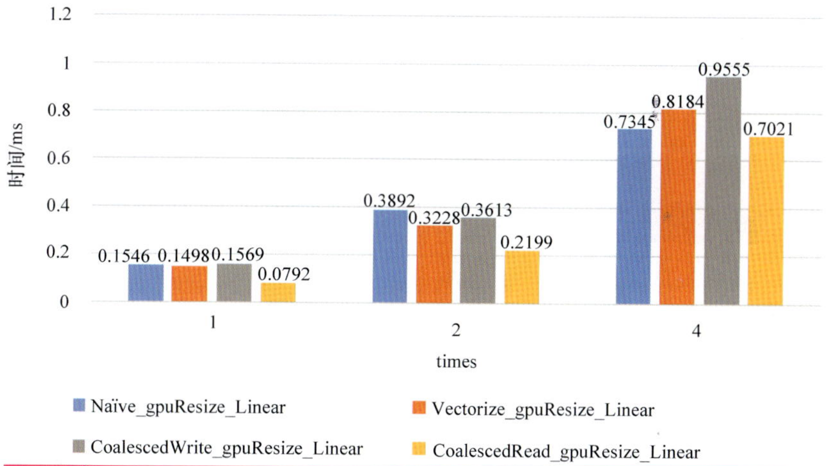

图 5-31 通道 3 下 resize 算法性能对比

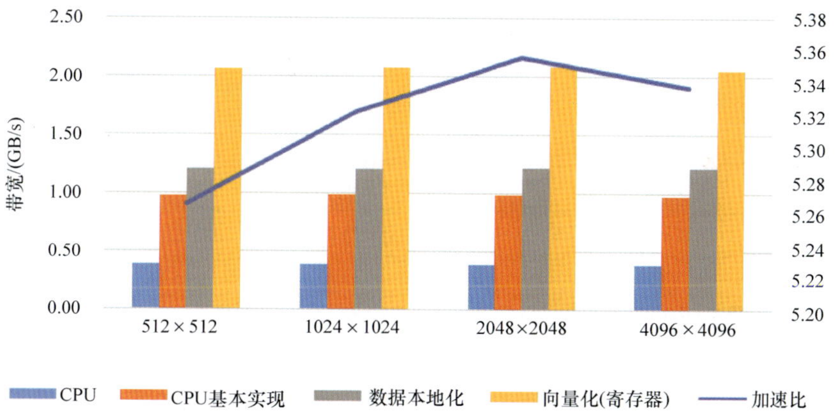

图 5-35 Laplace 算法对应不同大小的图片的性能图

图 6-2 灰度化效果图

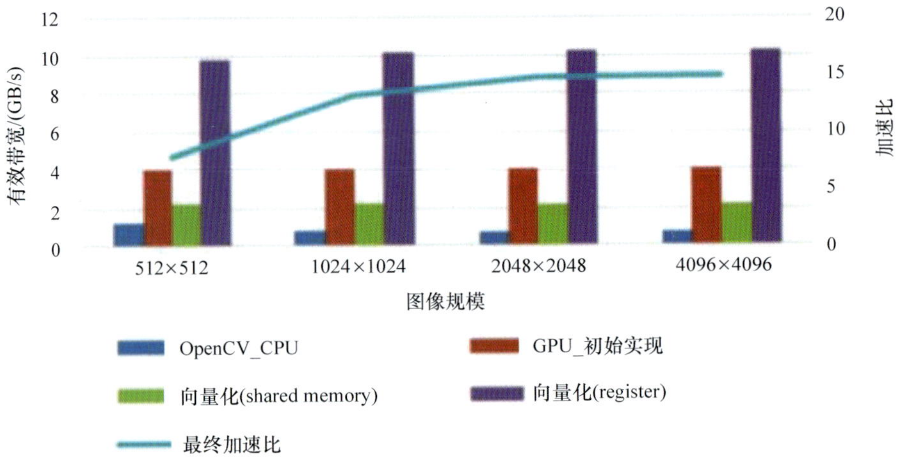

图 6-7 灰度化算法性能图

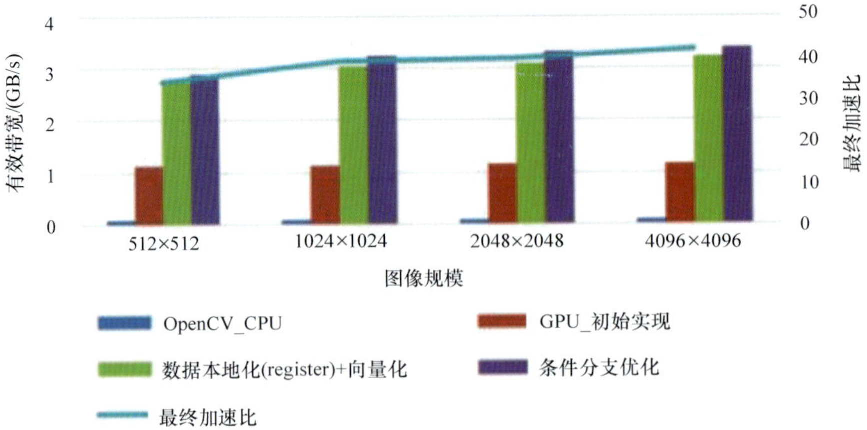

图 6-8 blur 算法性能图

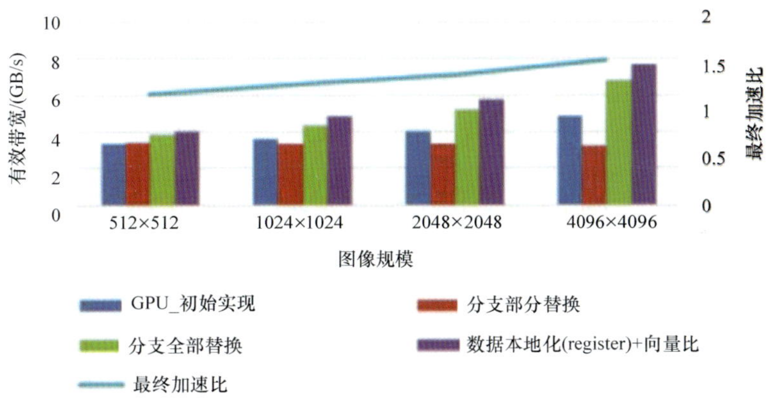

图 6-10　非极大值抑制算法性能图

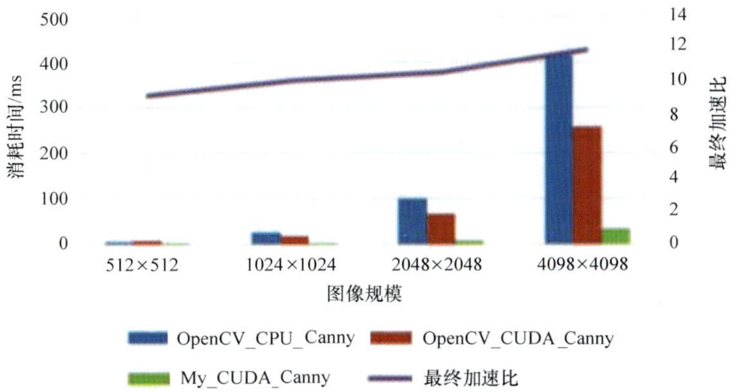

图 6-12　CPU 与 GPU 版本 Canny 算子性能对比图

图 6-14　高性能 Canny 边缘检测效果图

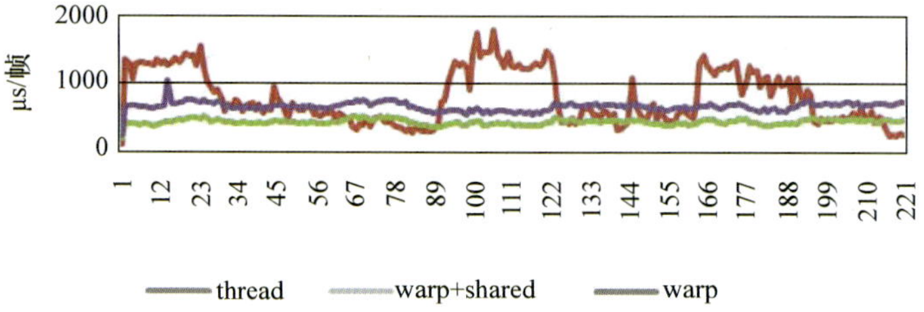

图 8-31　栅格处理数据稳定性对比

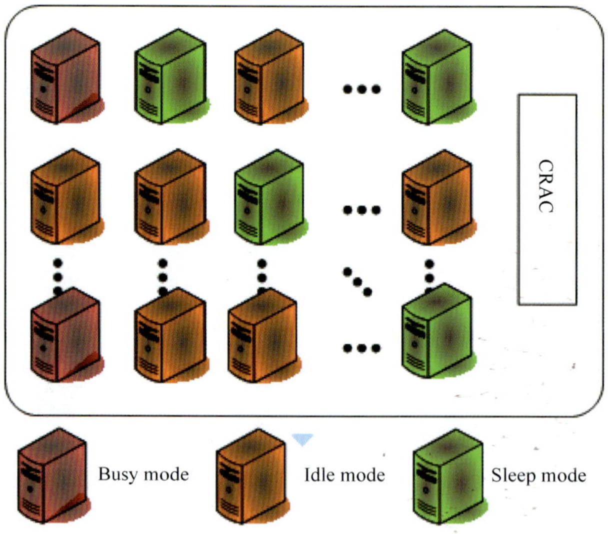

图 9-2　节点状态示意图

智能网联汽车研究与开发丛书

本书得到
国家自然科学基金重大研究计划项目（91420202）
北京市属高等学校高层次人才引进与培养计划项目（IDHT 20140508）
北京市教育委员会科技计划面上项目（KM201411417010）的资助

视频图像处理与性能优化

梁　军　贾海鹏　著

机 械 工 业 出 版 社

本书作为一本视频图像处理算法与性能优化方法的学术专著，既反映了相关领域近年来的最新研究进展，又给出了作者在视频图像处理技术方面的研究成果与应用实例。全书共分为9章，包括绪论、视频图像处理在智能驾驶中的应用、GPU体系架构、CUDA与OpenCL编程模型、异构计算与性能优化方法、Canny边缘检测算法优化、人脸检测算法优化、异构平台激光雷达算法优化、性能与能耗的权衡等内容。

本书可供从事计算机应用、视频图像处理、并行算法及并行软件的设计与开发、智能驾驶等领域的研究人员、工程技术人员阅读。

图书在版编目(CIP)数据

视频图像处理与性能优化/梁军，贾海鹏著．—北京：机械工业出版社，2017.6（2018.3重印）

（智能网联汽车研究与开发丛书）

ISBN 978-7-111-56928-2

Ⅰ.①视…　Ⅱ.①梁…②贾…　Ⅲ.①视频信号－图象处理　Ⅳ.①TN941.1

中国版本图书馆CIP数据核字（2017）第094633号

机械工业出版社（北京市百万庄大街22号　邮政编码100037）

策划编辑：孙　鹏　责任编辑：孙　鹏

责任校对：肖　琳　封面设计：鞠　扬

责任印制：常天培

北京圣夫亚美印刷有限公司印刷

2018年3月第1版第2次印刷

169mm×239mm · 13.5印张 · 8插页 · 272千字

1901—2900册

标准书号：ISBN 978-7-111-56928-2

定价：79.90元

凡购本书，如有缺页、倒页、脱页，由本社发行部调换

电话服务

服务咨询热线：010-88361066

读者购书热线：010-68326294

010-88379203

封面无防伪标均为盗版

网络服务

机 工 官 网：www.cmpbook.com

机 工 官 博：weibo.com/cmp1952

金 书 网：www.golden-book.com

教育服务网：www.cmpedu.com

序

视频图像处理技术在智能汽车以及无人驾驶中的应用非常广泛，如车道线识别、前方车辆的检测与识别、交通标志牌的识别、红绿灯识别等。视频图像处理技术在智能驾驶中的应用中除了需要满足可靠性和鲁棒性两方面的要求外，实时性也是非常重要的要求。能够实时对道路的实际情况做出反应，是智能驾驶安全的重要保证。因此，在保证算法可靠性和鲁棒性的前提下，研究视频图像实时处理算法和技术对于智能驾驶来说至关重要。

随着通用计算图形处理器（General Purpose Graphic Processing Unit，GPGPU）技术的发展，GPU 的应用也越来越广泛。英伟达（NVIDIA）Tegra 系列高性能 GPU 计算平台推出后，利用高性能计算技术实现智能驾驶中视频图像的实时处理成为重要的发展趋势。然而，如何编写正确、高效的 GPU 并行程序成为软件开发人员面临的一大挑战，同时 GPU 并行程序的调试、性能剖析也日益成为 GPU 并行软件开发的难题。GPU 并行程序开发和优化的本质是实现算法特征向底层硬件架构特征的高效映射，这就对 GPU 并行软件开发人员提出了更高的要求：不仅要了解算法特征，而且要对底层架构有着清晰的认识。这无疑增加了将 GPU 高性能计算技术应用到智能驾驶视频图像实时处理应用中的难度。

在这种背景下，本书的出现非常及时。本书从视频图像处理在智能驾驶中的应用、GPU 体系架构与编程模型、GPU 编程与优化、GPU 优化实际案例剖析、性能与能耗的权衡五个方面，详细讨论了利用 GPU 高性能计算技术实现智能驾驶视频图像实时处理的关键方法。GPU 编程的重要内容是性能优化，这就需要软件开发人员在详细了解 GPU 硬件架构特征的基础上，根据实际的算法特征，选择最优的优化方法组合，从而实现算法的最佳性能。本书详细介绍了 NVIDIA 和 AMD 多代 GPU 计算平台的架构特点，计算统一设备架构（Compute Unified Device Architecture，CUDA）与开放计算语言（Open Computing Language，OpenCL）两种 GPU 编程模型的比较以及 GPU 通用优化方法，同时提供了大量的实际案例，更加深入地讨论 GPU 优化方法的选择与应用方式。通过本书，读者可以了解视频图像处理技术在智能驾驶中的应用和 GPU 架构的发展，学习如何使用 CUDA 开发高性能的 GPU 程序，包括访存优化、计算优化和数据本地化优化等。

本书作者梁军是北京联合大学副教授，李德毅院士智能车团队的重要成员。研究方向包括智能驾驶、并行算法及并行软件的设计与开发等，实际参与了多辆智能车并行软件的开发、调试和应用，本书是作者根据自己在智能驾驶领域多年的研究基础和实际并行编程经验，从开发优秀 GPU 并行软件的本质出发，以通俗易懂的方式对最为关键的基本知识和技术进行了细致讲解。本书既可成为智能驾驶领域的参考书籍，也可供 GPU 并行软件开发人员及高校师生参考。

2017.5.19

前　言

智能驾驶是当前一个主要的研究热点，视频图像处理技术在智能驾驶领域有着广泛应用，如车道线检测、障碍物识别、红绿灯识别和交通标志牌识别等。视频图像实时处理技术是智能驾驶领域的重要研究内容，也是智能驾驶安全的重要保证。随着 GPGPU 计算的发展，特别是 NVIDIA Tegra 高性能 GPU 计算平台的推出，通过高性能计算技术实现视频图像的实时处理，成为当前重要的研究热点和发展趋势。

GPGPU 的出现和发展，给并行计算带来了新的计算平台。新计算平台需要新方法来进行并行软件开发。GPU 编程的重点在于性能优化，经过细致调优的 GPU 程序可实现巨大的性能提升。然而，GPU 编程的难点也在于性能优化，并行程序开发人员不仅要熟悉算法特征，还必须要了解底层硬件架构特征，这就对 GPU 并行程序开发人员提出了新的挑战。

近年来，我们跟踪新计算平台上视频图像实时处理技术的最新进展并深入研究，试图从算法和硬件架构两方面来迎接这种挑战，书中不仅介绍了在智能驾驶中广泛应用的视频图像处理算法，而且介绍了多种不同的 GPU 架构，在此基础上，分析了 GPU 编程和优化的主要思路和方法，不仅能针对各种独立的优化方法，更重要的是能针对各种优化方法组合的情况。研究过程中得到了国家自然科学基金重大研究计划项目、北京市属高等学校高层次人才引进与培养计划项目、北京市教育委员会科技计划面上项目的资助，成果已用到北京联合大学智能车上。

本书作为视频图像处理技术理论研究和应用的一本学术专著，参考了国内外大量的相关文献，总结了我们近几年来的研究成果，并提供了大量的实际案例，通过实际案例的实现和解析，为读者提供一个视频图像处理算法在 GPU 上实现和优化的具体思路和方法。读者通过本书的阅读和学习，不仅可以学习视频图像处理技术在智能驾驶中的应用，而且可以了解 GPU 程序从实现到优化的具体方法。虽然本书实际案例的实现都是基于 CUDA，但是本书也比较了CUDA 和 OpenCL 的异同，本书描述的优化方法也可以非常方便地移植到 OpenCL 程序的编写和优化中。

本书可以分成如下四个逻辑单元：

- 视频图像处理技术在智能驾驶中的应用：第 2 章在分析了当前国内外主

流的智能驾驶技术后，详细介绍了在智能驾驶中应用广泛的几类视频图像处理算法，包括：车道线的提取和跟踪技术、交通标志牌的检测和识别技术、交通信号灯的检测与识别技术等。

❑ GPU 硬件架构与编程：第 3 章介绍了 CPU 与 GPU 架构的主要区别，在此基础上，对当前主流的 GPU 架构特征（包括 NVIDA GPU 和 AMD GPU）进行了详细介绍，这是进行 GPU 并行编程和优化的前提。第 4 章介绍了当前 GPU 主要的编程模型：CUDA 和 OpenCL，不仅介绍了这两种编程模型的关键概念和定义、两种编程模型的异同；而且通过一个简单的例子介绍了使用这两种编程模型进行 GPU 编程的主要流程和方法，最后给出了 GPU 程序性能优化的主要思路。

❑ 实际案例分析：第 5 章介绍了矩阵转置、规约算法、resize 算法和 Laplace 算法等主要的视频图像处理算子在 GPU 上的实现和优化方法，结合具体算法详细分析了 GPU 编程和优化思路和方法。最后第 6 ~ 8 章分别给出了 Canny、人脸检测以及激光雷达算法等具体实际应用案例的 GPU 移植和优化方法。

❑ 性能与能耗：第 9 章从能效评价指标、各层次能耗优化策略以及系统级能耗优化技术三个方面介绍了在高性能计算以及智能驾驶中对性能与能耗的权衡。

本书由梁军、贾海鹏著，其中肖琳、胡正坤、梁爱华、许武、李威、王晶、魏秋明和李志豪参与了本书的编辑整理工作。在本书编写、出版的过程中，得到了鲍泓教授主持的国家自然科学基金重大研究计划项目（91420202）的资助，同时，也参考了国内外大量的论文和专著，在此一并表示感谢。

由于时间仓促，书中难免会出现错误和不妥之处，恳请广大读者不吝批评指正。

梁　军
贾海鹏

目　录

第1章 绪　论

视频图像处理广泛地应用于人机交互、智能监控、机器视觉导航、工业机器人、无人驾驶等各个场景中。它以视频图像为分析对象，对设定区域的图像进行分析检测，将获得的各项数据传输给不同的控制和决策系统，具有直观、高效、检测范围广且测量精度高的特点。上述场景中所应用的视频图像处理技术必须具有良好的实时性，要求机器视觉系统的数据处理速度必须与视频图像同步进行，否则会直接影响检测效果。

现代 GPU 以其强大的计算能力、较高的峰值带宽以及日益增强的可编程性，成为当前高性能计算系统中最重要的加速部件。CUDA 和 OpenCL 等 GPU 编程模型的日益成熟，为开发人员有效利用 GPU 的强大计算能力提供了条件。优化是 GPU 程序设计中的重要内容，GPU 程序优化的本质是从算法特性向硬件特征高效映射的过程，经过精心优化的 GPU 程序可能会得到几倍甚至几十倍的性能提升。

因此，GPU 程序优化除考虑算法的特征外，还要考虑 GPU 底层硬件架构的特性。要编写高性能的 GPU 程序，需要程序员对 GPU 的底层硬件架构特征有清晰的认识。特别是在 GPU 底层硬件架构日益多样化的今天，分析了解不同 GPU 底层硬件架构的异同，是编写高性能 GPU 程序和实现性能移植的重要前提。

1.1　视频图像处理

随着社会的进步和科学技术的发展，人们对信息处理与信息交流的要求越来越高。人类传递信息的方式主要有三个渠道：语言、文字和图像。从信息论的角度来看，“图像”所包含的信息量最大，其内容非常广泛。不仅有灰度，还有色彩；不仅有平面，还有立体等。人类所获得的外界信息超过 70% 是来自眼睛摄取的图像，没有任何形式比图像所传递的信息更加丰富、真切。

1.1.1　概述

图像是用各种观测系统以不同形式和手段观测客观世界而获得的，可以直接或间接作用于人眼并进而产生视知觉的实体，其最广义的观点是指视觉信息。例如照片、图画、电视画面以及光学成像等，人类的大部分信息都是从图像中获得的。

随着科技的发展和时代的不断进步，视频和图像数据处理技术逐渐成熟起来，对人们的生活和工作起着重要的作用。视频和图像是现代生活中必备的元素，被广泛地运用在各个领域，在电影电视、视频监控、医学检查等方面具有非常重要的作用。但视频和图像处理技术属于先进的科技领域，其中涵盖了较为先进的技术和理论的应用，再加上高新设备的使用等，给图像和视频处理带来了一定的困难。要想提高处理技术的水平和质量，就需要加深对该技术的研究和探讨。

随着经济的发展和人们生活水平的提高，视频和图像处理技术在生活中应用的范围越来越广，使人们对新形势下图像和视频处理技术的应用和发展问题极为关注。数字视频和数字图像比传统的图像和视频分辨率要高，处理方便，易于操作和整理。但在应用视频图像处理技术时，因为操作技术问题或者客观因素等会给视频图像处理技术的应用带来一些负面影响，降低了处理技术的水平和质量，所以需要加大研究力度，提高处理技术水平。

数字图像处理的目的主要有三个方面：

❑ 对图像灰度做某种变换，增强其中的有用信息，抑制无用信息，使图像质量提高，以便于人眼观察、理解或便于计算机对其作进一步的处理。这种处理技术主要有图像增强、图像复原和图像编码。

❑ 用某种特殊手段提取、描述和分析图像中所包含的某些特征或特殊的信息，主要目的是便于计算机对图像作进一步的分析和理解，多用于模式识别、计算机视觉的预处理等。这类图像处理技术包括图像分割、图像识别和特征提取等。

❑ 图像数据的压缩，以便于图像的存储和传输。

在视频监控领域，有许多视频图像处理技术还不完善，给实际应用带来很多困难。经过多方面视频图像处理技术的基础研究，使我们解决了以往许多没有解决的技术难题，在以下几方面形成了很好的技术成果，为解决视频监控领域中存在的问题奠定了重要技术基础。

1. 掌握多种先进的视频图像处理能力

高清高帧率实时透雾处理

❑ 可实时处理各种雾霾天气中的视频图像，去除由雾霾造成的景象朦胧、模糊使人看不清或看不见的情况，能够显著增强视频图像的细节信息，使原来被遮隐的图像细节得以充分展现，并保持原有的色彩色调，使视频图像变得极其明亮、通透和清晰，从而获得良好的图像质量与视觉感受。

❑ 超低照度处理

可实时处理各种低照度环境下的视频图像，能使极低照度下的视频图像变得明亮和清晰，使人们在黑暗中（如缺少光照的夜晚）看不见的景物都能明亮清晰地显示出来，而且不损失原景物色彩，视频感观如同白天效果。

❑ 实时精细降噪处理

可实时对视频图像进行精细降噪处理，消除视频图像中的绝大部分噪点，从而获得干净、清晰的高质量视频图像。

❑ 无损实时放大处理

可实时对视频图像进行各种倍率的放大。放大的视频图像没有任何模糊和马赛克，并能够对原视频图像的细节部分予以充分的保留。

❑ 强光抑制处理

可实时对视频图像中的强光亮点或区域进行抑制，使强光范围和亮度减小，恢复被强光散射遮掩的目标景物的轮廓和色彩，获得清晰的视频图像。

❑ 视频实时稳像处理

可实时对由颠簸或晃动造成的视频图像的摆动进行图像稳定性处理，从而获得稳定的视频图像，处理效果已经超过“美国识慧模糊处理系统”。

❑ 去除模糊处理

可处理图像中的散焦模糊和运动模糊等，使被观察景物的图像变得清晰。

2. 强大的实时处理能力

对具有各种清晰度和各种帧率的视频图像都能进行完美的实时处理，观看上没有任何时间延迟，完全保证了在各种视频应用领域中对监控视频实时性的严格要求。

3. 小尺寸和低能耗

视频处理系统可以做到小尺寸和低能耗，当空间和能耗有特殊要求时，能给予令人满意的解决方案。

1.1.2 视频图像处理发展与应用

图形图像处理起源于20世纪20年代，当时通过海底电缆从英国伦敦到美国纽约采用数字压缩技术传输了第一幅数字照片。此后随着遥感等领域的应用，图形图像处理技术逐步得到发展。一直到20世纪50年代，随着大型数字计算机和太空科学研究计划的出现，人们才注意到图像处理的发展潜力。早期图像处理是改善图像质量，以改善人的视觉效果为目的。输入的是质量低的图像，输出的是改善质量后的图像。首次获得成功应用的是美国喷气推进实验室，他们对航天探测器“徘徊者7号”在1964年发回的几千张月球照片进行了图像处理，如几何校正、灰度变换、去除噪声等，并考虑了太阳位置和月球环境的影响，由计算机成功绘制出月球表面地图，获得了巨大的成功。这标志着第三代计算机问世后数字图像处理开始得到普遍应用。20世纪80年代末，人们开始将其应用于地理信息系统，研究海图的自动读取和自动生成方法。进入21世纪，随着计算机技术的迅猛发展和相关理论的不断完善，视频图像处理技术在许多应用领域受到了广泛重视并取得了重大的开拓性成就，视频图像处理成为具有发展前景的新技术。视频图像处理应用领域包括航空航天、生物医学、机器人视觉、无人驾驶技术、公共安全、文化艺术等。图像是人类获取和交换信息的主要来源，图像处理的应用领域必然涉及人类生活和工作的方方面面，随着人类活动范围的不断扩大，视频图像处理的应用领域也不断扩大。

视频图像处理技术应用在智能交通领域。交通系统中，基于视频图像的目标检测技术综合了数字视频图像处理和人工模式识别的相关技术。它以视频图像为分析对象，通过对设定区域的图像进行分析得到交通信息，具有直观、高效、检测范围广且测量精度高的特点。同时其抗干扰能力强，先进的数字图像处理技术可以消除许多自然及人为干扰。在智能交通电视监控的基础上，视频检测获得的各项数据可以传达给各个交通信号控制系统，从而与其形成一个有机的整体。

随着智能车辆的飞速发展，视频图像处理技术在道路行车安全方面的应用也越发普遍。视频图像处理系统是汽车在道路行驶过程中的重要的安全辅助设备，主要包括视频采集和图像处理两个系统。视频图像处理系统通过显示设备直接将汽车周围的路况信息告知驾驶人，使得驾驶人能够更为灵活地调整车辆行驶状态，减少不必要的意外交通事故，提高道路交通行车驾驶的安全性。

随着数字视频图像信息处理技术的发展，人们对于获取具有稳定性能、实时性能的高品质图像的要求也日益显著，尤其是对多路智能车辆视频图像处理技术的需求越来越突出。随着无人驾驶车辆（如智能电动车）的出现，视频和图像成为智能电动车的眼睛，在车辆行车过程中，安装在车辆上的摄像头不断地采集路况信息，并将其传送到主处理器的内核中进行数据信息处理。通过对处理的数据信息进行相应的逻辑判断，改变电动机的运行状态，以控制智能电动车的行车路线，实现电动智能控制。视频图像处理在智能电动车领域具有较好的应用前景，特别是在车载360°环视显示系统上的应用。

视频图像处理技术在体育运动项目中起很大的作用。例如在奥运会的自由泳项目中采用视频图形处理技术，利用摄像设备将运动员的游泳动作录制下来，从各个角度来分析运动员的动作和姿态，看是否犯规等。另外，还可以用图形和视频处理软件来分析运动员成绩的好坏等。

视频图像处理技术在视频监控中具有很好的效果，例如在交通视频、银行视频、仓库视频监控中发挥着重要作用。一旦出现事故等，监管人员可以对监控的图像进行分析和处理，得到想要的数据。

在航空航天设备上安装图形视频收录设备，可以时刻把握航空设备的动态情况，利用图像和视频处理软件来分析收录设备获得的信息，然后经过分析和整理得到需要探查的气象、地理环境、资源等要素。

视频图像处理技术在生物医学工程方面的应用非常广泛，比如对医用显微镜图像的分析，而且在应用过程中还取得了非常显著的效果。此外，视频处理技术在X光肺部图像增晰、超声波图像处理等医学诊断方面的应用也十分普遍，为医学研究提供了方便。

在文化艺术领域，视频图像处理技术的应用也比较广泛，例如电视画面的数字编辑、动画制作、电子游戏等都用到了数字处理技术。而且随着数字图像技术的快速发展及广泛应用，还衍生出了新的艺术——计算机美术。

视频图像处理技术是现代生活中必备的技术，被广泛地运用在各个领域，如电影电视、视频监控、医学检查等。但视频和图像处理技术属于先进的技术领域，涵盖了较为先进的技术和理论应用，再加上设备的使用等，给图像和视频处理带来了一定的困难。所以要想提高处理技术的水平和质量，就需要加深对该技术的研究。

1.1.3 视频图像处理算法关键技术

视频图像处理过程中会涉及对视频图像数据的获取、传输、整理、显示和回放等过程，这些过程共同形成了一个系统的整体周期，可以进行连续性的运作。在视频图像处理技术范围内最主要的就是视频图像处理技术和图像压缩技术等。图像压缩技术是视频图像处理技术中最为重要的一个环节，需要高度重视。首先要明确图像处理依靠的是图像处理算法和处理的效果。图像处理方式决定了图像处理技术的质量和水平，在一定程度上影响了整体的运行效率。常用的图像处理方法有图像增强、复原、编码、压缩等。

要解决众多的视频图像处理应用问题，必须研究出有效的图像处理方法。可以将图像处理关键技术归纳为以下几类：

1. 图像获取、表示和表现

该过程主要是把模拟图像信号转化为计算机所能接受的数字形式，以及把数字图像显示和表现出来。这一过程主要包括摄取图像、光电转换及数字化几个步骤。

2. 图像增强

图像增强（Image Enhancement）是用来强调图像的某些特征，以便进一步分析。当无法得知图像退化有关的定量信息时，可以使用图像增强技术较为主观地改善图像的质量。图像增强技术是改善图像视觉质量的一种重要手段，包括去除图像噪声、增强图像对比度与提高图像的清晰度等。

图像增强技术是不考虑图像降质的原因，只将图像中重要的特征有选择性地突出，而衰减其不需要的特征，所以改善后的图像不一定要去逼近原图像。从图像质量评价观点来看，图像增强的主要目的是提高图像的可懂度。图像增强技术有两类方法：空域法和频域法。空域法主要在空域内对像素灰度值直接运算处理，如图像灰度变换、直方图修正、图像空域平滑和锐化处理、伪彩色处理等。图像增强的频域法就是在图像的某种变换域内，对图像的变换值进行计算，如傅里叶变换等。

3. 图像恢复

图像恢复是通过计算机处理，对质量下降的图像加以重建或恢复的处理过程。因摄像机与物体相对运动、系统误差、畸变、噪声等因素的影响，使图像往往不是真实景物的完善映像。在图像恢复中，需建立造成图像质量下降的退化模型，然后通过反向过程来恢复原图像，并运用一定准则来判定是否得到图像的最佳恢复。在遥感图像处理中，为消除遥感图像的失真、畸变，恢复目标的反射波谱特性和正确的几何位置，通常需要对图像进行恢复处理，包括辐射校正、大气校正、条带噪声消除、几何校正等内容。

4. 图像重建

图像重建是通过物体外部测量的数据，经过数字处理获得三维物体的形状信息的技术。图像重建技术开始是在放射医疗设备中应用，显示人体各部分的图像，即计算机断层摄影技术，简称 CT 技术，后逐渐在许多领域获得应用，主要有投影重建、明暗恢复形状、立体视觉重建和激光测距重建。

5. 图像压缩

图像压缩可以是有损数据压缩，也可以是无损数据压缩。对于如绘制的技术图、图表或者漫画，优先使用无损压缩，这是因为有损压缩方法（尤其是在低的位速条件下）将会带来压缩失真。对于医疗图像或者用于存档的扫描图像等这些有价值的内容的压缩，也尽量选择无损压缩方法。有损压缩方法非常适合于自然的图像，例如一些应用中图像的微小损失是可以接受的，这样就可以大幅度地减小位速。

6. 图像分割

图像分割就是把图像分成若干个特定的、具有独特性质的区域并提出感兴趣目标的技术和过程。它是由图像处理到图像分析的关键步骤。

1.2 视频图像处理在智能驾驶领域的应用

为了改善混乱的交通状况，减少拥堵，提升运输效率并提高交通的安全性，研发人员运用各种高新技术，系统地解决道路交通问题，开拓了新的研究和应用领域——智能交通系统（Intelligent Transportation System，ITS）。它是当今国际交通运输科技和信息技术科技竞争的热点。视频图像处理技术从广义上可以看作是各种视频图像加工技术的总称，是随着计算机技术和超大规模集成电路（Very Large Scale Integration，VLSI）技术而产生、发展和不断成熟起来的一个新兴技术领域。

1.2.1 概述

随着智能汽车以及无人驾驶技术的快速发展，交通标志识别技术的研究正面临许多新要求、新挑战。迫切需要有更加快速与适应性良好的检测分割技术与特征提取识别方法来提升系统的可靠性、鲁棒性、实时性。无人驾驶车辆，又称为无人车、自主车、智能车辆、室外轮式移动机器人等，涉及认知科学、人工智能、机器人技术与车辆工程等交叉学科，是各种新兴技术的综合试验平台与理想载体，也是当今前沿科技的重要发展方向。无人驾驶智能车的问世，为人们提供了一种全新的思路来解决因交通而带来的诸多问题。

自20世纪70年代起，欧美等发达国家开始研究无人驾驶汽车技术。时至今日，智能车的发展进程大致可分为两个阶段。在第一阶段内，科研成果只应用于军事；而到第二阶段后，则把技术更多地应用到了高速公路及城市环境中，并且与智能交通系统结合到一起。国外对于智能车的研究投入不断加大，在技术的创新性上相继取得突破，为提高智能车辆行驶的稳定性及安全性做出了巨大贡献，并产生了一定的社会效益和经济效益。

与发达国家相比，我国在智能车的研究领域内起步较晚，在研发水平上存在一定差距。但随着科研机构及大批学者的加入，也取得了一些积极的成果。目前在这方面进行科研的主要有一些理工类高校和研究所，如国防科技大学、清华大学、北京理工大学、沈阳自动化研究所、吉林大学、西安交通大学、长安大学等。国内专家学者在模式识别、多传感器信息融合、GPS路径规划、无人车自主驾驶等多个方面进行刻苦钻研，提高了国内的知识创新水平，缩小了与先进国家的差距。

随着现代科学技术的发展，特别是图像处理技术、计算机视觉技术、机器学习技术的长足进步与系统工程思想的深入，人们在对这些技术进行集成的基础上提出了许多新的交通标志检测与识别方法，使得交通标志检测与识别的研究越来越趋向于实际应用。而如何提高在复杂的真实场景中交通标志的定位准确率和分类准确率，如何提高检测分割、特征提取、分类算法的处理速度，如何使得所采用的技术以及开发的系统具有广泛的适用性与实际使用价值等，成为许多交通标志识别研究领域的相关学者与机构急需解决的共性问题。

1.2.2　视频图像处理在智能驾驶领域的应用与发展

视频图像处理技术在ITS领域中具有极其广阔的应用，例如交通监视、交通统计、车道线提取、车牌识别等。现在最直接也最令人感兴趣的应用是交通标志牌的检测和识别。

近年来，为解决以交通事故和交通拥堵为主的各类交通问题，世界各国都在智能交通系统的领域中展开了各项研究。智能汽车（Intelligent Vehicle，IV）的车辆控制系统是智能交通系统的重要组成部分，是一个集成了环境感知、规划决策、多等级辅助驾驶等功能的综合系统。它集中地运用了计算机、现代传感、通信、信息融合、自动控制及人工智能等技术，识别本车所处的环境和状态，根据不同传感器捕捉到的信息做出处理和判断，辅助或替代驾驶人控制车辆，是减轻驾驶人负担、提高汽车行驶安全的先进运载工具。安全辅助驾驶（Safety Driving Assist，SDA）技术是车辆控制边缘检测、车道线检测、交通标志牌检测与识别系统的核心，而SDA中最主要的研究内容在于车道线和前方车辆的检测与识别。在智能车的控制系统中，车道线及前方车辆检测的实现程度，直接决定了预警的及时性及测距的准确性。因此，实时地进行车道线及前方车辆的检测与识别，计算出它们到本车的真实距离，使系统在发现危险信号时做出预警，甚至在未来实现民用汽车的全自动驾驶，对于有效防止由偏离车道和追尾碰撞等引发的恶性交通事故具有重大意义。

车道线的检测与跟踪是实现智能车自动驾驶技术的基础，也是其关键技术之一。目前，有些发达国家已成功研究出了一些基于视觉传感器的道路检测与跟踪系统。具有代表性的如 ALVINN 系统、SCARF 系统、RALPH 系统、GOLD 系统和 LOIS 系统。在车道线识别技术上，专家学者们分别基于不同的传感器数据信息进行了研究，其中主要包括激光雷达、立体视觉和单目视觉这三个方面。

道路上的交通标志是一种有很显著的颜色和形状特征的公共标识，对驾驶人起到指示、提示和警示等作用，其中包含了非常丰富的导航信息。在实际驾驶中，准确地识别交通标志对于提高道路驾驶安全性能具有非常重要的意义，而忽视交通标志可能会造成非常严重的事故。对于无人驾驶的汽车，如果不能自动地检测并正确地识别交通标志，就不可能实现真正意义上的自主控制。此外，交通标志的自动识别还可广泛应用于自适应巡航控制，以及其他辅助驾驶中。

交通标志识别的主要困难表现在：

❑ 各种不同交通标志出现的频率大不一样，因此各个类别的训练数目可能存在很大差异，这是典型的非平衡分类问题。

❑ 实际环境下采集到的图像质量可能很差。其原因包括运动模糊、光线干扰、天气条件影响等。

❑ 由于图像通常在运动平台上获取，拍摄视角可能变化很大，为识别增加困难。

❑ 实际用于识别的图像往往是经检测得到的结果。检测结果通常含有噪声（如不期望的背景部分或者遮挡等），这些噪声对识别非常不利。

然而，现在机器可以学习最新进展应用于交通标志识别。交通标志识别本质上可以归结为多类分类的模式识别问题。目前比较流行的分类方法主要还限于监督式的支持向量机、Adaboost 等。近年来，机器学习领域已经涌现出很多解决这类问题的不同方法，如半监督学习、弱监督学习、转移学习、深度网络和稀疏表达等，给解决交通标志牌的检测与识别问题做出了突破性的贡献。

基于视频图像的目标识别技术广泛应用于社会生产、生活的各个方面。在智能交通系统中，图像目标快速识别技术的运用有助于观测交通流量、发现突发事故、监控路面状况、跟踪肇事车辆，提高交通管理的自动化水平和集约程度，缩短系统反应时间；在军事应用领域，图像目标快速识别技术应用于导弹、飞机、舰艇等多种重要军事运动目标的监视、检测和跟踪，图像目标快速识别与跟踪技术更是精确制导武器导引头的关键内容。在安全监控领域，图像目标快速识别技术广泛应用于安防监控系统，在大型公共场所、银行金融机构和机场车站码头等人流密集场所弥补了安全保卫力量的不足，对预防犯罪、阻止犯罪具有明显的作用。

智能视频技术可以在很多地方得到应用。比如：

❑ 高级视频移动侦测：在复杂的天气环境中（如雨雪、大雾、大风等）精确地侦测和识别单个物体或多个物体的运动情况，包括运动方向、运动特征等。

❑ 物体追踪：侦测到移动物体之后，根据物体的运动情况，自动发送PTZ控制指令，使摄像机能够自动跟踪物体；在物体超出该摄像机监控范围之后，自动通知物体所在区域的摄像机继续进行追踪。

❑ 人物面部识别：自动识别人物的脸部特征，并通过与数据库档案进行比较来识别或验证人物的身份。此类应用又可以细分为“合作型”和“非合作型”两大类。“合作型”应用需要被监控者在摄像机前停留一段时间，通常与门禁系统配合使用。“非合作型”则可以在人群中识别出特定的个体，此类应用可以在机场、火车站、体育场馆等安防应用场景中发挥很大的作用。

❑ 车辆识别：识别车辆的形状、颜色、车牌号码等特征，并反馈给监控者。此类应用可以用在被盗车辆追踪等场景中。

❑ 非法滞留：当一个物体（如箱子、包裹、车辆、人物等）在敏感区域停留的时间过长，或超过了预定义的时间长度就产生警报。典型应用场景包括机场、火车站、地铁站等。

❑ 交通流量控制：用于在公路上监视交通情况，例如统计通过的车数、平均车速、是否有非法停靠、是否有故障车辆等。

图像目标快速识别技术不仅是智能视频监控系统的基础和核心，在工业制造领域也有着重要的应用。基于图像目标快速识别技术的工业切割、焊接机器人以及核环境下的维修机器人等，正在相关领域发挥着越来越重要的作用。例如：服务于高水平运动员的计算机辅助训练系统，要从序列图像数据中获取人体运动参数，其中的关键技术正是图像目标快速识别与三维运动分析技术。

1.2.3 视频图像处理在智能驾驶领域的关键技术

随着现代科学技术的发展，特别是图像处理技术、计算机视觉技术、机器学习技术的长足进步与系统工程思想的深入，人们在对这些技术进行集成的基础上提出了许多新的交通标志检测与识别方法，使得交通标志检测与识别的研究越来越趋向于实际应用。而如何提高在复杂的真实场景中交通标志的定位准确率和分类准确率，如何提高检测分割、特征提取、分类算法的处理速度，如何使得所采用的技术以及开发的系统具有广泛的适用性与实际使用价值等，成为许多交通标志识别研究领域的相关学者与机构急需解决的共性问题。

图像预处理指的是通过算法突出令人感兴趣的信息，削弱或去除不必要的干扰，使处理后的图像更能辅助后续算法的实现。在模式识别的领域中，需根据不同目标的特征，应用适当的预处理方法。

以提高系统的鲁棒性、实时性、特征针对性为目标，图像预处理流程包括：灰度化、图像灰度增强、滤波去噪和二值化。结合加权平均法和彩色通道提取法，对图像进行灰度化，增强了车道线边界特征；利用基于直方图均衡化的方法扩展了灰度级的动态范围，使系统在光照变化的条件下表现出更好的适应性；应用中值滤波的方法对图像进行滤波去噪处理，改善了图像质量；在二值化的过程中，对比了传统最优阈值法和最大类间方差法，最终使用后者获取了车道二值图像。

大部分机器视觉传感器采集到的原始道路图像均为彩色图像。在彩色图像内，任意颜色都可以通过红（Red）、蓝（Green）、绿（Blue）这三种基本颜色的不同配比得到，所以用 RGB 模型描述彩色图像是最常用的。在此模型中，当 B = G = R 时，则实现了彩色图像的灰度化，其值被称为灰度值。在灰度图像中，只需为每个像素分配一个字节便可存放此灰度值。定义黑色的灰度值为 0，白色为 255，把黑到白之间的灰度平均划分为 256 个等级。即便在灰度化图像的过程中，会丢失一些信息，但对彩色图像的三个分量进行处理，会较大程度地拖慢系统的运算速度。从系统整体分析，把三个分量并作一个进行处理，是必要且可行的。彩色图像进行灰度化的五种常用方法分别是：分量法、最大值法、平均值法、加权平均法和彩色通道提取法。

一般情况下，只经过灰度处理的图像往往存在着一定程度的噪点干扰。此类干扰会使图像变得模糊，降低图像质量，使检测算法难以准确实现。滤波去噪是图像预处理过程中的常用方法。机器视觉中的噪点信号主要可分为加性噪点、乘性噪点及量化噪点。此方法对图像中的噪点信号有较好的过滤效果，可为检测算法提供更易识别的资源，为系统整体性能的实现提供支持。

检测交通标志最常用的方法包括颜色分割技术、特定形状检测技术，以及利用纹理、局部特征等设计分类器等方法。在颜色分割方面，颜色空间的选择非常重要。最普通的颜色特征即为 RGB 特征，但这类方法对光照变化非常敏感。在分割技术方面，常用的交通标志检测方法通常需要设计许多阈值，而这些阈值的确定在实际中非常困难的。

视频图像处理过程中会涉及对视频图像数据的采集、传输、处理、显示和回放等过程，这些过程共同形成了一个系统的整体周期，可以连续性地运作。在视频图像处理技术范围内最主要的技术就是图像压缩技术和视频图像处理技术等。目前，在智能驾驶领域主流的视频图像处理技术包括视频透雾增透技术和智能分析处理。

视频透雾增透技术，一般指将因雾和水汽灰尘等导致朦胧不清的图像变得清晰，强调图像当中某些令人感兴趣的特征，抑制不感兴趣的特征，使得图像的质量改善，信息量更加丰富。如图 1-1 所示（见彩插），雾霾天气以及雨雪、强光、暗光等恶劣条件导致视频图像的图像对比度差、分辨率低、图像模糊、特征无法辨识等，增透处理后的图像可为图像的下一步应用提供良好的条件。这可以为我们的无人驾驶智能车在雾霾天气以及雨雪、强光、暗光等恶劣天气下提供良好的解决途径，获得更加清晰、易识别的视频图像。

图1-1 恶劣天气下视频图像处理对比图

智能视频分析技术是解决视频监控领域大数据筛选、检索技术问题的重要手段。目前国内智能分析技术可以分为两大类：一类是通过前景提取等方法对画面中的物体的移动进行检测，通过设定规则来区分不同的行为，如拌线、物品遗留、周界等；另一类是利用模式识别技术对画面中所需要观察的物体进行有针对性的建模，从而达到对视频中的特定物体进行检测及相关应用，如应用在无人驾驶智能车上的车辆检测、人流统计、人脸检测等技术。

1.3 异构平台与GPU架构

当前，高性能计算机体系结构正处于变革期，各种新型体系结构不断涌现。在众多异构混合平台中，基于CPU/GPU异构协同的计算平台有很大的发展潜力。由于GPU具有强劲的计算能力、高性能/价格比和高性能/能耗比，因此在当今追求绿色高能计算的时代，其计算优势受到越来越多的关注。在协同并行计算时，CPU和GPU应各取所长，快速、高效协同地完成高性能计算任务。除管理GPU计算任务外，CPU也应当承担一部分科学计算任务。

针对CPU/GPU异构混合体系结构的高性能计算平台，研究相应的协同并行计算技术，设计并实现大型科学及工程计算问题的新型并行算法，具有重大的理论和实际意义。

1.3.1 概述

由于材料、制造工艺、能耗和散热的限制，单纯依靠提升时钟频率来提高处理器的性能已经变得非常困难。在这种情况下，芯片厂商开始在单块芯片上集成更多的处理器核心，通过开发线程级和数据级并行来提高处理器性能，将处理器体系结构的发展推向了多核和众核时代。众核处理器以其更强的处理能力和更高的存储带宽受到了越来越多厂家和应用开发人员的青睐。主流芯片厂商相继推出了自己的众核架构处理器（如 NVIDIA 的 Kepler、Maxwell、Pascal 架构的 GPU，AMD 的 Cypress 和 GNC 架构的 GPU，以及 Intel 的 MIC 架构）。通过采用多核处理器和众核处理器构成异构计算系统，使用众核处理器实现对应用程序的加速成为提高程序性能的主要模式，异构计算已经成为当前和未来计算的主流。

现代图形处理器（Graphics Processing Unit，GPU）是采用面向吞吐量的统一架构单元设计的大规模并行处理器，具有较高的计算能力和存储带宽，更加适合当前大规模数据并行处理的需求。近年来，通用计算图形处理器（General - Purpose computing on Graphic Processing Units，GPGPU）利用 GPU 完成通用计算的研究逐步活跃起来。GPU 在通用计算领域得到了越来越广泛的应用。在 2016 年全球超级计算机 TOP500 排行榜上，“神威·太湖之光”蝉联冠军，是世界上运行速度最快的超级计算机。在应用领域，GPGPU 不仅在卫星数据处理、基因工程、海洋大气预报、分子动力学模拟等传统科学领域得到了越来越广泛的应用，而且在多媒体、图形图像处理、游戏等非传统领域也受到了越来越高的重视。

GPGPU 计算通常采用 CPU + GPU 异构模式：CPU 负责执行复杂逻辑处理和事务管理，GPU 负责计算密集型的大规模数据并行计算，其核心思想是利用 GPU 的强大处理能力和高带宽弥补 CPU 性能方面的不足。GPGPU 编程的核心就是应用程序的 GPU 实现和优化，并呈现出了“实现容易，优化难”的特点。

1.3.2 GPU 体系架构

GPU 英文全称为 Graphic Processing Unit，中文翻译为“图形处理器”。GPU 从诞生之日起就以超越摩尔定律的速度发展，运算能力不断提升。业界很多研究者注意到 GPU 计算能力的潜力，于 2003 年 SIGGRAPH 大会上提出了 GPGPU 的概念。GPU 逐渐从由若干专用的固定功能单元（Fixed Function Unit）组成的专用并行处理器向以通用计算资源为主、固定功能单元为辅的架构转变。

CPU 与 GPU 的主要区别在于存在于片内的缓存体系和数字逻辑运算单元的结构差异。CPU 虽然有多核，但总数没有超过两位数，每个核都有足够大的缓存容量和足够多的数字和逻辑运算单元，并辅助有很多加速分支判断更复杂的逻辑判断的硬件；GPU 的核数远超 CPU，被称为众核（NVIDIA Fermi 有 512 个核）。每个核拥有的缓存容量相对小，数字逻辑运算单元也少而简单（GPU 初始时在浮点计算上一直弱于CPU）。从结果上导致CPU擅长处理具有复杂计算步骤和复杂数据依赖的计算任务，如分布式计算、数据压缩、人工智能、物理模拟，以及其他很多计算任务等。

随着GPU可编程性的不断增强，特别是CUDA等编程环境的出现，使GPU通用计算编程的复杂性大幅度降低。由于可编程性、功能、性能不断提升和完善，GPU已演化为一个新型可编程高性能并行计算资源。全面开启GPU面向通用计算的新时代已到来。

目前NVIDIA最新的CUDA图形计算架构主要是Fermi架构、Kepler架构、Maxwell架构以及最新的Pascal架构。

1. Fermi架构

基于GPU的第一代Fermi架构拥有30亿个晶体管，512个CUDA核。一个CUDA核在一个时钟周期内执行一个线程（或kernel）中的一个浮点数或整数指令。512个CUDA核是按照16个含有32个核的（Scalar Processor，流式多处理器，也叫SM，标量处理器）进行组织的。GPU拥有6个64bit的显存分区（DRAM），因此支持384bit的显存接口。最大支持6GB的GDDR5类型的显存容量，GPU和CPU之间通过PCI-e总线连接，千兆线程管理器负责将线程块分发到流式多处理器中。

2. Kepler架构

完整Kepler GK110架构包括15个SMX单元和6个64bit内存控制器。每个SMX单元包含192个单精度CUDA核、64个双精度单元（DP Unit）、32个特殊功能单元（SFU）和32个加载/存储单元（LD/ST），4个warp调度单元，8个指令分发单元。不同的产品将使用GK110不同的配置。

3. Maxwell架构

Maxwell SM架构在控制逻辑分区、负荷均衡、时钟门控粒度、编译器调度、每时钟周期发出指令条数等方面的改进以及其他诸多增强之处让Maxwell SM（也称“SMM”）能够在效率上远超Kepler SMX。全新的Maxwell SM架构能够在GM107中把SM的数量增至5个（GK107中仅有两个），而芯片面积仅增加25%。Maxwell GPU Tegra X1包含两个SM。每个SM包括基本计算核，该计算核称为CUDA核心、纹理单元变形引擎。Kerpler GPU中的每个SM（称为SMX）体系结构有192 CUDA核，而每个Maxwell SM（称为SMM）包括128个CUDA核。但是，与Kepler CUDA核心相比，Maxwell CUDA的核心是一个重大升级，并且每个Maxwell核的性能高于Kepler核。

4. Pascal架构

革新性的NVIDIA Pascal架构是特别打造的计算机引擎，帮助计算机学习、观察和模仿我们这个有着密集计算需求的世界。从原材料硅到成品软件，Pascal的各个层面都采用创新方法精工制作。

Pascal 架构有五大技术突破。NVIDIA Pascal 架构建立在五大技术突破之上，启用了全新的计算平台，打破了从书桌端到数据中心的传统思维。

❑ 16nm FINFET 工艺实现卓越能效

Pascal GPU 内含 1500 亿个由先进的 16nm FINFET 制造工艺打造的晶体管，是当今市场上极其巨大的 FINFET 芯片。它的设计能带来极其快速的性能和优异的能效，可承受对计算的需求近乎无限的工作负载。

❑ Pascal 架构带来巨大的性能飞跃

Pascal 是非常强大的 GPU 内置计算架构。它让普通计算机变成性能强大的超级计算机。在深度学习方面，与当前这代 GPU 架构相比，由 Pascal 支持的系统的神经网络训练性能提高了 10 倍。

❑ 使用 NVIDIA NVLINK 实现更大程度的应用程序可扩展性

Pascal 是个集成了革新性的 NVIDIA NVLINK 高速互联的架构。该技术专为扩展跨多个 GPU 的应用程序而设计，与目前一流的解决方案相比，其互联带宽加速效果提高了 4 倍。

❑ 适用于大数据工作负载的采用 HBM2 的 CoWoS 技术

Pascal 架构将处理器和数据集成在同一个程序包内，以实现更高的计算效率。采用 HBM2 的晶圆基底芯片（CoWoS）技术运用内存设计的创新方法，可提供相当于上一代解决方案的 3 倍以上的内存带宽性能。

❑ 新型人工智能（AI）算法

Pascal 彻底采用全新设计，为深度学习和其他计算工作负载提供更好的性能。该架构利用全新的混合精度指令，可为深度学习提供每秒超过 20 万亿次浮点运算的性能峰值。

目前 AMD 主要的 GPU 架构是 Cypress 架构和 GCN 架构。

1. Cypress 架构

代号 Cypress 的 AMD HD5000 系列是全球首款支持 DirectX 11 特效的 GPU，它继承了 R600 架构高效的 VLIW 组织形式 SIMD 结构流处理器单元，又继承了 RV770 以来的 RBE 后端渲染单元改进，同时结合 TSMC 40nm 工艺，将性能和能耗完美匹配。但是在光环的背后，一直隐藏着 AMD 的忧虑，那就是作为 Direct X11 关键技术支撑的曲面细分单元。

2. GCN 架构

GCN 架构是一种全新的消费类 GPU 设计方式。GCN 架构是世界上第一款 28nm GPU 架构，芯片内部集成了 43 亿个晶体管（GPU 的最基本单元）；而在以前，大致相同的空间只能容纳 26 亿个晶体管。将晶体管密度提高 60% 以上绝不仅仅是工程师们的杰作，也是世界上最强大、最先进 GPU 的职责所在。

GCN 架构不仅拓宽了 DirectX 11 游戏的范围，而且也是 AMD 专为一般运算打造的第一款设计。AMD 的 28nm GPU 配有 32 个计算单元（2048 个流处理器），每个单元中包含一个标量协处理器，能够处理传统处理器排斥的工作负载和编程语言。GCN架构大量运用了能够识别GPU的编程语言，例如C++ AMP和OpenCL，因此它才是真正顺应时代潮流而生的架构。

从架构上看，GPU相当于一个由向量处理器组成微型超级计算机。GPU用于通用计算存在以下若干优势：

- 性能价格比高。由于GPU将绝大多数晶体管用在了计算单元而非缓存和控制单元上，使得主流GPU的单精度浮点处理能力能够达到同期CPU的10倍左右，而存储器带宽则是CPU的5倍左右。GPU的价格也仅仅是CPU价格的2~3倍。
- 能耗低。目前低、中端的GPU只需要通过PCI-e接口供电就足够了，而高端GPU也只需要通过电源PIN接口提供200W左右的电力。相对提供的计算性能而言，GPU的能耗付出不大。
- 便携性好。不仅台式机，笔记本中的GPU也支持通用计算。
- 直接可视化。GPU具有图形处理和通用计算两大属性，通用计算的结果可以在GPU上直接可视化。随着可视化性能越来越受到重视，在统一的GPU平台上融合可视化与通用计算具有重要的意义和价值。

1.3.3 GPU编程模型

CUDA是NVIDIA公司2007年提出的支持其GPU进行通用计算的编程模型和开发环境。在该平台下，软件开发者可以直接使用高级语言（扩展的C语言）编写在GPU上运行的程序，而不必使用Direct X或者Open GL这些图形API，既大大降低了利用GPU进行通用计算的难度，也提高了程序的性能。

CUDA平台为程序开发者提供了所有必要的组件，包括编译器（nvcc）、库函数、运行时环境、显卡驱动等。支持多种操作系统，包括Windows、Linux以及Mac OS。此外，为了方便用户的开发工作，还提供了包含很多程序实例的SDK（Software Development Kit）、调试器、性能分析器等工具。图1-2清晰地呈现了CUDA软件栈的层次结构以及应用程序调用关系。同时此图也说明了CUDA平台是非常灵活的，给用户提供了更多选择的机会。应用程序既可以调用上层API（CUDA Library和CUDA Runtime），也可以直接调用底层API（CUDA Driver）。后者显然要更快一些，但难度也会大一些。

一个完整的CUDA程序分为两部分：主机代码和设备代码。其中前者在主机（通常指CPU）上运行，后者在设备（GPU或其他类似的协处理器）上运行（前提是系统中存在支持CUDA的GPU）。此外，对于没有支持CUDA的GPU的用户，可以选择模拟模式来运行CUDA程序，此时系统将会用主机来模拟设备的运行，但速度很慢。

除了方便性和灵活性之外，CUDA还具有高度的抽象性和可扩展性。抽象性体现在三个方面：线程层次结构、共享存储器和同步路障。这种机制既提供了细粒度

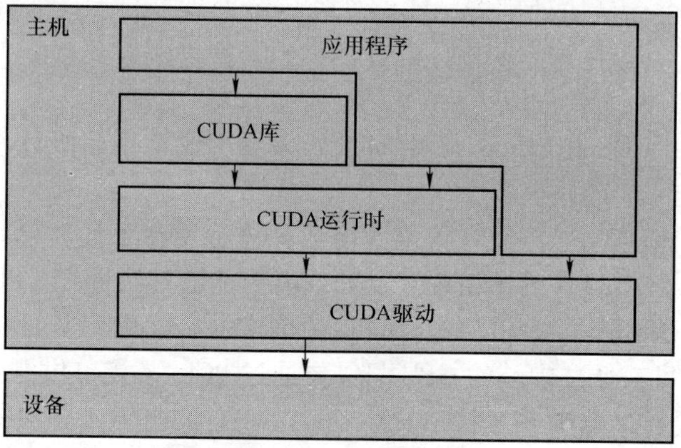

图 1-2　CUDA 软件栈

(fine - grained) 的数据级并行和线程级并行，也提供了粗粒度（coarse - grained）的任务级并行。一个可执行的 CUDA 程序可以在具有任何数量处理器核的设备上运行，这样用户在进行任务划分时就不必关心底层硬件平台实际所拥有的物理处理器的数量。而且当底层的硬件更新升级后，原有的程序无须做任何改变就可以获得好的性能收益。这就体现了 CUDA 良好的可扩展性。

CUDA 架构的存储器类型包括全局内存、共享内存、本地内存、常量内存、纹理内存和寄存器等。其中全局内存采用通用的访问机制，空间大，所有线程都可对其进行读写操作；共享内存是片上内存，被同一个流多处理器上的线程所共享，访问其上的数据只需要 4 个时钟周期，避免了线程频繁访问全局内存造成的时间损失；常量内存和纹理内存均采用了 cache 来提高访问速度。

OpenCL（Open Computing Language，开放计算语言）是一个为异构平台编写程序的框架，此异构平台可由 CPU、GPU 或其他类型的处理器组成。OpenCL 由用于编写 kernel（在 OpenCL 设备上运行的函数）的语言（基于 C99）和一组用于定义并控制平台的 API 组成。

OpenCL 是由苹果公司于 2008 年提出的一个适用于异构计算平台的统一的并行编程模型，也是一种工业标准和规范。一经提出就得到了众多大公司的支持，发展非常迅速。

众所周知，目前的计算平台种类繁多，既有通用的多核 CPU，又有专用的拥有强大计算能力的众核 GPU，如 IBM Cell 和基于 ARM 架构的数字信号处理器（DSP）芯片。由于这些硬件平台的特性和架构差别很大，要想编写一个能在所有平台上高效运行的程序几乎是不可能的。因此，程序员不得不针对特定的硬件平台编写一个新的版本的程序，这无疑加重了他们的负担。OpenCL 的出现将会很好地解决这种因底层硬件平台的差异性所带来的软件可移植性的问题。今后，只要程序员编写的程序遵循 OpenCL 标准，就可以不加修改地在那些支持该标准的硬件平台上高效运行。

OpenCL 是一个在异构平台进行并行程序开发的开放工业标准，它将 CPU、GPU 以及其他各类计算设备组织成一个统一的计算平台，开发者以统一而有效的方式使用这些计算资源。OpenCL 框架可划分为 OpenCL 平台 API、OpenCL 运行时 API 和 OpenCL 编程语言。支持的应用非常广泛，从嵌入式应用、消费软件到高性能计算解决方案都能使用它进行开发。OpenCL 的设计初衷是为帮助程序员开发出可移植的、能够高效利用异构系统中所有的硬件资源的程序。基于 CPU - GPU 的异构模式只是众多异构结构中的一种，也是目前被广泛使用的一种。图 1-3 形象地说明了 OpenCL 是专为异构计算而服务的。

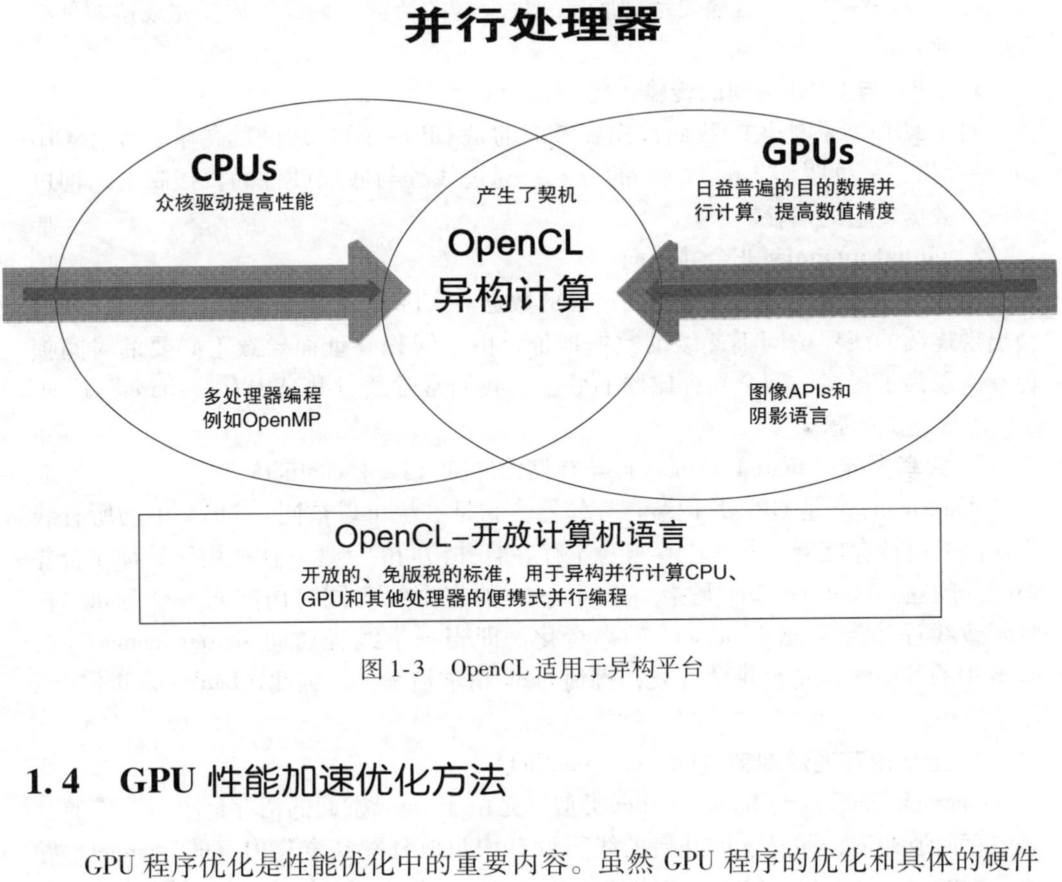

图 1-3 OpenCL 适用于异构平台

1.4 GPU 性能加速优化方法

GPU 程序优化是性能优化中的重要内容。虽然 GPU 程序的优化和具体的硬件平台密切相关，但从总体上看，无论采用何种硬件平台，提高 GPU 程序性能的主要途径都可分为三个方面：

- ❑ 片外访存带宽的利用率。
- ❑ 计算资源的有效利用率。
- ❑ 数据本地化。

虽然，由于GPU硬件架构的差异，GPU程序在优化方法和优化策略的选择上也存在差异性。但无论采用何种GPU架构，其优化的方向和途径却都相似，这也为GPU程序的性能可移植提供了可能。

1.4.1 访存优化

GPU程序优化的本质是实现从算法特性到底层硬件架构特征的有效映射。全局内存容量大，但访存带宽相对较低，具有较长的访存延迟，是限制GPU程序性能的主要因素之一。充分考虑GPU访存特点，提高片外访存带宽利用率，降低访存延迟，是提高GPU程序性能的关键。这就需要我们在GPU程序优化过程中，不仅要考虑算法特性，而且还要考虑底层硬件架构的特征，最终还需要完成这两种特征的高效映射。

1. CPU与GPU之间的传输优化

对于GPU编程来说，我们首先要考虑的是CPU-GPU之间的传输，而在CUDA中提供了一种叫作zero-copy的方式，通过线程与底层硬件的直接映射，即可以减少数据传输的消耗。

2. global memory非合并访问

合并访问是指连续的线程访问连续的数据。实际算法在访问数据的时候，往往会出现连续的线程访问不连续的数据地址，由于线程寻址而导致不必要的时间损耗。所以为了提高访问全局存储器的效率，我们常常通过共享内存（shared memory）解决这类问题。

3. 共享内存（shared memory）与存储体冲突（bank conflict）

share memory是GPU片内缓存存储器。它是一块可以被同一block中的所有线程访问的可读存储器。共享内存自身不存在合并访问的问题，往往用于处理非合并访问的问题。Bank conflict是指一个warp内的多个线程同时访问同一个bank时，将导致线程访问shared memory的串行化。即当一个线程访问shared memory时，warp中的其他线程将会排队等候，直到bank请求被满足。因此，bank conflict应该尽量避免。

4. 全局内存通道冲突（channels conflict）

channels conflict与bank conflict类似，是由于warp发起的访存请求所造成的全局内存通道冲突，即grip内开启的线程没有均衡地分配到全局内存的channel，导致分配的channel数量不多，致使其他的channel处于空闲状态。线程同时对少量的channel访问造成在单个channel中串行化的问题。

5. 向量化

向量化主要指一条向量指令操作向量寄存器中的多个元素。向量化访存的主要作用有两个：充分利用访存带宽利用率；可以进行向量计算，开发ILP（指令级并行）。

1.4.2 计算优化

GPU 拥有大量的计算单元，具有强大的计算能力。充分考虑 GPU 架构特点和调度策略，以有效地利用这些计算单元，避免计算单元的闲置，是提高 GPU 程序性能的主要途径。

GPU 并行计算架构常被称为众核架构（Many - core Architecture）。与传统的 CPU 计算架构相比，GPU 并行计算架构在硬件结构、计算方式、成本能耗等诸多方面有显著不同。在硬件结构方面，CPU 硬件上有很大一部分晶体管用于复杂的控制单元和缓存，而 GPU 硬件的绝大多数晶体管都用于执行单元。在计算方式方面，CPU 擅长复杂的指令调度、循环、分支、逻辑判断等计算任务，其并行优势是程序执行层面的，程序逻辑的复杂度限定了程序执行的指令并行性。GPU 擅长高度并行的数值计算，可以容纳上千个没有逻辑关系的数值计算线程，其优势是无逻辑关系数据的并行计算。在成本能耗方面，当今的多核 CPU 的能耗越来越高，计算成本大大增长，而 GPU 的能耗相对较低，性价比高，更加符合当前绿色计算的理念。图 1-4（见彩插）所示为 CPU 与 GPU 芯片逻辑架构对比。由图 1-4 可以清晰看出，GPU 相较于 CPU 拥有更强大的计算能力。

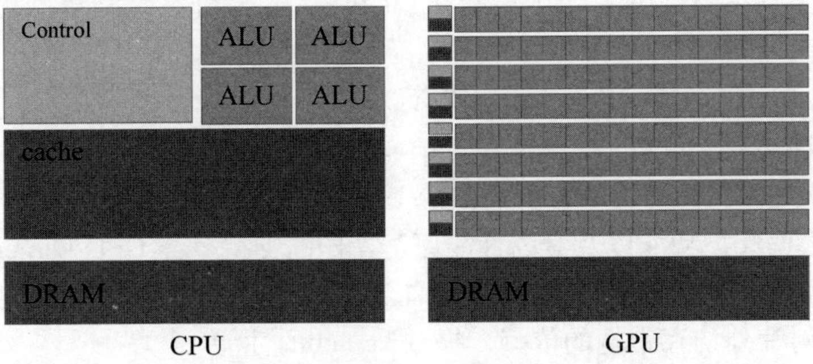

图 1-4 CPU 与 GPU 逻辑架构对比

虽然 GPU 的时钟频率不及 CPU 高，但 GPU 的性能与芯片面积之比，性能与能耗之比要比 CPU 高，尤其在执行并行计算任务时，其计算性能远超 CPU。

对于 AMD 和 NVIDIA 的两个 GPU 平台，它们在硬件设计上最大的不同是基本执行单元的设计。在 AMD GPU 平台中，SC 采用了向量化的设计方式，每个 SC 是一个 5 路 VLIW 处理器。在 VLIM 体系中，通过将多个短指令合并成一条长 VLIW 指令的方式来提高计算资源的利用率。因此，向量化是提高 AMDCPU 计算资源利用率的有效方法。而对于 NVIDIA GPU 平台，由于 SP 是完全标量化的设计，编译器将向量化操作转化成相互独立的标量操作，因此，向量化操作对 NVIDIA GPU 平台影响不大。

虽然两个 GPU 平台在硬件设计上存在很大的差异，但在整体架构设计和线程调度上有很多相似性，因此有许多通用的提高计算资源有效利用率的优化方法：

❑ 调整线程组织结构，使 work - group 的大小为 wave - front 或者 warp 的整数倍。

❑ 每个 CU 上同时并发运行足够数目的 wave - front 或者 warp，以隐藏访存延迟。

❑ 消除分支对性能的影响。

❑ 充分利用共享内存、常量内存、cache 等片上资源减少访问 global memory 的次数。

1.4.3 数据本地化

数据本地化的实质是软件工程师们要充分尊重和理解底层硬件的限制，并且用各种手段规避问题，最大化利用手里的硬件资源。GPU 提供了本地内存、cache 等片上资源，具有较高的访存带宽和较低的访存延迟。充分利用这些片上资源实现数据的共享和重用，减少对片外资源的访存次数，是提高 GPU 程序性能的主要方法。

片外访存带宽是 GPU kernel，特别是访存密集型 kernel 性能的主要限制因素。最大限度地将计算数据从片外转移到片上，并实现数据的共享，减少对访存带宽的依赖，是缓解这个限制因素的主要方法。GPU 一共提供了三种机制来实现数据本地化。

1. 本地内存（CUDA 称为共享内存）机制

本地内存是程序员可控的一块片上存储资源，具有比全局内存更高的访存带宽和更低的访存延迟。此外，本地内存还提供了位于同一 work - group 内的 work - item 通信和数据共享功能以及对高性能原子操作的支持。当 GPU kernel 中存在数据重用或 work - group 内的 work - item 间需要通信时，使用本地内存有明显的优势，可有效减小对片外访存带宽的依赖，提升 kernel 的性能。

2. 寄存器机制

本地内存虽然可很好地实现数据本地化，然而，仅仅依靠本地内存，并不能满足计算单元所需要的数据量。如 AMD HD5850 GPU 每个 SC（Streaming Core）每个时钟周期可产生两个 4B 的本地内存请求，而 SC 在每个时钟周期内最多可并行执行 5 条指令，大约需要 10 ~ 15 个操作数。两次本地内存请求并不能为计算指令提供足够的计算数据。所以，充分利用寄存器也是实现数据本地化的重要方法。

寄存器拥有比本地内存更高的访存带宽和更低的访存延迟。然而，寄存器只对某一线程可见，并不能实现线程间的相互通信。而且，寄存器是一种有限资源，如 AMD HD5850 GPU 为每个 CU 提供了 256K 的寄存器，NVIDIA Tesla C2050 提供了 32K 的寄存器。过度使用寄存器会减少同时并发执行的线程数量，造成 GPU 程序性能的降低。因此，在寄存器的使用上，一方面我们要充分利用寄存器实现数据本地化，另一方面不要因为过度使用寄存器而造成程序性能的降低。

3. cache 机制

GPU 提供了简单的 cache 机制，可实现对只读数据的 cache 功能，以降低访存延迟。然而，cache 的使用并不能由应用程序开发人员控制。其主要使用方式为在 GPU kernel 代码中显示表明内存数据的只读特性，便于编译器的编译优化。

从优化角度讲，数据本地化可提高算法的计算密度。同访存带宽和计算峰值限制 GPU 程序性能的原理一样，计算密度会像一堵墙一样限制 GPU 程序性能的提升，我们称这座墙为计算密度墙。在 GPU 程序优化过程中，特别是针对访存密集型 kernel，如果始终不能达到理想的性能，则通过数据本地化提高计算密度是首要的优化方法。

第 2 章　视频图像处理在智能驾驶中的应用

2.1　引言

汽车从诞生开始，以其便利性为人们的生活提供了很多帮助，为改善生活做出了巨大贡献。近年来，随着经济的快速发展，私人汽车数量迅速增加，由此而来的道路拥挤、交通事故等日益突出，其中交通安全性是最受大众关注的问题。为了避免交通事故的发生，全世界各国在汽车安全性设计、道路基础设施，以及安全驾驶等方面投入了大量的人力物力，并进行了各方面的研究。于是，智能交通系统这一研究领域应运而生。

随着计算机硬件和软件的发展，给汽车行业带来了崭新的变革。

无人驾驶车辆，又称为无人车、自主车、智能车辆、室外轮式移动机器人等，涉及认知科学、人工智能、机器人技术与车辆工程等交叉学科，是各种新兴技术的综合试验床与理想载体，也是当今前沿科技的重要发展方向。它既包括理论方法与关键技术的突破，也涉及大量的工程与试验问题，其重大研究意义不仅体现在所包含的核心科学问题上，同时又反映在其重大应用前景与战略价值上，社会关注度极高。

从 20 世纪 50 年代起，美、英、德等西方国家已经开始了无人驾驶汽车的研究工作，并且在无人车的控制和商用化方面取得了一定的进展。在汽车工业非常发达的德国，各大汽车公司都资助或联合了高等院校以开发可在普通道路上行驶的无人车。目前，欧盟已经开启了一个名为 CyberCars 的无人车项目，以推动无人车的研究和各国间的信息共享。

20 世纪 80 年代，我国部分大学开始了无人驾驶汽车的研究工作，虽然起步较晚且投入不足，但也取到了一定的成果。目前从事这方面研究工作的主要是国防科技大学、军事交通学院以及清华大学等科研院所。

2.1.1　国外研究现状

1. 美国

美国于 20 世纪 50 年代开始对无人驾驶车辆进行研究，在 1980 年左右其技术得到高速发展。20 世纪 80 年代，美国陆军开始与国防高级研究计划局（DARPA）进行合作，开展了自主地面车辆（AVL）项目。1995 年由卡耐基梅隆大学研制的 Navlab – V 智能车，完成了横穿美国东西部的无人驾驶试验。美国国防部门在 20 世纪 90 年代末开始进行 DEMO 系列无人驾驶车辆的研制，总共研制出了十代 DEMO 无人车。

从 2004 年开始到 2007 年，美国国防高级研究计划局（DARPA）举办了 3 次无人驾驶车辆比赛，主要为了考察在复杂环境下无人驾驶车辆的自主行驶能力。2004 年 3 月在美国西部的莫哈维沙漠（Mojave Desert）举办了首届 DARPA 挑战赛——崎岖地形大挑战。共有 15 支队伍参赛，最终没有一支车队完成比赛，其中行驶距离最远的一支队伍是卡耐基梅隆大学的 Sandstorm 无人驾驶车辆（图 2-1）。

图 2-1　首届 DARPA 挑战赛中行驶距离最远的 Sandstorm 无人驾驶车辆

第二届 DARPA 挑战赛——沙漠挑战赛于 2005 年 10 月还是在美国西部的莫哈维沙漠举办，共有 23 支队伍参赛，最终只有 4 队在规定时间内完成比赛，斯坦福大学的 Stanley 无人驾驶车辆获得了第一名（图 2-2）。

第三届 DARPA 挑战赛——城市挑战赛于 2007 年 11 月在洛杉矶东北维克多维尔的一个废弃空军基地举办，共 89 支队伍参赛，只有 11 支队伍取得决赛资格，最终 3 辆车在无人干预下完成比赛，另外 3 辆车在少量人工干预下完成比赛。卡耐基梅隆大学的 Boss、斯坦福大学的 Junior 和弗吉尼亚州大学的 Odin 获得这次比赛的前三名。

谷歌公司研制了 7 辆无人车（图 2-3），并于 2010 年对它们开展了城市实际道路测试。这些无人驾驶车辆可以进行正确的行驶，具有完备的感知能力和高水平的人工智能，无人车可以自动地识别信号灯、行人以及车辆等。谷歌公司的无人车同

图 2-2　第二届 DARPA 挑战赛中获得第一名的 Stanley 无人驾驶车辆

时还可以运用谷歌街景地图对车辆进行导航，在内华达州、佛罗里达州和加利福尼亚州已专门为无人驾驶车辆上路制定并通过了相关法律。

图 2-3　谷歌无人驾驶汽车

2012 年，谷歌宣布其公司的十余辆无人驾驶汽车已经在计算机的控制下安全行驶了 30 万 mile（约 48 万 km）。5 月 8 日，美国内华达州机动车辆管理部门（DMV）为谷歌的自动驾驶车颁发了首例驾驶许可证，这意味着谷歌自动驾驶车将很快在内达华州上路。内华达政府相关人士表示：无人驾驶汽车上路测试的前提是，确保总有人能够在转向盘后进行控制，另外还有一人能够观察驾驶系统。

2. 欧洲

欧洲各国的无人驾驶车辆技术在世界上也处于领先水平，他们在无人驾驶车辆及其相关领域进行了很多科学研究工作，比如 PROMETHEUS 计划和 PREVENT 计划。1987 年到 1995 年间，PROMETHEUS 计划是欧洲在无人车研究领域最大的项目，其领军人 ErnstDickmanns 于 1994 年带领项目组研制的 VaMP 和 VITA－2 机器人车辆在法国的高速公路上行驶了 1000 多 km，能自主完成变道、超车和跟踪行驶，车辆行驶速度最高能达到 130km/h。Ernst Dickmanns 在 1995 年又重新对奔驰自主车进行了设计，进行了 1600km 路程的行驶测试，车辆的最高行驶速度超过了 175km/h。

欧盟对 PREVENT 项目的总资金预算超过了 5500 万欧元，总共有 50 多家单位参与进了该项目，其中包括著名的研究机构和汽车生产厂商。PREVENT 项目为无人驾驶车辆研究提出了时间－碰撞时间表，虚拟安全带和智能车辆由感知、决策、执行三层架构组成这三个总体概念。

意大利帕尔玛大学研制的 ARGO 智能车也达到了很高的水平，2010 年 10 月，ARGO 试验车只用了极少次的人工干预，从罗马出发成功抵达上海，总共行驶了 13000 多 km，历时 3 个多月。德国柏林自由大学研制的无人驾驶车辆 MadeinGermany，从柏林勃兰登堡门出发，自主行驶到柏林国际会议中心后，又安全返回出发地，顺利通过了 46 个交通灯并绕过两处环岛，整个行程近 20km，代表了目前无人驾驶车辆的世界最高水平。

牛津大学研制的无人驾驶车辆 Wildcat 不使用 GPS，它使用激光雷达和立体相机监控路面状况、交通状况，以及行人和其他障碍物，在崎岖山路上能实现自主行驶、堵车绕道；牛津大学另外研制的无人驾驶车辆 RobotCarUK 使用 iPad 处理数据、输出指令，不使用 GPS，但是只能在熟悉环境下发挥作用，成本低廉，仅使用一套 7750 美元的立体相机和激光系统对汽车前方道路进行识别与定位，该无人驾驶车辆是为短途、常规驾驶的路途而设计的。

2.1.2　国内研究现状

20 世纪 80 年代，我国开始对智能移动机器人进行研究，1980 年国家立项了“遥控驾驶的防核化侦察车”项目，哈尔滨工业大学、沈阳自动化研究所和国防科技大学三家单位参与了该项目的研究制造。“八五”期间，由北京理工大学、国防科技大学等五家单位联合研制成功了 ATB－1（AutonomousTestBed－1）无人车，这是我国第一辆能够自主行驶的测试样车，其行驶速度可以达到 21km/h。ATB－2 无人车也在“九五”期间顺利研制成功，与 ATB－1 相比，其功能得到了大大加强，直线行驶速度最高可以达到 21m/s。2005 年，第三代自主行驶车辆 Autono-

mousTestBed－3 也研制成功，ATB－3 的环境认知和轨迹跟踪能力进一步得到加强。

国防科技大学也代表了国内自主车辆研究的较高水平，他们成功研制了无人驾驶汽车——红旗 CA7460，它根据前方障碍车辆的情况可以自动进行车道变换，其最高行驶速度可以达到 47m/s；由国防科技大学自主研制的红旗 HQ3 无人车，2011 年 7 月 14 日首次完成了从长沙到武汉 286km 的高速全程无人驾驶实验，创造了中国自主研制的无人车在复杂交通状况下自主驾驶的新纪录，标志着中国无人车在复杂环境识别、智能行为决策和控制等方面实现了新的技术突破，达到世界先进水平。

红旗 HQ3 无人车由国防科技大学自主研制，2011 年 7 月中旬它从京沙高速公路长沙杨梓冲收费站出发，历时 3h 22min 到达武汉，总距离 286km。实验中，无人车自主超车 67 次，途遇复杂天气，部分路段有雾，在咸宁还遭逢降雨。

红旗 HQ3 全程由计算机系统控制车辆行驶速度和方向，系统设定的最高时速为 110km/h。在实验过程中，实测的全程自主驾驶平均时速为 87km/h。国防科技大学方面透露，该车在特殊情况下进行人工干预的距离仅为 2.24km，仅占自主驾驶总里程的 0.78%。

从 20 世纪 80 年代末开始，在贺汉根教授带领下，2001 年研制成功时速达 76km/h 的无人车，2003 年研制成功中国首台高速无人驾驶轿车，最高时速可达 170km/h；2006 年研制的新一代无人驾驶红旗 HQ3，则在可靠性和小型化方面取得突破。此次红旗 HQ3 无人车实验成功创造了中国自主研制的无人车在复杂交通状况下自主驾驶的新纪录，这标志着中国在该领域已经达到世界先进水平。

THMR－V 无人车由清华大学研制成功（TsinghuaMobileRobot），它的最高行驶速度也可以达到 42m/s，除此之外，车辆还可以根据不同的驾驶场景选择高速公路和城区公路两种驾驶模式；由西安交通大学研制的 Springrobot 也是我国著名的无人车平台之一，其具有较高的车道线检测和行人检测能力。

2.2 车道线的提取和跟踪

视觉是人类观察世界、认识世界的重要功能手段，人类从外界获得的信息约有 75% 来自视觉系统，特别是驾驶人驾驶需要的信息 90% 来自视觉。在目前汽车辅助驾驶所采用的环境感知手段中，视觉传感器比超声波、激光雷达等可获得更高、更精确、更丰富的道路结构环境信息。随着计算机技术的发展和图像处理/识别技术的成熟，机器视觉技术获得长足的发展，目前广泛应用在三维测量、三维重建、虚拟现实、运动目标检测和目标识别等方面。在汽车的自动驾驶方面，一个前提性的问题就是路况识别和车辆、障碍物的距离、速度检测，解决了这个问题才可能去控制汽车的驾驶。而机器视觉技术融合三维测量和图像识别技术于一身。

在无人驾驶智能系统中，基于视觉的车道线识别是视觉感知部分使用最广泛的导航感知器。根据智能车安装摄像头个数的不同，又分为单目视觉和双目视觉。其中单目视觉的计算量小、实时性高，更便于在实际中使用，应用更加广泛。

同时，也有相应的研究在视觉基础上，加入雷达、GPS 等辅助信息，采用多传感器技术融合的方法，实现车道线的识别。

SorenKammel 在 AnnieWAY 汽车的基础上，提出基于激光雷达和数字地图信息融合的车道线识别方法，系统能够估计数字地图与实际路况的偏差；HuangAS 提出基于视觉和雷达多传感器融合的多车道线识别，将识别分成 3 个阶段并采用多处理器实现，第一阶段检测和定位每个摄像机图像中的标志线，并通过雷达获取的数据减少检测错误率；第二阶段，通过检测的车道线和获取的相关数据预测行驶车道线附近的中心线；第三阶段将检测到的中心线进行滤波、跟踪、信息融合，从而识别出多车道。

QingquanLi 采用了视觉和激光雷达多传感器信息融合的方法检测车道线，提出用特征信息融合的方法寻找到最优的可行驶区域，然后在最优行驶区域里检测车道线，该系统对结构化和非结构化道路均适用。

目前车道识别的方法主要分为两类，基于图像特征的方法和基于模型的方法。基于图像特征识别的原理是利用了车道标志线边缘与道路图像周围路况之间特征的差异，通常的特征差异有图像的纹理、边缘几何形状、边界的连续性、感兴趣区域的灰度值及对比度等，可以使用阈值分割等方法提取图像特征，算法简单易实现，缺点是易受噪声、树木的阴影遮挡、光照变化、标志线间断不连续等因素干扰车道线识别，甚至可能无法识别出车道线；模型匹配的原理是针对结构化道路的几何特征，建立相应的车道线模型，辨识道路模型参数，进而识别出车道标志线。由于图像特征法的局限性，在实际研究中一般将图像特征法和模型匹配法相结合，问题的关键是寻找出与车道线匹配的最佳模型。

JiangRuyi 提出一种新的车道线模型，该模型中的 5 个参数用来模拟左右车道线边缘的对点，能够用于检测多种形状的车道标志线；JuseokShin 提出一种基于顶视图的 RANSAC 算法和曲线模型检测图像车道线，先由图像逆投影变换生成顶视图，然后用 RANSAC 算法检测车道线，再用曲线模型将车道线延伸至感兴趣区域的底部。

但目前现存有一些不可回避的问题，当道路地面的车道线清晰，周围环境良好时，那么算法都能够检测出车道线，但在不同光照和气候变化时，算法则有待改善。

车道线（图 2-4）的标划区分：

❑ 白色虚线：划于路段中时，用以分隔同向行驶的交通流或作为行车安全距离识别线；划于路口时，用以引导车辆行进。

❑ 白色实线：划于路段中时，用以分隔同向行驶的机动车和非机动车或指示车行道线；划于路口时，用作导向车道线或停车线。

❑ 黄色虚线：划于路段中时，用以分隔对向行驶的交通流；划于路侧或路缘石上时，用以禁止车辆长时在路边停放。

❑ 黄色实线：划于路段中时，用以分隔对向行驶的交通流；划于路侧或路缘石上时，用以禁止车辆长时或临时在路边停放。

❑ 双白虚线：划于路口时作为减速让行线；划于路段中时，作为行车方向随时间改变之可变车道线（潮汐车道线）。

❑ 双黄实线：划于路段中时，用以分隔对向行驶的交通流。

❑ 黄色虚实线：划于路段中时，用以分隔对向行驶的交通流。黄色实线一侧禁止车辆超车、跨越或掉头，黄色虚线一侧在保证安全的情况下准许车辆超车、跨越或掉头。

❑ 双白实线：划于路口时，作为停车让行线。

图 2-4　各种车道线

2.2.1　道路图像预处理方法

车道分界线是用来分隔同方向行驶的交通流的交通标志线，凡同方向车行道有两条或两条以上车道时，均应划车道分界线。车道分界线有两种，即车道分界虚线和导向车道分界实线。在保证安全的原则下，车道分界虚线准许车辆越线超车或变更车道行驶；导向车道分界实线不准车辆越线或变更车道。

车载相机采集到的图像容易受外界环境，如光照、天气、阴影等因素的影响，导致车道边缘模糊，同时道路图像还包含了大量的干扰信息，如路旁树木、栅栏等，给车道线的识别增加了难度，因此需对图像进行预处理，改善图像质量，提取感兴趣信息，剔除掉无关信息。

为了降低计算的复杂度，需要将图像灰度化（图 2-5，见彩插），然后对灰度图像滤波处理，去除噪声后的道路图像经过二值化转变成黑白图像，最后对二值图像提取感兴趣区域和边缘。

为了提高图像中车道线信息的可识别性，降低车道线识别算法的复杂度，需要对采集到的图像进行滤波处理，去除图像中的噪声。图像去噪处理多采用平滑技术，主要包括频域滤波和空域滤波两大类。频域滤波需要将信号从空间域转换到频

图 2-5　车道线图像灰度化

率域，计算量很大，很难满足系统的实时性要求。空域滤波是在空间域内对图像像素的灰度值进行处理，是常用的滤波算法，一般常用的空间域滤波方法为中值滤波。

中值滤波是一种在去除噪声的同时又能保护目标边界信息，不使其边缘变得模糊的非线性处理技术。它将每一像素点的灰度值设置为该点某邻域窗口内的所有像素点灰度值的中值。所以其对汽车抖动引起的边缘毛刺，以及汽车制动对车道标识线的损伤和孤立等噪声有较好的滤波效果。中值滤波的数学表达式如式（2-1）所示。

$$f(i,j) = median\{S_{f(i,j)}\} \tag{2-1}$$

式中，$\{S_{f(i,j)}\}$是当前点$f(i,j)$的邻域。

图像的绝大部分能量一般位于信号的低频部分，噪声位于高频部分，而图像中的一些边缘和细节信息也位于高频部分，采用中值滤波的好处就是既滤除高频的噪声干扰，又能很好地保留边缘信息。道路图像经过灰度变化和滤波后的图像如图 2-6 所示。

图 2-6　原始图和灰度化中值滤波后的图像

道路图像经过滤波处理后，包含大量的背景干扰信号。为了提取出感兴趣的车道线区域，提高车道线检测的实时性和准确性，需要从道路图像中将车道线区域分割出来，即所谓的图像分割处理。图像分割即为选择一个合理的阈值，将图像划分为目标区域和背景区域。

阈值分割是基于区域的图像分割技术，其基本原理是：设定不同的阈值，把像素点分成若干类。假设原始图像的像素值为 $f(x,y)$，按照一定的准则找到阈值 T，将图像分割为两部分，分割后的图像像素值为：

$$g(x,y)=\begin{cases}0, f(x,y)<T\\1, f(x,y)\geqslant T\end{cases} \tag{2-2}$$

当图像中某点灰度值大于阈值 T 时，则把该点置为 255（白色），反之则置为 0（黑色）。该方法的分割效果受阈值影响很大，同时在不同环境下阈值需要重新调整，效果不佳。

最大类间方差法由日本学者大津展之于 1979 年提出，又称大津算法（OTSU）。大津算法（OTSU）是一种全局阈值选取法，它在判别式分析最小二乘原理的基础上推导得出，因其算法简单，所以是被广泛使用的图像分割算法。

在图像中，方差是灰度分布是否均匀的度量之一。方差越大，说明图像中的背景和目标的差别就越大。当一些背景区域错误划分为目标或者一些目标区域错误划成背景时，背景和目标的差别就会变小。因此采用类间方差最大的图像分割，其错分的概率就最小。

假设图像的目标和背景的分割阈值为 T，且前景像素点数占图像的比例为 ω_1，其平均灰度为 μ_1；背景像素点占图像的比例为 ω_2，平均灰度为 μ_2；图像的平均灰度记为 μ，类间方差记为 g。

$M\times N$ 大小的图像中像素的灰度值小于阈值 T 的像素个数记作 N_1，像素灰度大于阈值 T 的像素个数记作 N_2，则有：

$$\omega_1=\frac{N_1}{M\times N} \tag{2-3}$$

$$\omega_2=\frac{N_2}{M\times N} \tag{2-4}$$

$$N_1+N_2=M\times N \tag{2-5}$$

$$\omega_1+\omega_2=1 \tag{2-6}$$

$$\mu=\mu_1\times\omega_1+\mu_2\times\omega_2 \tag{2-7}$$

$$g=\omega_1\times(\mu-\mu_1)^2+\omega_2\times(\mu-\mu_2)^2 \tag{2-8}$$

将式（2-7）代入式（2-8），得到等价公式：

$$g=\omega_1\times\omega_2\times(\mu_1-\mu_2)^2 \tag{2-9}$$

当方差 g 最大的时候，就是目标和背景的差异最大的时候，此时得到的灰度值就是最佳阈值。可以得到大津算法（OTSU）计算最佳阈值 T 的公式：

$$T=\arg\max_{g_{\min}<t<g_{\max}} dist=|\mu_0(t)-\mu_B(t)|^2 w_0(t)w_g(t) \tag{2-10}$$

在 $g_{\min}<t<g_{\max}$ 中穷举每一个 t 值，使得 $dist$ 取得最大值的 t 即为要求的阈值。

大津算法（OTSU）二值化的效果图如图 2-7 所示。

图 2-7　大津算法（OTSU）二值化的效果图

2.2.2　边缘检测

图像的边缘是图像的基本特征，常存在于目标与背景之间。边缘点附近的像素灰度通常存在阶跃变换或屋顶状变换。边缘提取方法分为两类：一类是基于图像边缘拟合算子的提取方法；另一类是基于微分算子求得图像边缘，滤波器模板在这类算法中大量使用。

边缘提取是图像处理中基础而重要的步骤，是图像识别的基础。道路图像中的车道线边缘是车道线和路面之间像素灰度有屋顶变化或阶跃变化的像素集合，是车道线的基本特征之一。常用的边缘提取算子有 Roberts 算子、Sobel 算子、Laplace 算子、Krisch 算子、Prewitt 算子和 Canny 算子。

边缘检测后的图像往往存在大量非车道线的边缘信息，这些信息将对后续的车道线拟合产生干扰，因此需要尽可能地将这些非车道边缘信息滤除。

Canny 算子是高斯函数的一阶微分，能在噪声抑制和边缘检测之间取得较好的平衡。Canny 算子提取的图像边缘如图 2-8 所示。

图 2-8　Canny 算子边缘检测效果图

2.2.3 基于 Hough 变换的车道线检测

霍夫（Hough）变换于 1468 年由 Paul Hough 提出，是一种依据图像全局统计特性的目标检测方法，Hough 变换利用两个不同坐标系之间的变换来检测图像中的直线和曲线。它将图像空间中的直线映射到参数空间的一个点，然后对该点进行累计投票，这样便可得到参数空间中的峰值。经过 Hough 变换后，直线的检测问题便转换成了参数空间峰值的统计问题，提取出的峰值经过反变换拟合出所需的直线方程。

一般的直线用斜率 k 和截距 b 来表示，即以方程 $y = kx + b$ 表示。如果检测直线的 N 个边缘表示为

$$(x_0, y_0)、(x_1, y_1)、\cdots(x_{n-1}, y_{n-1})$$

假设直线的方程表达式为 $y = kx + b$，于是可以得到 n 个方程式：

$$y_0 = kx_0 + b、y_1 = kx_1 + b、\cdots y_{n-1} = kx_{n-1} + b$$

用计数器 num［k］［b］记录每一可能直线的值，num 中的最大值对应的直线 $y = kx + b$ 即为待求直线的最佳解。

鉴于上述方法很难确定斜率 k 的取值范围，如果斜率 k 取值太细，则计算量大；反过来 k 取值太粗的话，又会造成所求直线的准确率不够。图像空间中的任一直线均可用极坐标表示：

$$\rho = x\cos\theta + y\sin\theta \tag{2-11}$$

式中，ρ 为直线 1 相对于坐标原点的距离；θ 为直线 1 与 x 轴的夹角。

如图 2-9 所示，直角坐标空间上的一点转换到极坐标空间上，则是一条正弦曲线。直角坐标空间上的同一条直线上的各点在极坐标空间对应的曲线均相交于一点。

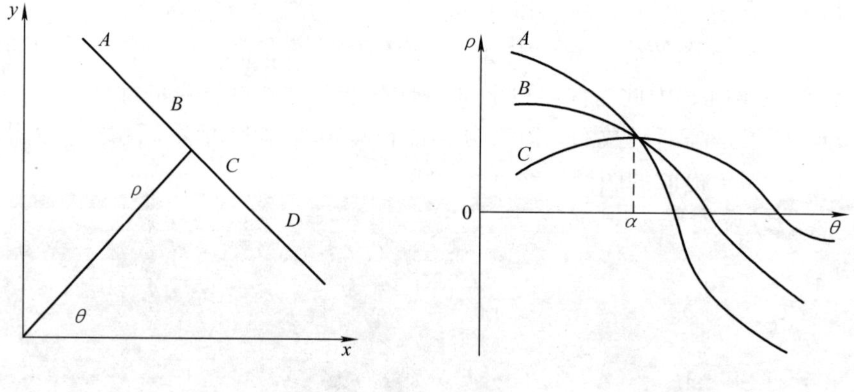

图 2-9　Hough 变换图

动态感兴趣区域

车道线信息一般在图像的下半部分，或者摄像头视角区域的下半部分。感兴趣

区域（ROI）的建立是在空间直角坐标系下确定车道线可能存在的区域范围，这样会缩短车道线检测的时间，提高了检测速率和实时性。

对图像建立直角坐标系，坐标原点在图像中心，则距离坐标原点 X 宽度的左右两侧分别有一个宽度为 W 的矩形区域，这两个矩形区域就是我们建立的 ROI，如图 2-10 所示。

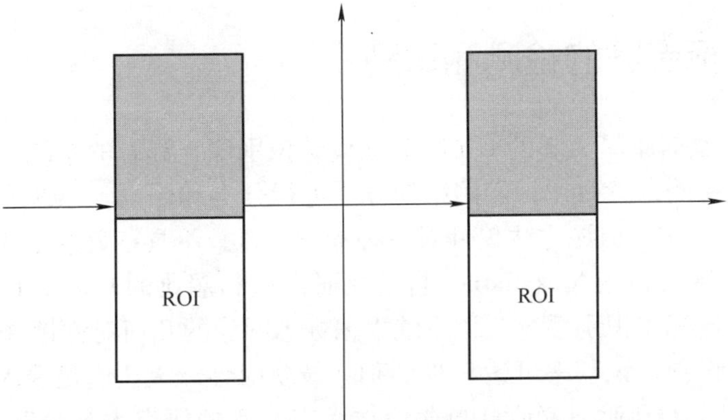

图 2-10　图像中 ROI 区域

预处理后的图像只剩车道线的边缘，根据车道线建立 ROI 后，Hough 变换会大大降低计算复杂度。经过 Hough 变换后，便可得到当前预估的车道线情况。然后将预估的车道线斜率与混合高斯模型中的车道线斜率对比，如果两者相差在一定阈值范围内，则将预估的车道线确定为检测的车道线，并用预估车道线斜率来更新高斯混合模型的参数；否则，舍弃当前的预估的车道线，而采用高斯混合模型中的车道线。车道线检测效果如图 2-11 所示。

图 2-11　车道线检测效果图

通过以上实验结果分析可知，基于 Hough 变换的车道线检测具有较好的性能，其检索结果符合智能车对车道线的要求。但算法还存在进一步研究的问题，Hough 提取的速度在一定程度上影响了该算法的实用性，同时在拐弯以及光线不足等环境下，检测效果有待改善，可结合车道线的检测算法对车道线进行跟踪检测，从而解决车道线漏检等问题。

2.3 交通标志牌的检测和识别

2001 年，威斯康星大学的 Liu 和 Ran 设计识别停止标志的系统。首先利用 HIS 颜色空间进行检测，然后用神经网络的方法进行分类和识别。系统实验图像为 540 幅，准确率为 95%。但该方法仅针对一种标志可行，不具备普遍适应性。

2015 年，澳大利亚 Nick Barnes 自动化研究所和瑞典的 Gareth Loy 实验室合作开发了一套交通标志识别系统，该系统根据标志图像的几何对称性来确定其质心位置，进而进行识别，识别率可达 95%，但系统实时性却无法满足要求。

2009 年，澳大利亚国家信息与通信技术实验室的研究人员公开了他们最新设计的驾驶人辅助系统，该系统由小型摄像机和标志识别系统组成。三台小型摄像机分别被安装在汽车的车内后视镜和仪表板两侧，当发现交通标志时，可通过连接在速度仪上的传感装置和另外两台摄像机分析驾驶人是否遵守了交通规则，在识别技术上主要采取了形状识别的方法。这套系统在晴天时可准确识别各种交通标志，并按照交通标志规定对驾驶人进行警告和提醒，但阴雨天气时识别效果却不够理想。

Feixiang Ren 等经过颜色初分割和 Hough 变换提取自然场景中可疑标志区域，然后采用 SIFT 算法提取可疑区域特征点，结合特征点匹配算法最近邻算法，实现交通标志的识别。

2.3.1 交通标志简介

交通标志是一种图形与文字相结合的公共标识，用图形符号和文字传递特定信息，用以管理交通、指示行车方向，以保证道路畅通与行车安全的设施。交通标志有很显著的颜色和形状特征，起到指示、指路、警告和禁令等作用，适用于公路、城市道路以及一切专用公路，具有法令的性质，车辆、行人都必须遵守。

我国的交通标志有警告标志、禁令标志、指示标志、指路标志、旅游区标志、作业区标志、告示标志、辅助标志 8 种。下文对禁令标志、警告标志、指示标志三类标志进行简明扼要的介绍。

1. 禁令标志

禁令标志起到禁止某种行为的作用，共有 43 种。其作用是禁止或限制车辆、行人交通行为除个别标志外，颜色为白底，红圈，红杠，黑图案，图案压杠；形状为圆形、八角形、顶角朝下的等边三角形。禁令标志设置在需要禁止或限制车辆、行人交通行为的路段或交叉口附近。如图 2-12（见彩插）所示的禁令标志，红色在自然环境下比较少见，故以红色作为特征颜色检测禁令标志通常具有较好的效果。

图 2-12　我国交通禁令标志图

2. 警告标志

警告标志起警告作用，共有 49 种。其作用是警告车辆、行人注意危险地点。颜色为黄底、黑边、黑图案，形状为顶角朝上的等边三角形。如图 2-13（见彩插）

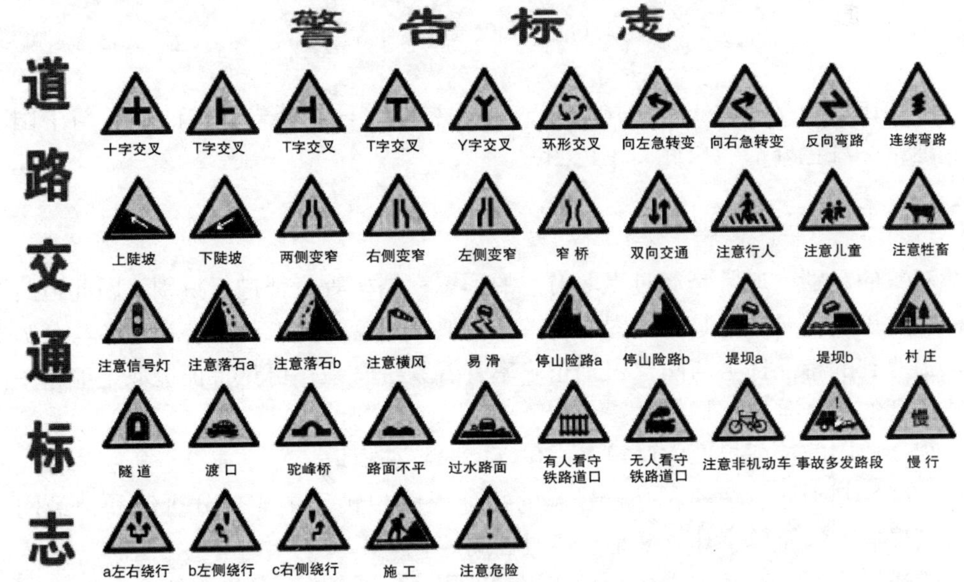

图 2-13　我国交通警告标志图

所示的警告标志，由于外沿与图案的颜色均为黑色，某些图案面积较大的标志与外沿几乎相连，给检测带来一定困难。

3. 指示标志

指示标志（图2-14，见彩插）起指示作用，共有29类。其作用是指示车辆、行人行进。指示标志颜色为蓝底、白图案；其形状分为圆形、长方形和正方形；指示标志设置在需要指示车辆、行人行进的路段或交叉口附近。指示标志没有特定的外沿颜色，某些标志的图案几乎将蓝底分为了几个部分，给检测带来一定困难。

图2-14　我国交通指示标志图

其他国家的交通标志与中国的标志非常类似，只是警告标志的颜色与中国不同，通常为红色外沿、白底、黑色图案。

2.3.2　交通标志识别简介

对象的识别，通常是通过提取对象的形态、结构等特征进行辨别，因此道路图像模式的识别首要条件是进行图像的特征提取，然后将提取到的特征量参与分类决策。提取到的特征优劣与图像识别正确率有着紧密联系，可见特征提取是道路图像模式识别的一个重要前提条件。

现今使用的特征提取方法很多，包括经验特征提取法、主成分分析法、神经网络法、线性判别分析法等，基于经验的特征提取相较于主成分分析法和神经网络法，其提取方法简单、计算量小、实时性高。

交通标志牌识别系统大体由以下几部分组成：①图像采集系统；②图像预处理；③交通标志检测；④交通标志特征提取；⑤交通标志识别系统。交通标志牌检测与识别的流程图如图 2-15 所示。

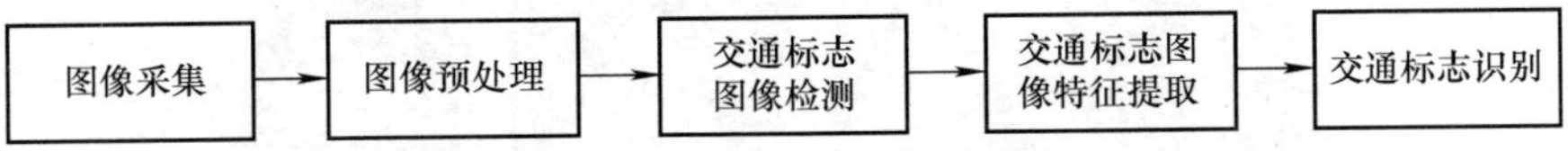

图 2-15 交通标志处理流程图

其中，交通标志牌的图像采集主要是利用安装在智能车上的摄像头来获取自然场景下的图像，图像预处理系统是为了消除图像中的随机噪声和运动模糊现象，交通标志检测模块是在一幅图像中定位并提取出交通标志牌，交通标志牌的特征提取主要是提取交通标志牌的形状特征、颜色特征等，交通标志识别主要是通过提取的特征，使用机器学习方法，对交通标志进行分类，从而识别出对应的交通标志语义信息。

2.3.3 交通标志牌检测

在交通标志牌识别系统中，交通标志的检测是至关重要的一步，成功的检测是准确识别的基础。近年来，随着智能车研究的深入，越来越多的交通标志检测方法被提出，其检测的性能也在不断提升。经典的交通标志检测方法主要有三种：分别是基于颜色的检测、基于形状的检测以及综合颜色和形状的检测。

我国常见的交通标志主要有三大类，分别是禁止类、警告类和指示类。标志中的颜色主要以红色、蓝色、黄色、黑色以及白色为主，常见的形状有圆形、三角形、矩形以及八边形。目前对于颜色的检测方法主要是针对红色、黄色和蓝色这三种颜色，而对形状的研究主要针对圆形、三角形和矩形。下面将对一些常用检测的方法进行简单的概述。

1. 基于颜色的交通标志牌检测

交通标志具有明显的颜色特征，于是很多交通标志检测方法都运用了基于颜色的标志检测。目前的检测方法主要针对红色、蓝色和黄色。

基于颜色的交通标志检测就是依据标志的颜色特征，将标志从图片中检测出来，研究者主要是在 RGB 和 HIS 这两种颜色空间下检测。Jack Greenhalgh 和 Majid Mirmehdi 遍历所有像素点，成功将蓝色及红色区域变得比背景更亮，从而基于颜色实现交通标志牌的检测和提取。

还有其他一些基于颜色的检测方法，例如区域增长法和人工神经网络法等。

2. 基于形状的交通标志牌检测

交通标志的具有特定形状特征，主要有以下四种：三角形、圆形、矩形、八边形，其中八边形可归类为圆形，如图 2-16 所示，最后可归纳为三种形状：圆形、三角形和矩形。因此可以利用标志的形状特征进行交通标志的检测，目前的检测方法主要针对三角形、圆形和矩形。

a) 圆形　　b) 三角形　　c) 矩形　　d) 八边形

图 2-16　各种形状的交通标志

目前对交通标志进行检测的形状方法主要有以下几种。

(1) 基于边缘的方法

基于边缘的方法很多，其中最经典的是 Hough 变换。Kuo W J 等人在检测三角形和圆形交通标志的时候，采用 Hough 变换的方法进行检测，在噪声、形变和部分区域残缺的情况下这种方法取得了不错的结果，并且在稳定性和可靠性方面也不错。但是该方法最大的缺点是计算复杂度高，要耗费大量的时间进行运算，系统的实时性得不到满足。Barnes 提出了一种简单的 Hough 变换方法，称为光线对称性算法，这种方法运算量比较小，运算速度很快，但是它的缺陷是只能检测圆形交通标志，不能检测三角形和矩形。

(2) 拐角提取算法

矩形或三角形类交通标志有一个很重要特征，就是它们都有角度，即存在拐角，因此可以通过拐角提取算法检测交通标志。目前拐角提取方法主要分为两类：一类是利用良好的边缘检测器对目标边缘进行编码，然而它的编码操作比较复杂，而且检测器的良好性得不到保证；另一类方法是基于梯度的分类器，分类器通过判断梯度强度与方向的变化来确定当前像素点是否为拐角，这种方法可以将图像中的许多拐角提取出来，当然也会提取出一些非目标的拐角，所以检测的错误率也很高。

Rangarajan 等提出了一种最优拐角检测方法，在这种方法中最重要的就是掩膜设计，在检测之前先观察目标拐角的特点，然后根据拐角的特点去设计掩膜，掩膜设计好后，与图像作卷积运算将图像中的拐角检测出来。在这种方法上，Escalera 构造了检测矩形和正三角形的 7 个掩膜实验，研究表明这些 9×9 的掩膜能够较准确地检测交通标志的拐角，而且能够容忍一定的噪声和变形，鲁棒性较好。

3. 结合颜色和形状的交通标志检测

M. Zadeh 等首先对交通标志图像进行颜色分割，利用彩色阈值分割出感兴趣的区域，然后通过形态学中的膨胀与腐蚀操作提取区域的边缘，最后对边缘进行跟踪和几何分析，提取存在交通标志的目标区域，该检测方法的缺点是对噪声非常敏感。张等人先利用非彩色分解技术消除交通标志图像中的非彩色区域，然后将图像转换到 HSI 空间中进行颜色分割，最后进行边缘链码跟踪及阈值化处理，采用非线性曲线拟合检测交通标志。

2.3.4　基于 SVM 的交通标志牌检测

支持向量机 SVM（Support Vector Machines）是 Vapnike 等人在 20 世纪 90 年代初建立的一种新型的学习机器，它是在以解决小样本机器学习问题为目标的统计学习理论（SLT）的基础上发展起来的。SVM 建立在 SLT 的 VC 维理论和结构风险最小化原理的基础上，根据有限的样本信息在模型的复杂度和学习能力之间寻求最佳折中，获得最好的推广能力。与传统方法相比，SVM 能够有效地避免过学习、欠学习、维数灾难以及陷入局部极小值等问题，所以它成为机器学习的一个新研究热点。支持向量机作为统计学习理论的杰出代表，在分类和模式识别等方面取得了很好的效果，将其应用到人脸识别系统中，可以提高其成功率和准确率。

1. 图像预处理

首先将交通标志牌的训练样本和测试样本下载下来，进行解压，由于测试程序不支持 ppm 格式的图片，用 iSee 软件把图片统一改为 jpg 格式。

其次将训练样本统一压缩为程序支持的 68×128 的大小（可以用 iSee），再进行批量改名，放入文件夹。

2. 提取特征

HOG 特征提取方法就是将一个 image：

- 灰度化［将图像看作一个 x，y，z（灰度）的三维图像］。
- 采用 Gamma 校正法对输入图像进行颜色空间的标准化（归一化）。目的是调节图像的对比度，降低图像局部的阴影和光照变化所造成的影响，同时可以抑制噪声的干扰。
- 计算图像每个像素的梯度（包括大小和方向）。主要是为了捕获轮廓信息，同时进一步弱化光照的干扰。
- 将图像划分成小 cells（例如 6×6 像素/cell）。
- 统计每个 cell 的梯度直方图（不同梯度的个数），即可形成每个 cell 的 descriptor（描述符）。
- 将每几个 cell 组成一个 block（块）（例如 3×3 个 cell/block），一个 block 内所有 cell 的特征 descriptor 串联起来便得到该 block 的 HOG 特征 descriptor。
- 将图像 image 内的所有 block 的 HOG 特征 descriptor 串联起来就可以得到该 image（你要检测的目标）的 HOG 特征 descriptor 了。这个就是最终的可供分类使用的特征向量了。

写好正样本的 txt 文件，并修改代码正负样本数、正负样本文件夹路径等。正负样本数设置为 1∶5，开始训练，并测试，检测效果如图 2-17 所示。

通过测试，检测结果不理想。虽然可以检测到交通标志牌，但存在很多误报的情况。如图 2-18 所示。

图 2-17　检测效果

图 2-18　误报较多的检测效果

为了减少误报，采用增加 hard 样本，即误报样本加入负样本中，进行训练，更新 SVM 模型。随着 hard 的增加误报会减少，但在上面这种图很难完全除掉。而且随着 hard 数量的增加，还会使一些图中原本可以识别到的交通标志牌识别不到造成漏检。如图 2-19 所示。

通过使用 SVM 进行交通标志牌的检测，可以看出，检测效果与检测窗口的大小密切相关，同时 SVM 本身存在局限。

图 2-19　增加 hard 样本后的检测效果

2.3.5　交通标志的识别

图像识别，可认为是图像的模式识别，它是模式识别技术在图像领域中的具体运用。模式识别的研究对象基本上可概括为两大类：一类是有直觉形象的，如图像、相片、图案、文字等；一类是没有直觉形象而只有数据或信息波形，如语声、心电脉冲、地震波等。但是，对模式识别来说，无论是数据、信号还是平面图形或立体景物，都是除掉其物理内容而找出它们的共性，把具有统一共性的归为一类，而具有另一种共性者归为另一类。模式识别研究的目的是研制能够自动处理某些信息的机器系统，以便代替人完成分类和辨识的任务。狭义地讲，图形识别研究的模式就是图像。

对于不同的图像识别领域有不同的识别方法，目前已提出的识别方法包括：模板匹配、聚类分析、模糊模式识别方法、基于神经网络的图像识别方法、基于决策理论的判别方法和基于支持向量机的判别方法等。

模板匹配法就是对每个待识别的类别绘出典型标准模板作为识别标准，然后将待识别的类与标准模板相比较，从而做出判断。这种比较的实现是通过将一个标准的图像与输入的图像在一个分类器中进行相关运算，根据随机信号分析的知识可知，在自相关时，出现主峰值，即此时待识别物体与标准图像匹配，通过一个阈值作为一个判决规则，即可实现相关匹配识别。

若用 $f(x,y)$ 表示采集的与已知某模板图像相匹配的输入图像，$F(x,y)$ 表示预先设定的标准模板序列，$Q(x,y)$ 表示在相关器比较后的输出，则模板匹配法可用图 2-20 表示。

设随机变量用 x_1，x_2，y_1，y_2 表示，则分类器的输出为

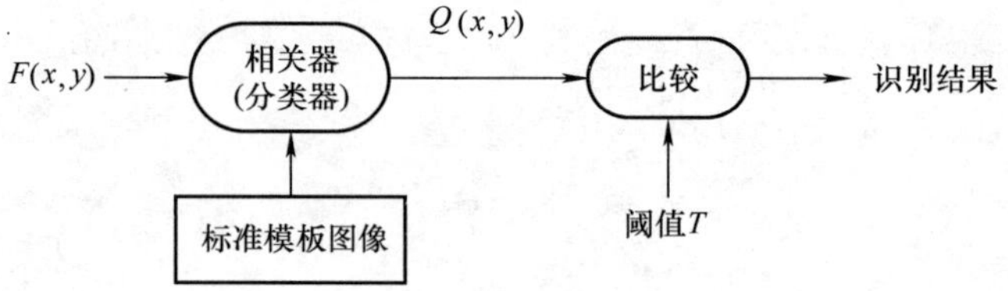

图 2-20　模板匹配法模式识别系统框图

$$\Phi(x_1-x_2,y_1-y_2)=\iint f(x,y)F[x+(x_1-x_2),y+(y_1-y_2)]\mathrm{d}x\mathrm{d}y \tag{2-12}$$

当 $x_1=x_2$，$y_1=y_2$ 时，$\Phi(0,0)=f(x,y)F(x,y)\mathrm{d}x\mathrm{d}y$

当 $f(x,y)=F(x,y)$ 时，$\Phi(0,0)=f(x,y)f(x,y)\mathrm{d}x\mathrm{d}y$

即为输入信息的自相关函数，并且有 $\Phi(0,0)\geqslant\Phi(x,y)$，由此可见 $\Phi(x,y)$ 在 $\Phi(0,0)$ 处出现主峰，在其他处可能出现副峰，只要这些副峰不等于主峰就可用适当的阈值将其鉴别，这种模板匹配法既可在时域进行，也可在频域进行，既可进行整幅图像的匹配，也可在一幅大的图像中找到与小模板上的方向、形状相同的图像，这就要记录在大图像中找到的目标的位置。这种方法的优点是在一定条件下，其错误概率和拒识率最小，适用于图形匹配法、文字匹配法等噪声较小的地方，缺点是对识别系统存储要求高，识别时计算量大，另外对噪声敏感，所以不适用于文本的图像。

1. 统计模式识别方法

统计模式识别的流程如图 2-21 所示，输入的图像信息是计算机能识别的数字信号，如 BMP 图像、JPEG 图像；图像处理的目的是对采集的图像滤波，恢复使之有利于从原始信号中提取能反映图像本质的特征信息；最后是识别分类，并输出识别结果。

在确定识别判别函数时需要大量的各种类别的图像样本，通过对样本特征的计算统计从而设定识别参数，也就是所说的统计学习过程。

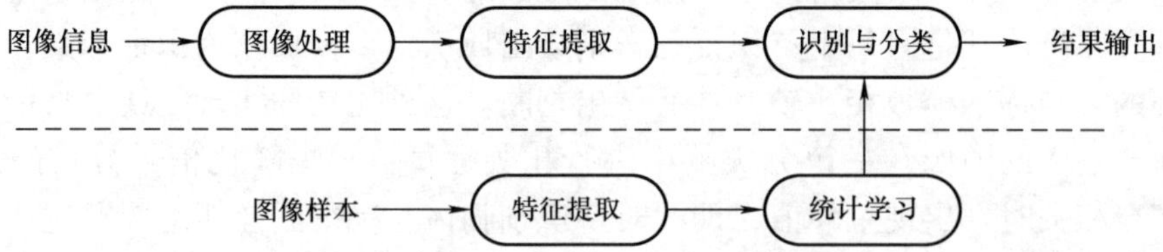

图 2-21　统计模式识别系统框图

假设对图像处理后已经提取了 N 个特征，而图像样本集分为 m 类，则识别图像的模式可以认为是 N 位向量空间的向量 X，即：

模式类别为 w_1、w_2、w_3、…、w_m，识别的内容就是判断 X 属于 w_m 中的哪一类。其中该图像模式识别有两个关键问题：一是特征提取的方法和特征选择的方法；二是判别函数的选取，如：模式有 w_1、w_2、w_3、…、w_m 共 m 个类别，则有 $D_1(x)$、$D_2(x)$、…、$D_m(x)$ 共 m 个判别函数。如果 X 属于第 i 类，则有 $D_i(x) > D_j(x)(j=1,2,3,\cdots,m;j\neq i)$；当 $D_i(x)=D_j(x)$，则表示 X 既属于 w_i 又属于 w_j 类，该判别函数失效，必须考虑其他特征。

2. 基于神经网络的图像识别方法

前面所提到的统计模式识别方法虽然在一定程度上能解决图像识别领域的实际问题，但是这些识别方法需要大量的计算统计，识别速度慢，判别函数选取困难，没有自学习功能，严重影响了其在图像识别领域的应用。随着人工神经网络技术的发展，模式识别技术也出现了一种新型的识别方法：基于人工神经网络的模式识别方法。在一定程度上神经网络的识别方法不同于前面提到的模板匹配法、统计模式识别法、结构模式识别法、模糊识别法和句法模式识别，但又在一定程度上与这几种方法又有许多相似的地方。图 2-22 给出神经网络应用于图像识别的一般模型。

图 2-22　神经网络应用于图像识别的一般模型

神经网络与传统的统计模式识别在很多方面是有联系的，这种联系不但在于它们都是试图从样本数据出发完成模式识别问题，更重要的是它们在方法上有一定的等价关系。比如单层的感知机模型实际就是一种线性分类器，多层感知机则可以看作它在某种非线性的推广和发展，例如自组织映射网络如果使其邻域交互作用设为零，则等价于 C 均值聚类算法。同时结合模糊算法构成的模糊神经网络与模糊模式识别方法又有很多相似的地方。所以神经网络的模式识别并不能作为模式识别理论中不同于统计模式识别、结构模式识别等的新的识别方法，但是由于神经网络识别方法在实践中得到越来越广的应用，可以看作是传统模式识别方法的一种推广和改进。

人工神经网络方法实现模式识别，可处理一些环境信息十分复杂、背景知识不清楚、推理规则不明确的问题，允许样品有较大的缺损、畸变，且运行速度快，自适应性能好，具有较高的分辨率。神经网络方法的缺点是其模型在不断丰富完善中，理论发展还不够成熟。

当神经网络用于分类时，首先要选择各类的样本对网络进行训练，每类样本的个数要近似相等。其原因在于一方面防止训练后网络对样本多的类别响应过于敏感，而对样本数少的类别不敏感。另一方面可以大幅度提高训练速度，避免网络陷入局部极小点。

2.3.6　基于 SVM 的交通标志牌的识别

支持向量机（SVM）是一种在内核特征空间中训练的线性分类器，其建立以结构风险最小和统计学理论为基础。SVM 属于有监督的机器学习方法，能够将结构风险最小化，因而是一种良好的分类器。SVM 分类器在图像识别和检索、运动检测、光学字符识别和手写字符识别等方面具有明显的优势，因此选用基于 SVM 的分类器对交通标志牌进行识别。

使用前一节交通检测中所下载的实验样本库，针对每个标志牌收集正样本和负样本，采用 HOG 特征进行训练，再利用训练得到的 SVM 分类模型，进行分类识别。检测效果图如图 2-23 所示。

图 2-23　基于 SVM 的识别

再根据检测效果图得到从原图中截取出相应的交通标志图，如图 2-24 所示。同时，根据训练得到 SVM 分类器，识别得出各交通标志图的语义信息，如图 2-25 所示。

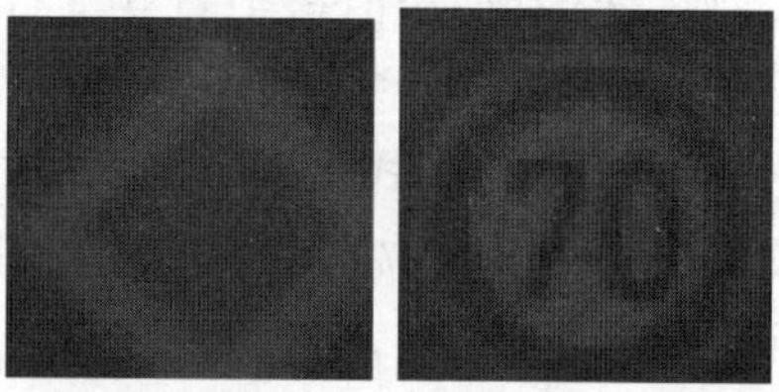

图 2-24　识别得到的交通标志图

通过实验分析，对于在交通标志检测效果比较好的图片来说，其识别效果相对有效准确。但对于检测效果不好的图片来说，效果就相对不太理想。要想得到好的效果，还得加强交通标志牌检测的精准度。

图 2-25　识别得到的交通标志图

交通标志识别效果取决于检测效果，为了提高识别的准确度，还需把各个样本的数目扩大一些，让样本包括各种情况下的标志牌，这样才能把识别的效果提升上去。

2.4　交通信号灯的检测

智能驾驶是未来发展的趋势，而交通灯的自动检测与识别仍然是重要的挑战。其次使用交通灯的识别，能帮助盲人或有视觉障碍的人：这些系统往往是在移动设备上开发的。因此，运用计算机视觉和模式识别等技术，深入对交通灯的检测和识别，是智能驾驶中的研究热点问题。

2012 年，Kim，K. T 提出建立一个无线网络，定期使用 broadcasts 调度信息获取交通灯的方法。同样，交通灯也可作为一个轻型道路车辆通信设备。2010 年，Premachand 等人提出了一种使用高速摄像机实现交通灯和车辆之间通信的方法。但此类方法都需要对城市交通灯网络进行相应的智能化改造，往往面临更大的挑战。

目前对交通灯检测和识别的研究主要利用摄像头采集图像，进行模式识别。

2010 年，OmachiM 等在标准化的色彩空间进行颜色分割，然后提取边缘，最后通过霍夫圆变换检测信号灯。该算法主要针对圆形信号灯的检测，并且局限于水平方向排列的信号灯。

2011 年，J. Levison 等通过提前获取数据信息和交通信号灯的位置信息，在线地检测交通信号灯。此算法对构建系统要求很高，并且需要有大量的先验信息作为支撑。

2013 年，谷明琴等采用 6 个方向和 6 个尺度的 Gabor 小波，通过对交通信号灯候选区域小波变换，再采用二维独立分量分析方法降维处理后提取特征，而后分类识别。该方法识别率较高，且可以排除误检。

2013 年 Wang Z. 等采用训练样本库，在获取交通信号灯候选区域后，采用概率模板匹配算法识别交通信号灯。

2013 年，YingJie 等根据交通信号灯及其背板的几何特征检测交通信号灯，然后再由色彩空间确定信号灯的颜色信息。此算法只是检测圆形灯，且误检率比较高。

2014 年，Trehard 等提出了一个相互作用的多模型过滤器来跟踪交通灯的位置和其状态。位置估计精度随迭代次数的增加而与交通灯的距离有着密切的关系。

2.4.1　颜色分割

交通信号灯的颜色特征是非常明显的。并且目前普遍采用的是 LED 灯，其可见度较高，在持续光照、阴天、下雾、下雨的恶劣天气条件下都能保持很好的可见度。因而，选择合适的色彩空间分割彩色图像，对定位交通信号灯、消除噪声，有很大的作用。

下面介绍色彩空间相关内容。

色彩是人的眼睛对于不同频率的光线的不同感受，色彩既是客观存在的（不同频率的光），又是主观感知的，有认识差异。“色彩空间”一词源于西方的“ColorSpace”，又称为“色域”，色彩学中，人们建立了多种色彩模型，以一维、二维、三维甚至四维空间坐标来表示某一色彩，这种坐标系统所能定义的色彩范围即色彩空间。在图形图像处理中，常用的色彩空间有 RGB、HIS、HSV、YCrCb 等。

1. RGB 色彩空间

RGB 色彩空间用 R、G、B 三种颜色分量来表示数字图像像素的颜色值。任何颜色 C 都可用光电三原色的三种基色配出：$C = rR + gG + bB$，其中，r、g、b 为三基色的比例系数，满足 $r + g + b = 1$；R、G、B 为三基色的单位，分别为 1、4.5907、0.0601 光瓦。用光电三原色混色，满足加色原理。RGB 模型可用一个单位立方体来表示（图 2-26，见彩插）。图中，R、G、B 位于 3 个角上；青、深红和黄位于另外 3 个角上，黑色在原点处，白色位于离原点最远的角上。

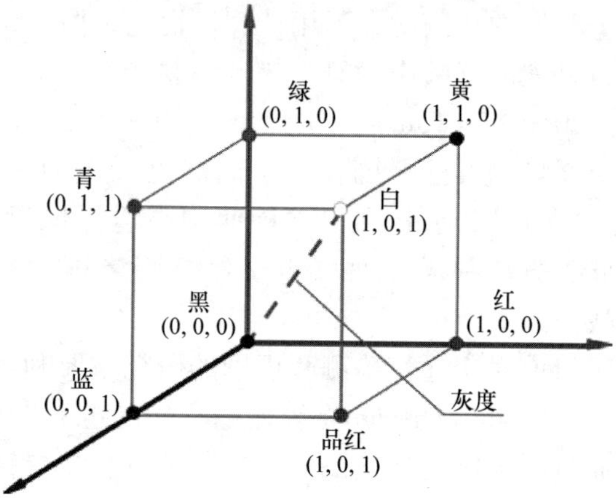

图 2-26　RGB 彩色立方体示意图

2. HIS 色彩空间

HIS 色彩空间通过色调（Hue）、饱和度（Saturation）和灰度（Intensity）来表示物体的颜色。它实际表示了一系列色彩空间，包括 HSL（Lightness）、HSV（Value）、HCI（Chroma/Colorfulness）等。大多数这类色彩空间是 RGB 空间的线性转换，所以，它们是设备相关的和感知非线性的。它们的优点在于定义色彩时非常直观。为了更直观地了解 HIS 色彩空间，下面给出了 HIS 空间的示意图（图 2-27，见彩插）。

这类色彩空间用亮度和色彩信息（色调和饱和度）来表示色彩，便于图像处理。把 RGB 精确无误地转换成亮度、色调、饱和度取决于设备特性，所以存在很多这类的转换公式，每一个相比别的转换公式在一些特殊应用上会做得更好。

RGB 到 HIS 空间的转换公式：

$$H = \begin{cases} \theta & B \leqslant G \\ 360 - \theta & B > G \end{cases} \tag{2-13}$$

此处，$$\theta = \arccos\left\{ \frac{\frac{1}{2}[(R-G)+(R-B)]}{[(R-G)^2+(R-G)(G-B)]^{1/2}} \right\} \tag{2-14}$$

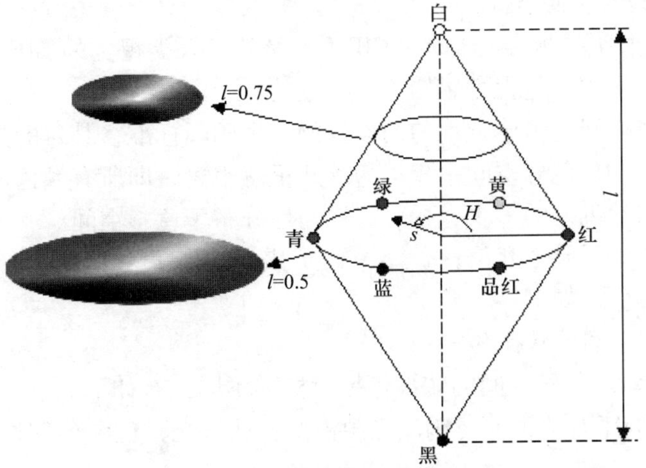

图 2-27　HIS 色彩空间示意图

$$S = 1 - \frac{3}{(R+G+B)}[\min(R,G,B)] \tag{2-15}$$

$$I = \frac{1}{3}(R+G+B) \tag{2-16}$$

RGB 到 HSV 空间的转换公式：

$$V = \max(R,G,B) \tag{2-17}$$

$$S = \begin{cases} [V - \min(R,G,B)]/V, & V \neq 0 \\ 0, & V = 0 \end{cases} \tag{2-18}$$

$$H = \begin{cases} (G-B) \times 60/S, & V = R \\ 180 + (B-R) \times 60/S, & V = G \\ 240 + (R-G) \times 60/S, & V = B \end{cases} \tag{2-19}$$

若 $H<0$，则 $H=H+360$。

RGB 到 HLS 空间的转换公式：

$$V_{max} = \max(R,G,B) \tag{2-20}$$

$$V_{min} = \min(R,G,B) \tag{2-21}$$

$$L = (V_{max} + V_{min})/2 \tag{2-22}$$

$$S = \begin{cases} (V_{max} - V_{min})/(V_{max} + V_{min}) & L < 0.5 \\ (V_{max} - V_{min})/[2 - (V_{max} + V_{min})] & L \geqslant 0.5 \end{cases} \tag{2-23}$$

$$H = \begin{cases} (G-B) \times 60/S & V_{max} = R \\ 180 + (B-R) \times 60/S & V_{max} = G \\ 240 + (R-G) \times 60/S & V_{max} = B \end{cases} \tag{2-24}$$

若 $H<0$，则 $H=H+360$。

3. *Luv* 和 *Lab* 色彩空间

CIE（国际照明委员会）*Luv* 和 CIE *Lab* 是基于人类视觉的 CIE 色彩测量系统。它们都是设备无关的，是视觉感知近似线性的。

这两个色彩空间是为感觉均匀而设计的一个国际标准，其目的是使人感受的颜色差别等同对应 CIE 色彩空间中相等的欧几里得距离，即所有颜色都按照其实验测得的相互之间知觉色差的多少，尽可能均匀地分布于色彩空间。

其中，L 通道表示亮度值；a、b、u、v 表示由色调和饱和度形成的色感知属性。相应的转换公式如下：

RGB 到 *Luv* 空间的转换公式：

从 *RGB* 到 *XYZ* 色彩空间的转换依推荐标准不同，有如下关系：

ITU－RBT. 601 在光源 C（钨丝光源模拟普通日光，色温6774K，波长为380～770nm）下：

$$\begin{pmatrix} X \\ Y \\ Z \end{pmatrix} = \begin{pmatrix} 0.606881 & 0.173505 & 0.200336 \\ 0.298912 & 0.586611 & 0.114478 \\ 0 & 0.066097 & 1.116157 \end{pmatrix} \times \begin{pmatrix} R \\ G \\ B \end{pmatrix} \tag{2-25}$$

ITU－RBT. 709 在标准光源 D65（即色温为6504K 的日光）下：

$$\begin{pmatrix} X \\ Y \\ Z \end{pmatrix} = \begin{pmatrix} 0.412411 & 0.357585 & 0.180454 \\ 0.212649 & 0.715169 & 0.072182 \\ 0.019332 & 0.119195 & 0.950390 \end{pmatrix} \times \begin{pmatrix} R \\ G \\ B \end{pmatrix} \tag{2-26}$$

在这两个彩色空间中每一个点都能看成(L^*,a^*,b^*)或(L^*,u^*,v^*)三维色彩空间中的一点，因此两个颜色的区别能够通过两个彩色点间的欧几里得距离表示，这两种彩色点的区别描述如下：

对 $CIE(L^*a^*b^*)$空间：

$$\Delta E_{ab} = \sqrt{(\Delta L^*)^2 + (\Delta a^*)^2 + (\Delta b^*)^2} \tag{2-27}$$

对 $CIE(L^*u^*v^*)$空间：

$$\Delta E_{ab} = \sqrt{(\Delta L^*)^2 + (\Delta u^*)^2 + (\Delta v^*)^2} \tag{2-28}$$

在彩色图像分割中利用欧几里得距离表达人类感知颜色区别的能力是十分重要的，(L^*,a^*,b^*)和(L^*,u^*,v^*)是两个相似的颜色模型，它们能很好地满足人眼睛对计算机处理的敏感性。

4. YCbCr 色彩空间

YCbCr 色彩空间是由 YUV 色彩空间派生而来，它们都产生一种亮度分量信号和两种色度分量信号，而每一种变换使用的参数都是为了适应某种类型的显示设备。其中，YUV 适用于 PAL 和 SECAM 彩色电视制式，而 YCbCr 适用于计算机用的显示器（即数字标准）。转换公式如下：

$$Y = 0.299 \times R + 0.587 \times G + 0.114 \times B \tag{2-29}$$

$$Cr = (R - Y) \times 0.713 + 128 \quad (2\text{-}30)$$

$$Cb = (B - Y) \times 0.564 + 128 \quad (2\text{-}31)$$

$$R = Y + 1.402 \times (Cr - 128) \quad (2\text{-}32)$$

$$G = Y - 0.34414 \times (Cb - 128) - 0.71414 \times (Cr - 128) \quad (2\text{-}33)$$

$$B = Y + 1.772(Cb - 128) \quad (2\text{-}34)$$

2.4.2　基于颜色和形状的交通信号灯检测识别

交通信号灯分为箭头形和圆形（国外以圆形交通信号灯为主）两种，而交通信号灯的背板的安装差异却较大。现已有的大多数研究主要针对圆形交通信号灯，只要准确定位其位置，判定其颜色信息，就完成了对交通信号灯的识别。然而对于目前应用越来越广泛的箭头形交通信号灯，仅仅获取位置和颜色信息是不够的，还要判定其状态信息，才能完成识别的过程。

1. 基于颜色特征的交通灯分割

基于颜色特征的交通灯的检测识别算法利用了三种颜色的交通灯都要发出特定色彩光的特点，其算法核心在于选择某个色彩空间对交通灯的颜色进行描述。文献[28] 在 HSV 颜色空间对三种交通灯取样，并对三种色彩交通灯的 H 值（色调）和 S 值（饱和度）建立三个二维高斯模型，实验表明该算法具有较高的识别准确率，但是因为每个像素都需要计算其三个高斯分布的值，计算量很大，无法达到实时处理。

由于交通灯只有红、黄、绿三种颜色，只需找到对三种颜色描述清晰的色彩空间，在该空间查找出交通灯候选区域；然后利用交通灯在形状上的典型特征对候选区域进行确认；最后使用统计方法对识别结果进行验证，从而完成交通灯的识别。

2. 图像预处理

如图 2-28 所示，由于拍摄的交通灯图像效果会随着光照和天气等不同条件的变化有波动，为了减少波动对于实验结果的影响，将常规的图像从传统的 RGB 空间转换到归一化的 RGB 空间。

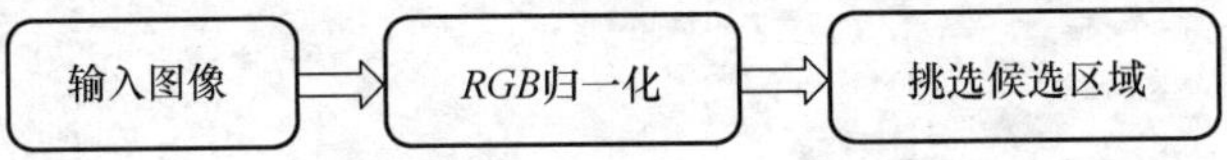

图 2-28　图像预算法流程图

假设图像中某点的红、绿、蓝的通道值分别为 r、g、b，归一化后红、绿、蓝的通道值分别为 R、G、B，则它们的关系如下：

$$\begin{cases} R = G = B = 0 & s = 0 \\ R = \dfrac{r}{s}, G = \dfrac{g}{s}, B = \dfrac{b}{s} & \text{其他} \end{cases}$$

式中，$s=r+g+b$。经过这一步骤处理的图像如图 2-29（见彩插）所示。

图 2-29　归一化 *RGB* 效果图

在归一化的 *RGB* 图像的基础上，下一步是选出候选区域，就本书所用的样本而言，候选区域的 *RGB* 值在满足以下关系时会有较好的效果，效果如图 2-30（见彩插）所示。

$$\begin{cases}100<R<130,100<G<150,B<90\\R<220,G>90,B>85\\90<R<170,G<120,B<50\end{cases}$$

图 2-30　挑选候选区域图

实验测试

本实验使用的操作系统为 Windows 8.1 中文版，使用的软件为 Vision Studio 2010 专业版，使用的 OpenCV 版本为 OpenCV2.4.10 。我们这次实验的机器配置的 CPU 为 Inter Core i5 -4210M 2.60GHz，内存为4.00GB ，系统为基于 x64 处理器的 64 位操作系统。

本实验使用的样本库由 200 张正样本和 1800 张负样本组成。其中正样本图片大小为 24×24 像素，负样本图片大小为 320×240 像素，我们的样本图片均来自于网址 www.lara.prd.fr/benchmarks/trafficlightsrecognition。训练所使用正样本数量为 200 张，负样本数量为 700 张（其中 100 张为 hard example、24×24 像素），测试样本数量为 20 张，对图片的预处理过程如图 2-28 所示。

在训练好分类器后，我们开始对测试样本进行测试效果，测试效果如图 2-31（见彩插）和图 2-32（见彩插）所示。

图 2-31 效果较好的测试图

由图 2-32 可知，有的车灯的形状与红绿灯的形状非常相似，所以会出现把汽车的后车灯当作是红灯的情况。

由图 2-33 可知，当交通灯离得过远时，是很难检测出来的。

从本次的实验结果分析可以得到，这次实验交通灯检测效果与样本的大小、正负样本数的比例、图片特征的维数、图片的预处理效果有很大的关系。其中图片预

图 2-32　误检效果图

图 2-33　漏检的测试图

处理在前三项的处理效果不是很好时，依然可以使检测的精确度保持在一定水准，图片的预处理会挑选出红色、绿色、黄色的区域作为红绿灯的候选区域，排除掉其他颜色的区域，然后再进行 HOG 算法的检测，这一做法对降低误检效果显著。但在拍摄时光照过亮、距离过远等的情况下，会使交通灯的颜色有所变化，导致会把交通灯的一部分过滤掉从而检测不到。当车在开动的过程中尤其是在拐弯时，所拍摄到的灯的形状会改变，这也会导致检测不到。

2.5　智能车其他视频图像处理

在智能驾驶中应用机器视觉技术，机器视觉技术必须具备实时性、鲁棒性和实用性这三个特点。实时性要求机器视觉系统的数据处理必须与车辆的高速行驶同步进行；鲁棒性是要求智能车辆对不同的道路环境如高速公路、市内公路、普通公路等，复杂的路面环境如路面的宽度、颜色、纹理、弯道、坡度、坑洼、障碍与车流等，各种天气如晴、阴、雨、雪、雾等均具有良好的适应性；实用性指智能车辆能够为普通用户所接受。

机器视觉处理软件系统主要是担负着障碍物识别检测、交通信号识别检测、交通图案识别检测、公路边缘识别检测、弯道弧度识别检测和前方车辆距离速度检测及路面坑洼坡度识别检测这些主要信息的提取，在这些信息数据的基础上进行道路环境的三维重建。

公路边缘识别检测关系着汽车能否正确识别公路，尤其是缺乏交通图案的低等级公路。

交通图案、道路标识、交通信号的识别检测。交通图案包括常见的斑马线、车道线、箭头等。这些交通图案都是有固定的颜色（比如斑马线都是白色的）和固定的形状，因此对它们的识别只要使用简单的图像处理，然后对照我们预先建立的交通图案模型就可以快速识别。

前方汽车、障碍物的距离、速度的检测和识别。能否安全准确地识别检测出前方汽车、障碍物对汽车智能驾驶是十分关键的。不仅要识别出前方汽车、障碍物，而且要检测出它们的运动速度、运动方向和离本车的距离，要能依据连续几次测定的它们离本车的距离和运动速度、运动方向预测出它们的可能运动轨迹，为本车超车、减速、规避障碍物、降低危险提供可靠的数据。

2.5.1　基于 SVM 的行人检测

基于计算机视觉的行人检测由于其在车辆辅助驾驶系统中的重要应用价值成为当前计算机视觉和智能车辆领域最为活跃的研究课题之一。其核心是利用安装在运动车辆上的摄像机检测行人，从而估计出潜在的危险以便采取策略保护行人。基于视觉的行人检测系统一般包括两个模块：感兴趣区分割和目标识别。

行人检测除了具有一般人体检测具有的服饰变化、姿态变化等难点外，由于其特定的应用领域还具有以下难点：摄像机是运动的，这样广泛应用于智能监控领域中检测动态目标的方法便不能直接使用；行人检测面临的是一个开放的环境，要考虑不同的路况、天气和光线变化，对算法的鲁棒性提出了很高的要求；实时性是系统必须满足的要求，这就要求采用的图像处理算法不能太复杂。

根据分割所用的信息，可将感兴趣区域选择（ROIs）分割的方法分为基于运动、基于距离、基于图像特征和基于摄像机参数四种方法。基于运动的方法通过检测场景中的运动区域来得到 ROIs。基于距离的方法通过测量目标到汽车的距离来得到 ROIs，可以用来测距的传感器主要包括雷达和立体视觉。基于图像特征的方法指通过检测与行人相关的图像特征从而得到 ROIs。对于可见光图像来说，常用的特征包括竖直边缘、局部区域的熵和纹理等。对于红外图像来说，主要根据人体尤其是人脸的温度比周围环境温度较高这一特征，通过检测一些“热点”（Hot spot）来得到 ROIs。摄像机的安装位置和摄像机参数也是一个很重要的考虑因素，它对行人在图像上出现的位置和每个位置上目标的大小给出了很多限制，合理利用这些限制可以大大地缩小搜索空间。

1. DPM 目标检测算法

DPM 算法由 Felzenszwalb 于 2008 年提出，是一种基于部件的检测方法，对目标的形变具有很强的鲁棒性。目前 DPM 已成为众多分类、分割、姿态估计等算法的核心部分，Felzenszwalb 本人也因此被视觉目标分类（VOC）授予“终身成就奖”。

DPM 算法采用了改进后的 HOG 特征，支持向量机（SVM）分类器和滑动窗口（Sliding Windows）检测思想，针对目标的多视角问题，采用了多组件（Component）的策略，针对目标本身的形变问题，采用了基于图结构（Pictorial Structure）的部件模型策略。此外，将样本所属的模型类别、部件模型的位置等作为潜变量（Latent Variable），采用多示例学习（Multiple - instance Learning）来自动确定。

2. DPM 的特征

DPM 采用了 HOG 特征，并对 HOG 特征进行了一些改进。如图 2-34 所示，DPM 改进后的 HOG 特征取消了原 HOG 中的块（block），只保留了单元（Cell），但归一化时，是直接将当前单元与其周围的 4 个单元（Cell）所组成的一个区域归一化，所以效果和原 HOG 特征非常类似。计算梯度方向时可以计算有符号（0°～360°）或无符号（0°～180°）的梯度方向，有些目标适合使用有符号的梯度方向，而有些目标适合使用无符号的梯度，作为一种通用的目标检测方法，DPM 与原 HOG 不同，采用了有符号梯度和无符号梯度相结合的策略。如此，如果直接将特征向量化，那么单单一个 8×8 的单元，其特征维数就高达 $4\times(9+18)=108$，维数过高。Felzenszwalb 提取了大量单元的无符号梯度，每个单元共 $4\times9=36$ 维特征，并进行了主成分分析（Principal Component Analysis，PCA），发现使用前 11 个特征向量基本上可以包含所有的信息，不过为了快速计算，作者由主成分可视化的结果得到了一种近似的 PCA 降维效果。具体来说，将 36 维向量看成 $4\times9=36$ 的矩阵，对每一行、每一列求和得到 13 维特征，基本上能达到 HOG 特征 36 维的检测效果。为了提高那些适合使用有符号梯度目标的检测精度，作者再对 18 个有符号梯度方向求和得到 18 维向量，并入其中，最后得到图 2-34 中的 13 + 18 = 31 维特征向量。

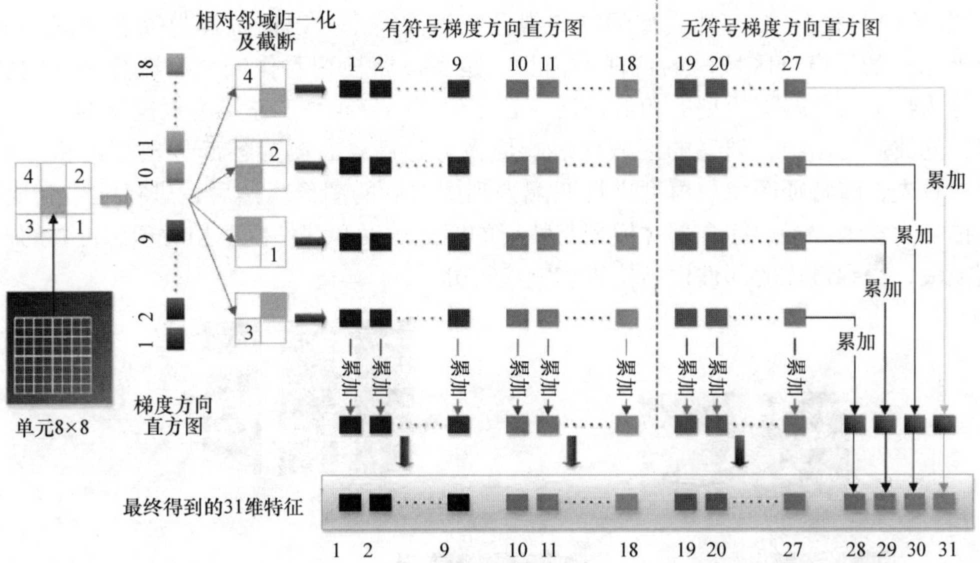

图 2-34　DPM 改进后的 HOG 特征

3. DPM 的检测模型

DPM V3 版本的目标检测模型由两个组件构成，每一个组件由一个根模型和若干部件模型组成。图 2-35a 和图 2-35b 是其中一个组件的根模型和部件模型的可视化的效果，每个单元内都是 SVM 分类模型系数对梯度方向加权叠加，梯度方向越亮的方向可以解释为行人具有此方向梯度的可能性越大。如图 2-35a 所示，根模型比较粗糙，大致呈现了一个直立的正面/背面行人。如图 2-35b 所示，部件模型为矩形框内的部分，共有 6 个部件，分辨率是根模型的两倍，这样能获得更好的效果。从中，我们可以明显地看到头、手臂等部位。为了降低模型的复杂度，根模型和部件模型都是轴对称的。图 2-35c 为部件模型的偏离损失，越亮的区域表示偏离损失代价越大，部件模型的理想位置的偏离损失为 0。

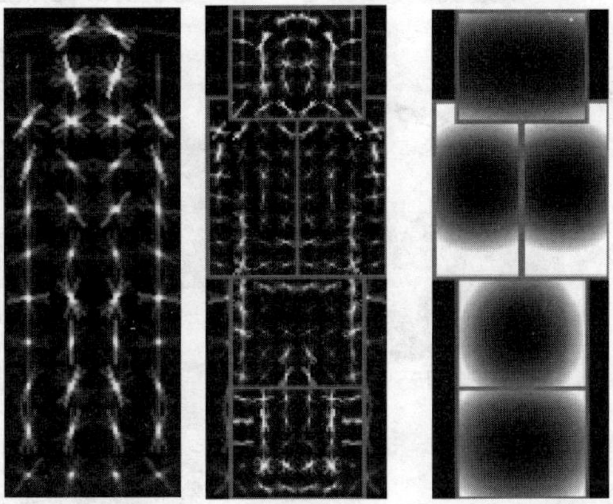

a) 根模型　b) 部件模型　c) 部件模型的偏离损失

图 2-35　DPM 行人模型

4. DPM 的检测流程

DPM 采用了传统的滑动窗口检测方式，通过构建尺度金字塔在各个尺度搜索。图 2-36（见彩插）为某一尺度下的行人检测流程，即行人模型的匹配过程。某一位置(x,y)与根模型/部件模型的响应得分，为该模型与以该位置为锚点（即左上角坐标）的子窗口区域内的特征的内积。也可以将模型看作一个滤波算子，响应得分为特征与待匹配模型的相似程度，越相似则得分越高。左侧为根模型的检测流程，滤波后的图中，越亮的区域代表响应得分越高。右侧为各部件模型的检测过程。首先，将特征图像与模型进行匹配得到滤波后的图像。然后，进行响应变换：以锚点为参考位置，综合部件模型与特征的匹配程度和部件模型相对理想位置的偏离损失，得到最优的部件模型位置和响应得分。

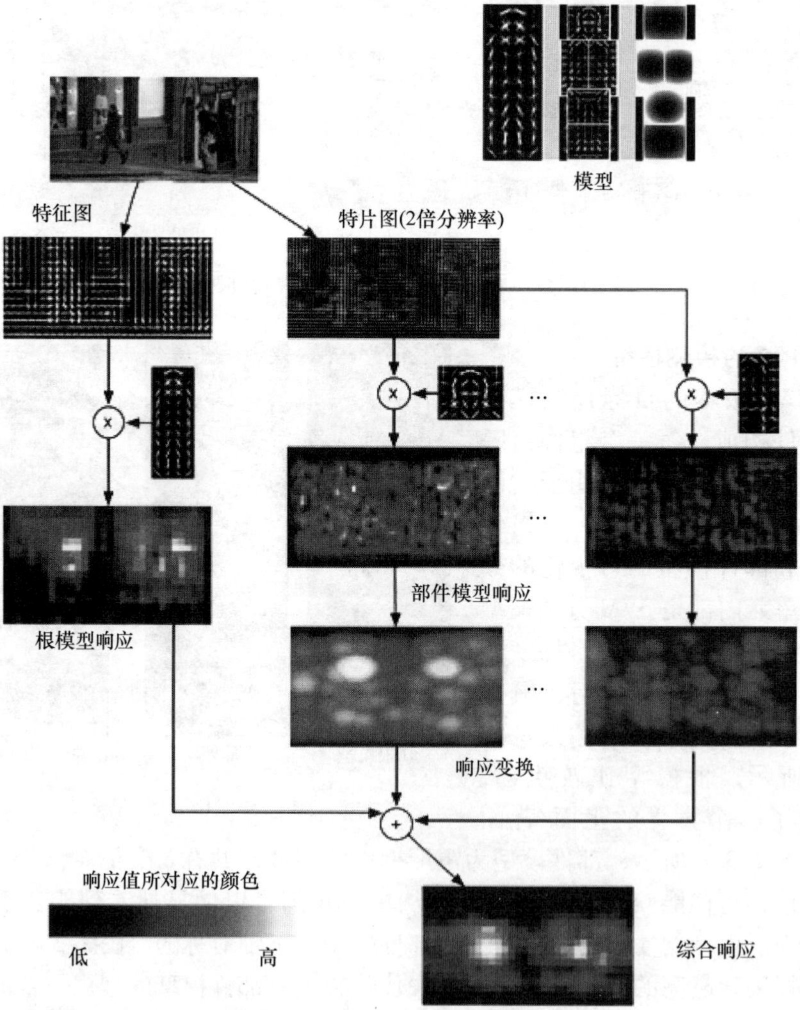

图 2-36　DPM 算法的检测流程

5. 运行结果及分析

首先将正样本固定为 200 张，依次增加负样本的数量，来观察检测的正确率，见表 2-1。200 正样本错误检测数随负样本变化图如图 2-37 所示。200 正样本检测到的行人数随负样本变化图如图 2-38 所示。

表 2-1　正样本为 200 时检测到的行人数和错误检测数变化表

正样本数	负样本数	检测到的行人数	错误检测数
200	200	4	70
200	400	2	20
200	600	1	20
200	800	1	15
200	1000	5	10
200	1200	5	8
200	1400	5	9
200	1600	4	8
200	1800	4	6
200	2000	4	6
200	2200	3	4
200	2400	2	2
200	2600	2	1

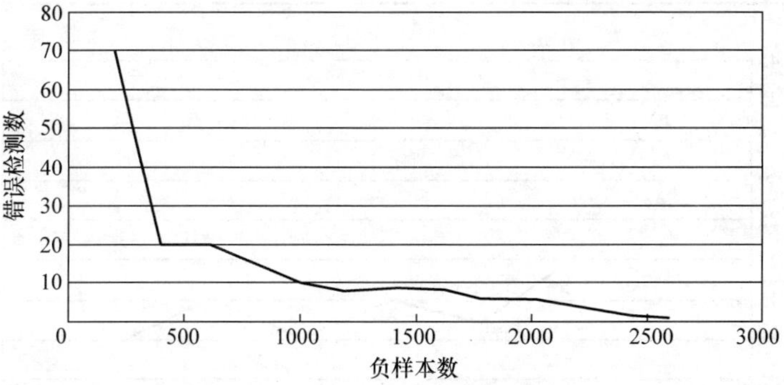

图 2-37　正样本为 200 时错误检测数随负样本增加的变化图

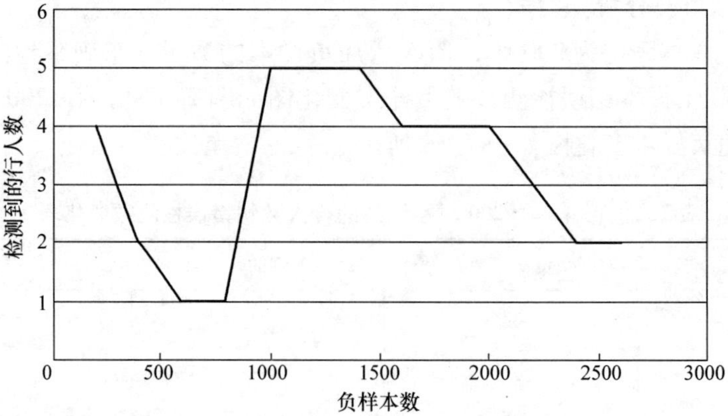

图 2-38　正样本为 200 时检测到的行人数随负样本增加的变化图

然后将正样本的数量提升到 600 张，再依次增加负样本的数量，观察检测的正确率，见表 2-2。600 正样本错误检测数随负样本数变化图如图 2-39 所示。600 正样本检测到的行人数随负样本数变化图如图 2-40 所示。

表 2-2　正样本为 600 时检测到的行人数和错误检测数变化表

正样本数	负样本数	检测到的行人数	错误检测数
600	600	3	40
600	1200	2	20
600	1800	2	12
600	2400	1	15
600	3000	2	10
600	3600	2	15
600	4200	2	10

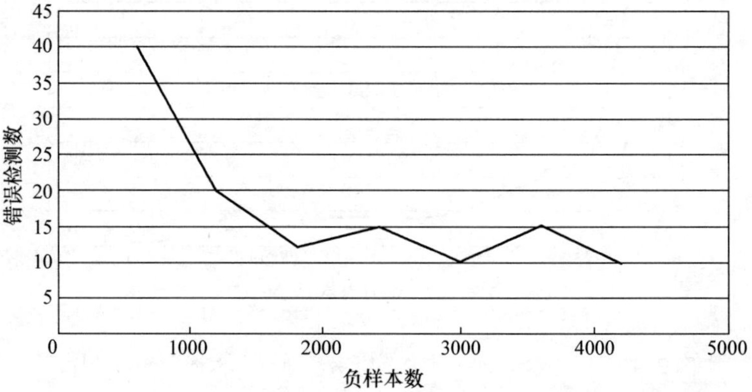

图 2-39　正样本为 600 时错误检测数随负样本增加的变化图

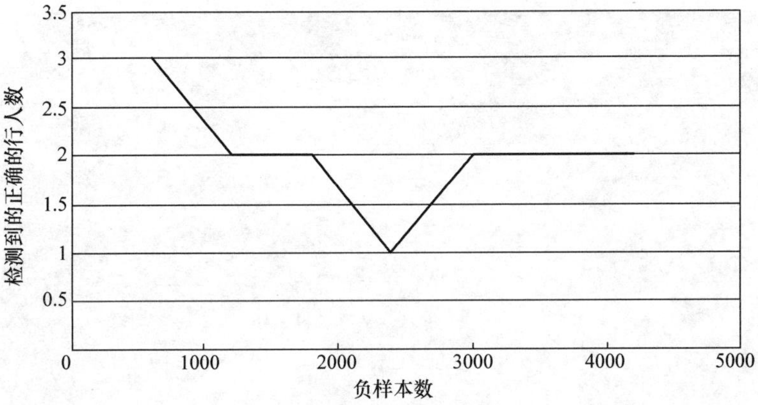

图 2-40　正样本为 600 时检测到的行人数随负样本增加的变化图

正负样本数比分别为 1:1 和 1:5 时的效果图分别如图 2-41 和图 2-42 所示。

图 2-41　正负样本数比为 1:1 时效果图

分析：从这两组数据可以看出当正样本数固定时，随着负样本数的增加，错误检测数会明显减少，由于可能会出现物体之间的重叠遮挡等问题，会出现在一定阶段随着负样本数的增加错误检测数会有小幅度的增加。也可以看出随着负样本数的增加，检测到的正确的行人数也会减少。但在正负样本数达到一定比例时会出现能检测到所有或者大多数的行人，而错误检测数又相对比较少的情况，这个比例是我们所要找的比例，以我们的实验的样本来说这个比例大约是在正样本数比负样本为 1:5 左右。

图 2-42　正负样本数比为 1∶5 时效果图

从以上两组数据可以得出：

- 在正样本固定的情况下，随着负样本的增多，错误率会减少，但漏检率会增加。
- 正样本的增加会使错误率增加，但会使漏检率减少。
- 并不是说正样本越大检测效果就越好，而是，检测效果在正负样本成一定比例时最好，比例为 1∶5 时就有比较好的效果。

由于样本有限，这些结论只是在有限的样本中总结出来的，所以并不一定正确，因此还需更多的后续努力才行。

2.5.2　SVM 与深度学习

智能驾驶中的机器视觉技术是一项很复杂的技术，它需要进行更多更细致的研究。目前的难点和重点主要集中在快速有效的立体配对、道路环境的快速三维重建和机器视觉处理的实时性上。视频图像处理是智能驾驶领域中的研究热点。近年来在智能车研发、智能交通系统等方面的需求推动下，视频图像处理技术在智能驾驶领域的应用日益广泛。但由于环境因素、智能驾驶实时性等相关因素的存在，使得视频图像处理算法在智能驾驶中的应用受到很大限制，尤其在智能驾驶中的关键部分：车道线、标志牌、交通信号灯等方面表现得更为突出。

这主要由于各种天气晴、阴、雨、雪、雾等气候环境，路面环境如路面的宽度、颜色、纹理、弯道、坡度、坑洼、障碍与车流等，因此视频图像处理算法的普适性很难达到。目前，比较一致的观点认为，可以通过提取地图信息的高层语义特征，实现有语义辅助的视频图像处理。

本章的识别算法主要是基于 SVM 进行分类的，而当前多数分类、回归等学习方法（包括 SVM）为浅层结构算法，其局限性在于有限样本和计算单元情况下对复杂函数的表示能力有限，针对复杂分类问题其泛化能力受到一定制约。

深度学习可通过学习一种深层非线性网络结构，实现复杂函数逼近，表征输入数据分布式表示，并展现了强大的从少数样本集中学习数据集本质特征的能力。深度学习的实质，是通过构建具有很多隐层的机器学习模型和海量的训练数据，来学习更有用的特征，从而最终提升分类或预测的准确性。在计算机视觉里经常使用的深度学习方法是卷积神经网络，即 CNN，这是一种对人脑比较精准的模拟。在 CNN 中，如果卷积神经网络的深度太浅的话，识别能力往往不如一般的浅层模型，比如 SVM 或者 boosting；但如果做得很深，就需要大量数据进行训练，否则机器学习中的过拟合将不可避免。即深层的卷积神经网络对计算机的运算要求比较高，需要进行大量重复可并行化的计算，在 CPU 运算能力不高的情况下，不可能进行很深的卷积神经网络的训练。但随着 GPU 计算能力的增长，卷积神经网络结合大数据的训练成为了可能。

因此，“深度模型”是手段，“特征学习”是目的。区别于传统的浅层学习，深度学习的不同在于：①强调了模型结构的深度，通常有 5 层、6 层，甚至 10 多层的隐层节点；②明确突出了特征学习的重要性，也就是说，通过逐层特征变换，将样本在原空间的特征表示变换到一个新特征空间，从而使分类或预测更加容易。与人工规则构造特征的方法相比，利用大数据来学习特征，更能够刻画数据的丰富内在信息。

智能驾驶中的视频图像处理是一个跨学科的、富有挑战性的研究课题。在这个领域中，与传统视频图像处理存在着很大差异，对环境的适应性以及算法实时性等要求，给众多研究者带来了巨大困难。本章针对智能驾驶中常用的几类视频图像处理算法进行了论述，各个算法还有待进一步优化，在机器学习方面，使用深度学习模型进行优化，特别是在智能驾驶中应用中，在后续的内容会讲述相关算法使用 GPU 进行优化的过程，也是未来智能驾驶中至关重要的部分。

2.6　本章小结

本章的工作主要是针对智能驾驶中常用的视频图像处理算法进行了综述，其重点和难点在于车道线的提取和跟踪、交通标志牌的检测和识别以及交通信号灯的检测。本章的识别算法主要是基于 SVM 进行分类的，而当前多数分类、回归等学习方法（包括 SVM）为浅层结构算法，其局限性在于有限样本和计算单元情况下对复杂函数的表示能力有限，针对复杂分类问题其泛化能力受到一定制约。

第3章 GPU体系架构

现代GPU以其强大的计算能力、较高的峰值带宽以及日益增强的可编程性，成为当前高性能计算系统中最重要的加速部件。越来越多的算法被成功移植到GPU平台上，并取得了很好的加速比。CUDA和OpenCL等GPU编程模型的日益成熟，为开发人员有效利用GPU的强大计算性能提供了条件。而要编写高性能的GPU程序，需要程序员对GPU的底层硬件架构特征有清晰的认识。特别是在GPU底层硬件架构日益多样化的今天，分析了解不同GPU底层硬件架构的异同，是编写高性能GPU程序和实现性能移植的重要前提。

本章首先分析了GPU与CPU架构的区别；其次在详细介绍当前主流GPU架构的基础上，分析了这些架构的异同。

3.1 GPU与CPU架构的区别

与CPU面向延迟的设计原则，将大量晶体管用于数据缓存和逻辑控制不同，GPU采用面向吞吐量的设计原则，将大量晶体管用于计算单元，以便能集成更多的计算核心。CPU架构与GPU架构的区别如图3-1所示。GPU有比CPU高得多的处理能力，主流GPU的单精度浮点数性能已经达到同时期主流CPU的十几倍甚至几十倍。同时，GPU芯片中集成了比CPU更多的存储器控制单元，这就使得GPU有比CPU高得多的存储带宽。主流GPU的访存带宽是同时期CPU的5倍甚至更高。

GPU可有效地控制大量线程的并行运行。与CPU线程的创建、销毁及切换需要较大的开销不同，GPU采用的是由硬件管理的轻量级线程，可以实现零开销的线程切换。这就可以用大量的线程切换来隐藏访存延迟：当一个线程因访问片外存储器而被挂起时，可及时切换到另外一个就绪线程，用计算来隐藏访存开销。这种通过大量线程的相互切换执行而隐藏访存延迟的方式，使得GPU不需要大量的数据缓存和复杂的缓存体系，从而避免了缓存一致性和复杂烦琐的缓存管理机制。

由于缓存和逻辑控制电路的减少，使得GPU只能高效地处理相互独立的大规模数据密集型计算。而面对具有复杂逻辑控制的应用程序，CPU则具有更强的处

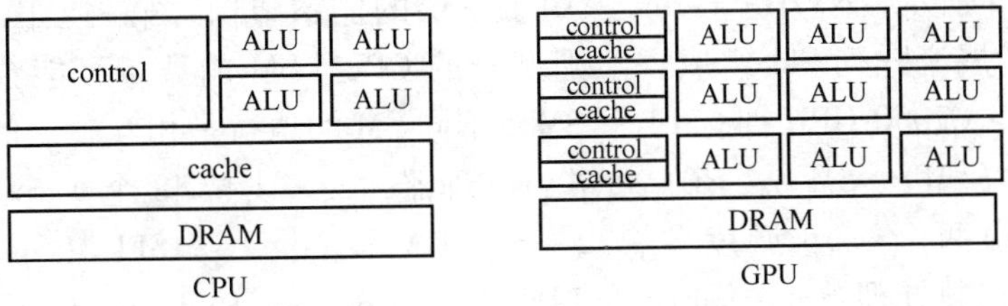

图 3-1　CPU 与 GPU 体系架构的差异

理能力。因此，在异构计算系统中，充分发挥 CPU 和 GPU 的特点：CPU 负责逻辑控制，GPU 负责大规模并行数据计算，以便充分利用整个计算机系统的计算资源。

3.2　当前主流 GPU 体系架构

当前，主流通用计算 GPU 都采用 SIMT（Single Instruction Multiple Thread，单指令多线程）架构，不同 GPU 的架构又各自具有不同的特点。本节将分析目前主流 GPU 架构的特点以及不同架构间的异同。

3.2.1　NVIDIA GPU 架构

1. Fermi 架构

Fermi 架构是 NVIDIA 发布的第三代流多处理器（Streaming Multiprocessor，SM）架构。为能够更适合通用计算的需求，Fermi 架构从底层计算单元、内存系统到芯片整体架构都进行了全新的设计。Fermi 共集成了将近 30 亿个晶体管，最多可拥有 512 个 CUDA 核，它们分属于不同的 SM，每个 SM 单元拥有 32 个 CUDA 核。这样，Fermi 架构可最多拥有 16 个 SM。图 3-2 显示了 NVIDIA Fermi 的整体架构。

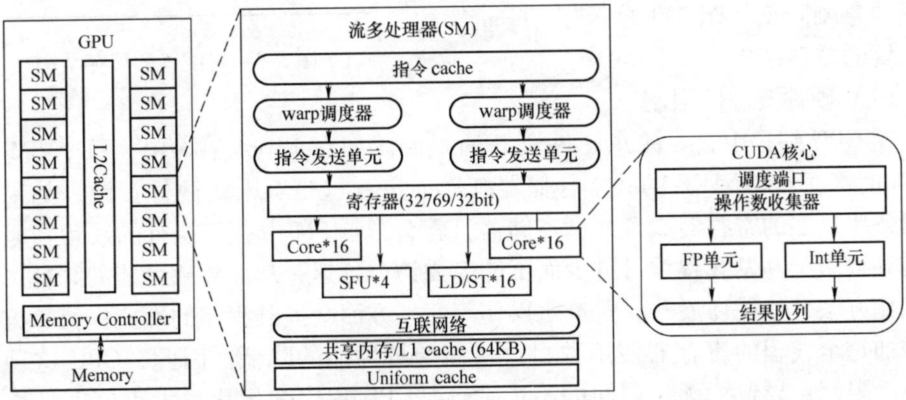

图 3-2　NVIDIA Fermi 架构

如图 3-2 所示，NVIDA Fermi 采用了三层的体系架构。第一层由若干共享 L2 cache 的可扩展流阵列 SM 组成。不同型号的 GPU，SM 的数量可能会不相同。如 NVIDIA Tesla C2050 GPU 拥有 14 个 SM。不同 SM 的执行是相互独立的。第二层为流多处理器（SM）。SM 是一个高度并行处理器，最多支持 48 个 warp 的并发执行。每个 SM 上由两个 warp 调度器、32 个 CUDA 核心、4 个 SFU（Special Function Units，特殊函数处理单元）和 16 个 LD/ST（Load/Store Unit，存取单元）构成。第三层为 CUDA 核心。CUDA 核心是 GPU 最基本的指令执行单元，每个时钟周期可执行一条逻辑运算指令、单精度浮点数或者 32 位整数运算指令。每个 CUDA 核心由一个 FP（Float Point，浮点）计算单元和一个 Int（整型）计算单元组成。这里要强调的是，CUDA 核心中并没有指令部件，其执行的操作由 SM 的指令发送单元控制。在 Fermi 架构中，Int 计算单元已经可以进行 32bit 的整型数运算，而不像 GT200 架构中仅仅支持 24bit 的整型数运算。

在 Fermi 架构中，需要关注以下三点：

（1）可配置的缓存结构

Fermi 架构的每一个 SM 中拥有 64KB 的片上缓存，可作为共享存储器（SharedMemory）或者 L1 cache，用户可自行指定其大小。如可以设置为 48KB 的共享存储器和 16KB 的 L1 cache，或者是 16KB 的共享存储器和 48KB 的 L1 cache。共享存储器作为对程序员可见的片上存储资源，具有较高的访存带宽和访存效率，可减少对片外资源的访存次数，实现数据共享和位于同一线程块内的线程间的通信。L1 cache 可用于处理寄存器溢出、堆栈等操作。使用 L1 cache 可缓解由于寄存器溢出而导致的程序性能的急剧降低。图 3-3 显示了 Fermi 架构可配置的缓存结构。

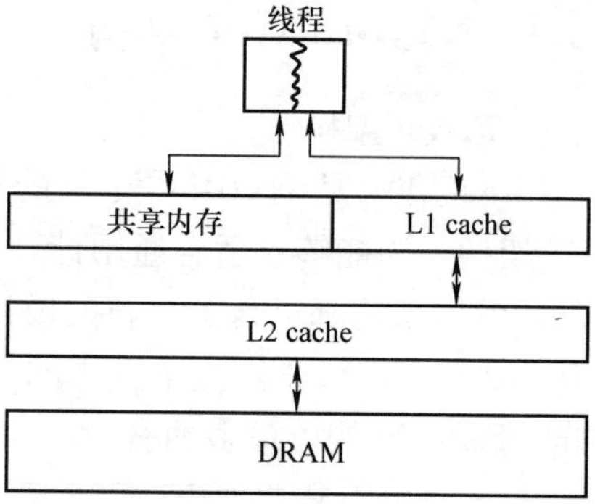

图 3-3　可配置的缓存结构

（2）硬件资源的限制

在 GPU 编程中，要注意硬件资源的限制。如在 Fermi 架构中，每个 SM 只有 32KB 的寄存器和 64KB 的共享存储器/L1 cache。这是有限的硬件资源，如果每个线程使用过多的寄存器或者共享存储器，就会影响 SM 中并发执行的线程数量，可能会导致由于并发线程数目过少而不能隐藏访存延迟，从而导致性能的降低。而许多优化方法，如循环展开、向量化操作等。一方面会提升程序的性能；另一方面也会增加每个线程的寄存器使用数目，从而导致性能的降低。因此，GPU 这种硬件资源的限制，导致了优化空间的不连续性。GPU 程序的优化很大程度上是许多优化方法相互平衡、相互折中的过程。

（3）SM 单元的双 warp 调度能力

在 CUDA 编程模型中，采用多线程调度机制。执行和调度单元为由 32 个线程组成的 warp。在 Fermi 架构中，每个流多处理有两个 warp 调度单元和两个指令发送单元。这就允许两个 warp 可以同时调度执行，每个 warp 由 SM 内的其中一组 16 个 CUDA 核心调度执行。由于 warp 执行的相互独立性，调度器没有必要检查指令流的依赖性，两个 warp 可并行执行。因此，在 GPU 程序优化中，要保证每个 SM 至少分配两个 warp，才能充分利用硬件资源。在实际应用中，我们需要在每个 SM 上部署足够的 warp，通过 warp 的相互切换执行来隐藏访存延迟。

此外，Fermi 架构的存储系统提供了纠错码技术（Error Correcting Code，ECC）。一方面，提高了大规模并行应用的可靠性；而在另一方面，也增加了访存延迟，降低了访存带宽的利用率。

2. Kepler 架构

为了提高 GPU 的性能/功率比，NVIDIA 在 Fermi 架构的基础上研发 Kepler 架构。相比于 Fermi 架构，Kepler 主要在以下几个方面进行了改进。

（1）缓存结构的改进

Kepler 架构支持统一内存加载和存储请求，每个多处理器有一个 L1 cache、共享内存、L2 cache 和动态随机存储器（Dynamic Random Access Memory，DRAM）内存。此外，Kepler 还为编译器指示为只读的数据增设一个新的只读数据缓存，如图 3-4所示。

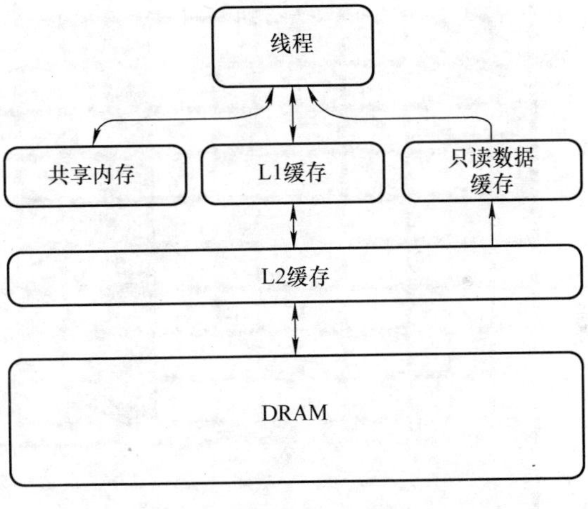

图 3-4 Kepler 缓存结构

在 Kepler 架构中，每个 SM 有 64KB 的片上存储器，可配置为 48KB 的共享内存和 16KB 的 L1 缓存，或配置为 16KB 的共享内存和 48KB 的 L1 cache，此外还支持共享内存和 L1 cache 各以 32KB 划分，如图 3-5 所示。

除 L1 cache 之外，Kepler 为只读数据引入 48KB cache。在 Fermi 架构中，该 cache 只能由纹理单元访问。使用只读数据 cache 可有效提升程序性能，因为它可以减少对共享内存/L1 cache 的使用。此外，只读数据 cache 以更高的带宽支持全速非对齐内存访问模式。该 cache 的使用是由编译器自动管理（通过参数 C99 访问任何变量或称为常量的数据结构）：使用关键字“const_ restrict”可“通知”编译器该部分数据使用只读数据 cache 加载。

Kepler GPU 具有 1536KB 的专用 L2 cache，是 Fermi 架构中 L2 cache 的 2 倍。L2 cache 是主要数据统一点，处理所有加载、存储和纹理请求并提供跨 GPU 之间有效、高速的数据共享。Kepler 上的 L2 cache 提供的每时钟带宽是 Fermi 中的 2 倍。

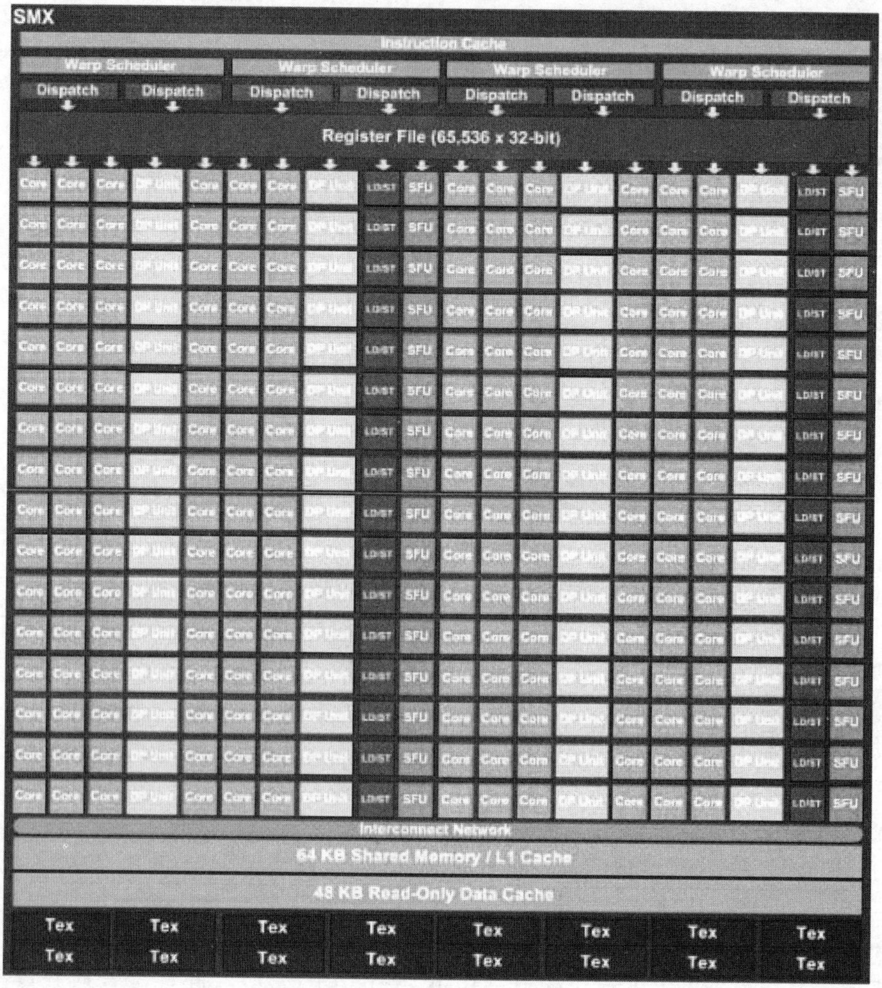

图 3-5　Kepler SM 架构

（2）warp 调度机制的改进

如图 3-6 所示，每个 SM 单元包含 192 个单精度 CUDA Core、64 个双精度单元（DP Unit）、32 个特殊功能单元（SFU）和 32 个加载/存储单元（LD/ST），4 个 warp 调度单元，8 个指令分发单元。在 SM 上，4 个 warp 可同时调度执行。Kepler 的 Quad warp Scheduler 选择 4 个 warp，并且每个 warp 可并行执行两条独立的指令。Fermi 不允许双精度指令和其他指令配对，而 Kepler 允许双精度指令和其他指令配对，例如加载/存储指令、纹理指令以及一些整数型指令。

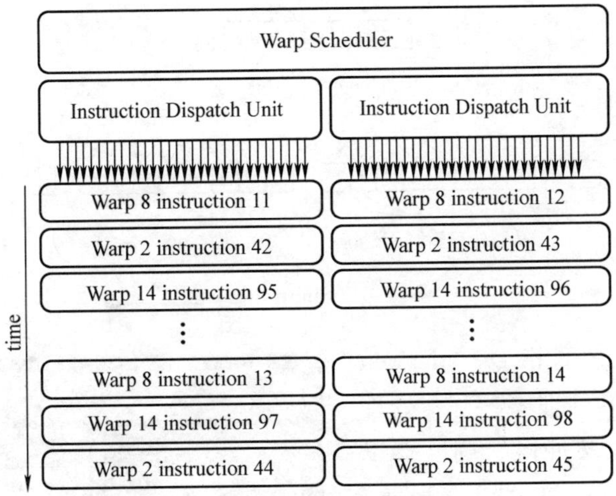

图 3-6　Kepler Warp 调度机制

（3）硬件资源的增多

在 Kepler 上，可由线程访问的寄存器数量最多是 255 个，Fermi 架构只有 63 个，这大大提高了在 Fermi 架构中存在较大寄存器压力或寄存器泄露行为的代码的性能。

（4）原子运算的改进

原子内存运算允许并发线程对共享数据结构执行正确的读 - 修改 - 写运算。Kepler 全局内存原子运算的吞吐量较 Fermi 有大幅度提高。普通全局内存原子运算的吞吐量相对于每频率一个运算来说提高了 9 倍。独立全局内存原子运算的吞吐量也明显加快，而且处理地址冲突的逻辑更加有效。原子运算通常可以按照类似全局负载运算的速度进行处理。该性能的提高使得原子运算可以在 kernel 内部的循环中使用，这消除了之前一些算法在对不同 block（线程块）的计算结果进行规约计算时所需要的额外传递操作。

此外，为了进一步提高性能，Kepler 架构引入了 Shuffle 指令，允许同一 warp 内的线程可不通过共享内存进行通信和数据共享，如图 3-7 所示。此前，warp 内线程之间的数据共享需要通过共享内存实现。使用 Shuffle 指令，线程可以读取同一 warp 内其他线程的任意变量的值。Shuffle 支持任意索引引用（即任何线程读取同一 warp 内的任何其他线程）。Shuffle 性能优于共享内存，因此数据存储和加载操作能够一步完成。Shuffle 也可以减少每个 block 所需的共享内存的数量，因为数据在 warp 内的交换不需要通过共享内存。

3. Maxwell 架构

Maxwell 架构是 Kepler 架构的升级。相比于 Kepler 架构的 GPU，Maxwell 的 SM 有着很大的不同。每个 SM 有 4 个 warp 调度器，每个 warp 调度器每个时钟周期能

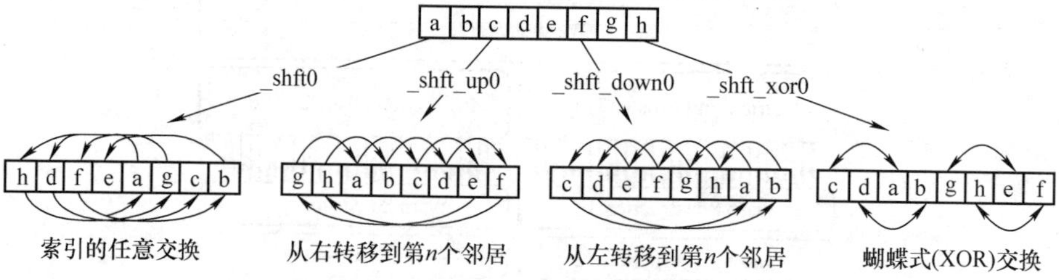

图 3-7 Shuffle 指令

调度两个相互独立的指令。Maxwell SM 分为 4 个独立的处理块，每个处理块具备自己的指令缓冲区、调度器以及 32 个 CUDA 核心，如图 3-8 所示。新的划分方法简化了设计与调度逻辑，节省了晶体管与能耗，降低了计算延迟。

与 Kepler 架构相比，Maxwell 架构的 SM 的内存层次结构也发生了变化。在 Kepler 架构中，一共有 64KB 的空间大小，供共享内存和 L1cache 分配。在 Maxwell 架构中共享内存和 L1cache 分开了，共享内存大小是 96KB。此外，Maxwell 采用了容量大增的二级高速缓存设计，Maxwell 核心架构中二级高速缓存容量为 2048KB，而 Kepler 中的容量仅为 256KB。由于片上高速缓存容量更大，因此需要向显卡 DRAM 发送的请求更少，从而降低了整体显卡能耗，提升了性能。如表 3-1 所示，是 Kepler GPU 与 Maxwell GPU 的差异。

图 3-8 Maxwell 架构

表 3-1 Kepler GPU 与 Maxwell GPU 具体参数

GPU	Tegra K1（Kepler GPU）	Tegra X1（Maxwell GPU）
SMs	1	2
CUDA 核	192	256
GFLOPs（FP32）Peak	365	512

（续）

GPU	Tegra K1（Kepler GPU）	Tegra X1（Maxwell GPU）
GFLOPs（FP16）Peak	365	1024
Texture Units	8	16
Texel fill - rate	7.6Gigatexels/s	16Gigatexels/s
Memory Clock	930MHz	1.6GHz
存储带宽	14.9 GB/s	25.6 GB/s
ROPs	4	16
L2 cache Size	128KB	256KB
Manufacturing Process	28nm	20nm
Z - cull	256 pixels/clock	256 pixels/clock
Raster	4 pixels/clock	16 pixels/clock
Texture	8 bilinear filters/clock	16 bilinear filters/clock
ZROP	64 samples/clock	128 samples/clock

4. Pascal 架构

Pascal 架构是最近 NVIDIA 公司推出的一款针对高性能并行计算的 GPU 架构。与 Maxwell 和 Kepler 相比，虽然每个 Pascal SM 只有 64 个单精度 CUDA 核，是 Maxwell SM 中 CUDA 核数的一半，但总的 SM 数目增加了，每个 SM 保持与上一代相同的寄存器组，则总的寄存器数目增加了。这意味着 Pascal 上的线程可以使用更多寄存器，也意味着 Pascal 相比旧的架构支持更多线程、warp 和线程块数目。从 Pascal SM 架构图中可以看到，一个 Pascal SM 分成两个处理块，每块有 32768 个 32 位寄存器、32 个单精度 CUDA 核和一个 warp 调度器。与此同时，Pascal 总共享内存量也随 SM 数目增加而增加了，带宽显著提升。此外，Pascal SM 还拥有 32 个 DP Unit，即双精度计算单元，支持 64 位双精度浮点计算。相比 Kepler 架构，Pascal SM 架构简化了数据通路，占用面积更小，能耗更低。Pascal SM 架构提供更高级的调度和重叠载入/存储指令来提高浮点利用率。相比 Maxwell，Pascal SM 调度器架构更智能，具备高性能、低能耗特性。1 个 warp 调度器（每个处理块共享一个）在一个时钟周期内可以分发两个 warp 指令，如图 3-9 所示。

3.2.2 AMD GPU 架构

1. Cypress 架构

AMD Cypress 架构沿用了传统 GPU 的单指令数据流（Single Instruction Multiple Data，SIMD）架构，可以视为由若干个 SIMD 处理单元组成的多处理器。不同型号的处理器拥有的 SIMD 处理单元的数目是不同的。比如 AMD HD5850 GPU 有 18 个 SIMD 处理单元，而 AMD HD5870 有 20 个 SIMD 处理单元。AMD Cypress GPU 的架构特征如图 3-10 所示。

如图 3-11 所示，同 NVIDIA Fermi 架构一样，AMD Cypress 架构依然采用了层

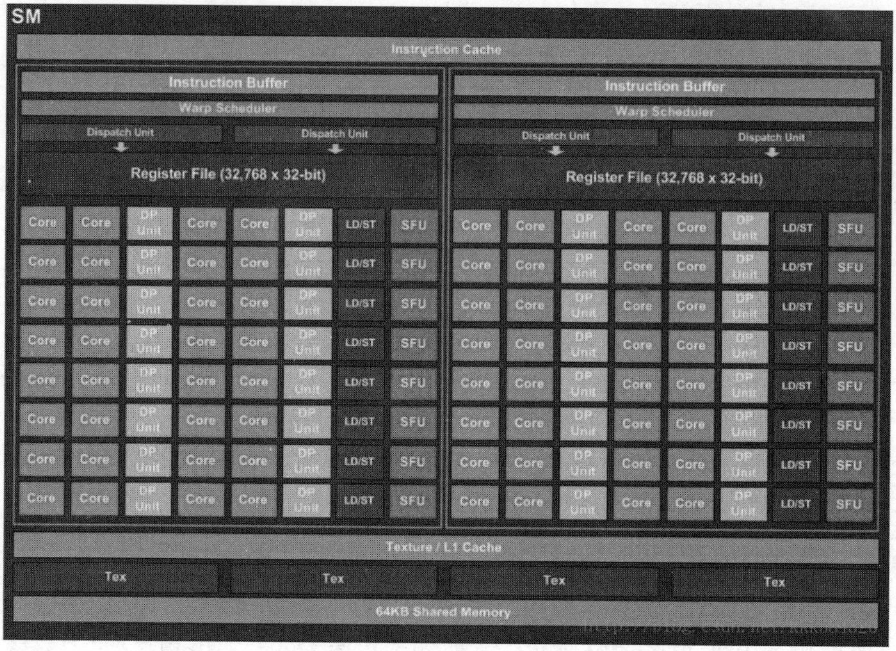

图 3-9　Pascal SM 架构

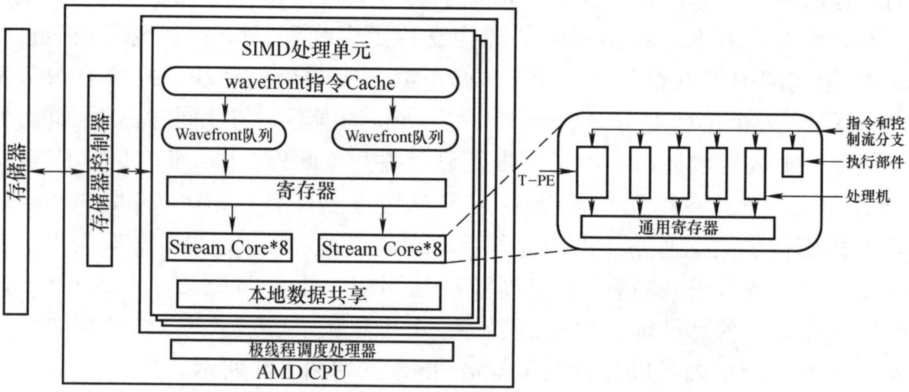

图 3-10　AMD Cypress 架构

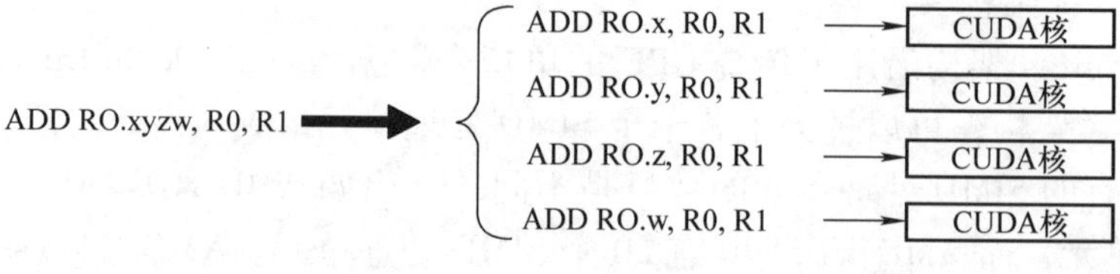

图 3-11　矢量加法在 NVIDIA GPU 上的运行

次式的架构设计。其最基本的指令执行单元为SC（Stream Core，流处理核心）。与CUDA核心不同，SC采用了向量化架构，由5个相互独立的处理部件组成，形成了一个5路VLIW（Very Long Instruction Word，超长指令字）处理器。这样SC在一个时钟周期内可最多同时处理5条相互独立的指令，这就为开发指令级并行提供了硬件条件。两个处理部件的组合可执行一条双精度浮点数运算，执行速度相对较慢。此外，SC内部还有一个特殊函数处理单元（T-PE），用以处理sin、log等复杂函数。16个SC组成了SIMD处理单元，并共享一个程序计数器，因此，它们的执行完全是同步的。除此之外，SIMD单元拥有有限数量的寄存器以及程序员可以控制的本地内存（共享内存，NVIDA GPU），本地内存可被运行在SIMD单元的所有线程共享，并可实现位于同一线程块内的所有线程的通信。SIMD计算单元阵列构成了GPU，并通过极线程调度处理器（Ultra-thread dispatch processor）维护若干独立的命令队列，以此来调度大量线程独立计算数据流中不同的数据元素。

同NVIDIA GPU一样，AMD GPU同样采用了多线程调度机制。其执行和调度的最小单位是由64个线程组成的wavefront。wavefront间的执行是相互独立的，并且每个wavefront只能在一个SIMD计算单元上调度执行。由于每个SIMD计算单元内部只有16个SC。因此，一个wavefront指令的完成需要4个时钟周期。同NVDIA GPU一样，AMD GPU可在SM上部署大量的wavefront，这些wavefront将以时间片的方式轮转执行，当一个wavefront因访存而造成阻塞时，线程调度器会立即调度其他wavefront来执行。以此来隐藏访存延迟，减少计算资源的浪费。这也是GPU程序优化的通用法则：在GPU上部署足够多的线程，以隐藏访存延迟。

AMD GPU的每个SIMD计算单元同样拥有通用计算器和本地内存等有限的片上资源。如Cypress架构每个SIMD计算单元拥有32KB的本地内存和16KB的128位的向量寄存器。这些硬件资源的限制，同样会导致GPU程序优化空间的不连续性。

2. GCN架构

相比于Cypress架构，GCN架构在硬件架构上做出了巨大的改进，更适合通用计算。

（1）处理器层次结构

GPU厂商通常采用模块化设计，通过增加或减少模块的数目来满足不同层次的需求。为了与OpenCL抽象一致，AMD将其GCNGPU模块化为3个层次：设备、CU和ALU。AMD第一代基于GCN架构的GPU：RadeonHD7970，具有32个CU，每个CU具有64个流核心，故总共有2048个核心。每个CU具有独立的本地内存、一级缓存和常量缓存。所有的32个核心共享统一的二级缓存，二级缓存通过交叉总线（CrossBar）连接到显存控制器。

（2）CU

GCN架构中的CU除了4组向量核心外，还有一个标量核心。每组向量核心包含 16 个标量 ALU，每组向量核心每次执行一条 wavefront 指令。CU 中的标量核心用于计算分支、常量缓存访问和其他以 wavefront 为单位的操作。GCN 中每个 CU 具有 64KB 局部存储器，但是每个工作组只可使用 32KB。GCN 架构中没有单独用于特殊函数计算的单元。

CU 中计算单元主要是 4 个向量核心，每个核心可同时处理 16 个 32 位浮点乘加运算，这意味着 CU 每周期的计算能力为 16×4×2=128 个操作。

（3）存储器层次

GCN GPU 的存储器和处理器一样也呈现出层次结构，这种结构通常表现出缓存的关系，比如本地内存和 L2 cache 会缓存全局存储器的数据，L1 cache 会缓存 L2 cache 中的数据。

全局内存就是显存，能够被整个索引空间内任何一个工作项读写，并且可在多个内核间调用（除非显式释放）。但其延迟非常大，常用来存储主机端的大容量数据，以避免多次传输。目前常用的显存采用 GDDR5 技术，容量从 2GB 到 12GB 不等。在满足合并访问条件下，能够获得更大的带宽。

CU 对全局内存的访问都会通过二级缓存，二级缓存由索引空间内的所有工作项共享，HD7970 具有 768KB 二级缓存。对于 GPU 来说，二级缓存存在的主要目的是减少访存不对齐的影响，增大带宽，而不是减少延迟，因此其大小远小于对应的 x86 CPU。

常量内存（统一）是只读的，索引空间内所有工作项都可以读取，并且可在多个内核间调用。常量内存具有高性能、独立的缓存，为了更好地利用缓存，GCN 架构限制软件开发人员声明的常量大小为 16KB。由于现代的 GPU 都具有 cache，因此常量内存已经不再那么重要，但是在某些情况下还是能够显著提升程序性能。

本地内存只能被同一个工作组的工作项读写，且只在工作项的生存期间有效，一旦工作组执行完成即不可再用，使用时需要注意并行访问时的竞写问题。本地内存类似于用户可控制的 cache，软件开发人员必须显式地使用。GCN 架构上每个 CU 具有 64KB 本地内存，但是运行在 CU 上的每个工作组最多只能使用 32KB。GCN 架构的本地内存划分为 32 个存储器（bank），每个 bank 宽度为 4B。本地内存常用于通用并行计算时的共享数据和工作组内工作项的通信，但是由于采用的是片上内存，其速度极快，因此也被用于优化程序性能。

GCN 架构上每个 CU 具有 16KB 一级缓存，它们被用于缓存对全局存储器的访问。GCN 架构具有标量和向量寄存器，向量寄存器大小为 256KB，每个寄存器大小为 32 位，故总共有 64K 个寄存器。如果数据大小是 64 位，则会使用相邻的两个寄存器。GCN 架构限制每个工作项最多可使用的向量寄存器数目为 255 个。

3.2.3 两种架构的异同

通过前两节的论述，从优化的角度讲，NVIDIA 架构 GPU 和 AMD 架构 GPU 在架构上的主要差异是基本执行单元设计上的差异：CUDA 核心采用了标量化的设计，而 SC 采用了向量化的设计。此外，NVIDIA GPU 寄存器是 32 位的标量化设计，而 AMD GPU 的寄存器为 128 位的向量化设计。这种设计上的差异也决定了两者在处理向量化指令方式上的不同。

对于 Fermi 架构，每个 CUDA 核心内部都有一个全功能的浮点数处理器。对于 4D 矢量指令，NVIDIA GPU 会结合 4 个 CUDA 核心共同完成。如图 3-11 所示，一条 4D 的矢量指令在 NVIDIA GPU 上执行时，会转换为相互独立的 4 条标量指令，并被分配到不同的 CUDA 核心上执行。这种实现方式的特点就是灵活，无论是 1D、2D、3D 还是 4D 指令，都拆分成相互独立的 1D 指令来执行。CUDA 的这种流处理器架构的设计放弃了单独追求高浮点数计算吞吐量的目标，而是通过优化处理器内部结构来换取更高的执行效率，同时也大大提高了架构的灵活性和可扩展性。

AMD Cypress 架构 GPU 沿用了传统 GPU 的 SIMD 架构，每个 SC 拥有 5 个共享指令发射端口的 1D ALU，并被组织为 5 路 VLIW（Very Long Instructionword，超长指令字）处理器，在每个时钟周期内，一条 VLIW 指令可同时执行 5 个标量操作。从宏观上看，AMD Cypress 架构 GPU 确实是 SIMD 架构，因为 SC 内部的 5 个 ALU 共用一个指令发射端口。然而，这 5 个 ALU 与传统 GPU 的 ALU 不同，它们是相互独立的，并能各自组合处理任意的 1D/2D/3D/4D/5D 指令，完美支持 Co - issue（矢量指令和标量指令并行执行），因此，从微观上看，AMD GPU 可以称为 5D 超标量架构。

在 VLIM 体系中，通过将多个短指令合并成一条长 VLIW 指令的方式来提高计算资源的利用率，最大程度缓解了标量指令效率低下的问题。而另一方面，在通用计算中，并不能将所有的计算指令都组装成合适长度的向量化指令。因此，SC 的这种向量化的设计，也会降低计算资源的利用率。同时，也增加了 AMD Cypress 架构 GPU 在优化过程中的难度。因此，AMD 最新的 GCN 架构 GPU 采用了标量化的设计，重新组织了计算单元。

尽管 NVIDA 架构和 AMD 架构存在着差异，但从宏观上看，两者在整体设计上存在着相似性：

- 相同的硬件层次架构。NVIDIA 和 AMD 架构都采用了层次式的硬件架构，基础架构由可扩展的计算单元阵列组成，而计算单元由计算核心构成。计算核心的操作由所属的计算单元的指令发送单元控制。
- 相似的内存层次架构。两者同样采用了层次式的内存架构：线程私有的寄存器；可被同一线程块内所有线程共享并可被程序员控制的本地内存（NVIDIAGPU 称为共享内存）；可被所有线程访问且大容量的全局内存。前两者为片上内存，具有较高的访存带宽和较低的访存延迟，但容量有限；后者成为片外内存，容量大，但具有较高的访存延迟和相对较低的访存带宽。充分利用片上资源进行数据本地化，以减少对本地资源的依赖，是 GPU 优化的重要方法。

❑ 相似的调度策略。两者都采用了多线程的调度策略。不同的是，在 NVIDIA 架构中，调度单元 warp 包含 32 个线程；而在 AMD 架构中，调度单元 wavefront 包含 64 个线程。两者都能有效控制大规模线程的并行执行，通过 warp/wavefront 的交替执行来隐藏访存延迟。同时线程间的调度都是通过硬件实现的，开销低。

❑ 相同的线程组织架构。两者都属于大规模并行处理器，可并行执行大量线程。除硬件层次外，两者具有相同的线程组织形式。将要执行的大量线程被组织成 *N* 维的线程空间；线程空间又进一步切分成不同的线程块，每个线程块只能在一个计算单元上调度执行，线程块间的执行是相互独立的。同一线程块内的线程可通过本地内存进行通信。每个线程也只能在一个处理核心上执行。

这些硬件和软件架构的相似性，为研究分析 GPU 程序在不同 GPU 架构上优化方法和策略的共性提供了可能，也为进一步实现不同 GPU 架构间的性能可移植创造了条件。

3.3 本章小结

本章介绍了本书研究的基础。分析了目前主流的两大 GPU 体系——NVIDIA GPU 和 AMD GPU，并分别分析这两大系列 GPU 的几种架构特点和异同。虽然在计算核心和寄存器等设计细节上存在差异，但从整体上看，不同的 GPU 架构依然具有相似性：相同的硬件层次架构、相似的内存层次架构和相似的调度策略。

第4章　CUDA与OpenCL编程模型

目前，GPU编程模型主要有两种：CUDA和OpenCL。CUDA编程模型由NVIDIA公司推出，目前应用非常广泛，然而仅适用于NVIDIA GPU。OpenCL是由开源组织Khronos维护的跨平台异构编程框架，其最大特点是跨平台性，NVIDIA GPU和AMD GPU都实现了对OpenCL的支持。本节将阐述这两个编程模型的特点。

4.1　CUDA编程模型

CUDA是NVIDIA公司于2007年推出，将GPU作为数据并行计算设备的软硬件体系，其硬件体系主要为支持CUDA的GPU。其软件体系包括一组运行时API，一组设备驱动API和一个库文件。

CUDA编程模型如图4-1所示。CUDA编程模型将CPU作为主机端，GPU作为设备端，一个计算系统可由一个主机和多个设备组成。在模型定义中，CPU和GPU各司其职，协同运行：CPU负责逻辑性较强的事务处理和串行计算，而GPU负责高度并行化的数据计算任务。GPU并不能独立运行程序，程序的执行由CPU端控制。CPU启动程序运行，并将适用于大规模并行的计算任务交给GPU执行（kernel函数），GPU在执行完毕后，计算结构返回CPU。

CUDA将计算任务映射为大量相互独立且可并行执行的线程，并由硬件调度运行。CUDA将这些线程以网格（Grid）的形式进行组织和管理，网格又进一步划分成线程块（block），线程块由若干线程组成。在网格中，每个线程都有自己的线程号（thread Id）和线程块号（block Id）。线程块间的执行是相互独立的，可并行执行。这样，在kernel函数中就存在着两层并行性：Grid中的block间的并行和block中的thread并行。两层并行编程模型是CUDA编程模型最重要的创新之一。

CUDA内存模型如图4-2所示，在GPU上CUDA线程可以访问到的存储资源有很多，每个CUDA线程拥有独立的本地内存（Local Memory），每一个线程块（block）都有其独立的共享内存（Shared Memory），共享内存对于线程块中的每个线程都是可见的，它与线程块具有相同的生存周期，而全局内存（Global Memory）对所有的CUDA线程都是可访问的。

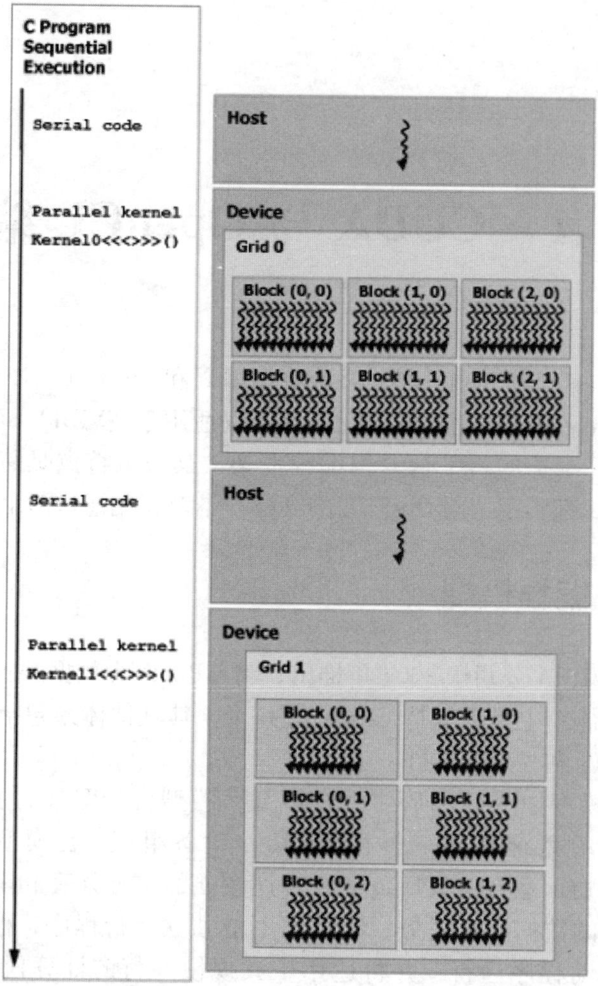

图 4-1　CUDA 编程模型

除了上述三种存储资源以外，CUDA 还提供了两种只读内存空间：常量内存（Constant Memory）和纹理内存（Texture Memory）。同全局内存类似，所有的 CUDA 线程都可以访问它们。对于一些特殊格式的数据，纹理内存提供多种寻址模式以及数据过滤方法来操作内存。这两类存储资源主要用于一些特殊的内存使用场合。

一个程序启动内核函数以后，全局内存、常量内存以及纹理内存将会一直存在直到该程序结束。CUDA C 是 C 语言的一个扩展子集，它允许程序员定义一种被称为内核函数的 C 函数，内核函数运行在 GPU 上，一旦启动，CUDA 中的每一个线程都将会同时并行地执行内核函数中的代码。内核函数使用关键字 - global - 来声明，运行该函数的 CUDA 线程数则通过 <<<... >>> 执行配置语法来设置。

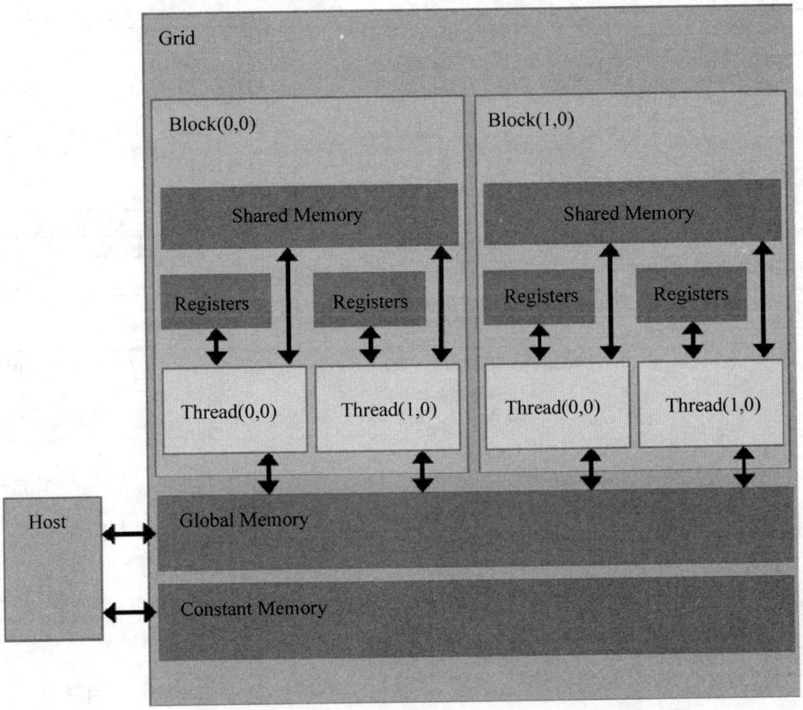

图 4-2 CUDA 内存模型

4.2 OpenCL 编程模型

OpenCL 是一个在异构平台上编写并行程序的开放工业标准，它将 CPU、GPU 以及其他各类计算设备组织成一个统一的计算平台，开发者可以以统一而有效的方式使用这些计算资源。OpenCL 不仅仅是一门语言，而是一个并行编程框架，包括一个底层程序接口和一个高性能、可移植的抽象层，一个为并行程序设计提供的有效的并行开发环境，一个平台独立的工具和丰富的中间软件层。

OpenCL 有两个重要的特点：一是提供了一种跨厂商的非专有软件的解决方案，OpenCL 已经得到了包括 Intel、NVIDIA 和 AMD 等主流芯片厂商的支持，各大厂商都有对 OpenCL 标准的实现。二是提供了一个跨平台的异构编程框架，OpenCL 程序不仅能够在各种异构平台上自由移植，而且能够以统一的方式充分有效地利用计算机系统中的各种计算资源。

OpenCL 可通过四个抽象模型来描述：平台模型、执行模型、内存模型和编程模型。图 4-3 综合显示了 OpenCL 的抽象模型。

1. 平台模型

OpenCL 平台模型有主机和与其相连的一个或者多个计算设备组成。如图 4-3a

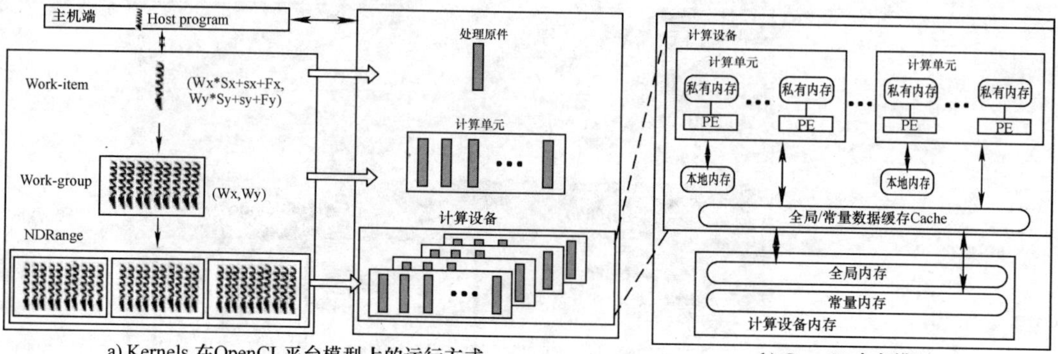

a) Kernels 在OpenCL平台模型上的运行方式　　b) OpenCL内存模型

图 4-3　OpenCL 抽象模型

所示，OpenCL 设备由一个或者多个计算单元（Compute Unit，CU）组成，计算单元又拆分成一个或者多个处理元件（Processing Element，PE）。OpenCL 设备的计算在 PE 中完成。OpenCL 程序的执行由主机端控制，主机端通过建立命令队列，向设备端提交命令的方式，驱动设备端完成计算任务。计算结果最终需要返回给主机端。

在 CPU + GPU 异构平台中，CPU 为主机，GPU 为计算设备。在 OpenCL 设备的映射中，NVIDA GPU 的流多处理器（SM）和 AMD GPU 的 SIMD 处理单元映射为 CU。同时，NVIDIA GPU 的 CUDA 核心和 AMD GPU 的流处理核心（SC）映射为 PE。

2. 执行模型

OpenCL 的执行模型可以分为两部分：运行于 Host 端的主程序和运行于计算设备的内核程序（Kernel）。主程序通过定义和管理上下文（context）来控制内核程序的执行，内核程序则在 OpenCL 设备上执行具体的计算任务。

主程序执行内核程序之前必须为其设置一个标识索引的工作空间（NDRange），内核程序会在该工作空间的每一个节点（work - item）上执行 kernel 实例，每一个 work - item 在工作空间中拥有唯一识别的 global_id。work - item 还可粗粒度地被组织为工作组（work - group），每一个 work - item 在 work - group 内具有唯一可标识的 local_id，而每一个 work - group 均拥有唯一标识的 group_id。

NDRange 是为内核程序定义的一个 N 维空间，其中 N 为 1、2 或 3，分别对应于一维、二维或三维空间。Global_id、local_id 和 group_id 的维数由启动 kernel 参数时定义，均为 N，坐标范围为 $0 \sim N-1$。如图 4-4 所示。

在 AMD 的 GPU 中，wavefront 为调度和执行的基本单位，每个 wavefront 包含 64 个线程，此由硬件实现所决定，它提供了比工作组更细粒度的并行。每一个 wavefront 中的 64 个 work - items 执行相同的指令序列。一个 CU 可同时调度执行多个 work - group，但一个 work - group 只能映射至单个 CU，而 kernel 执行时会将

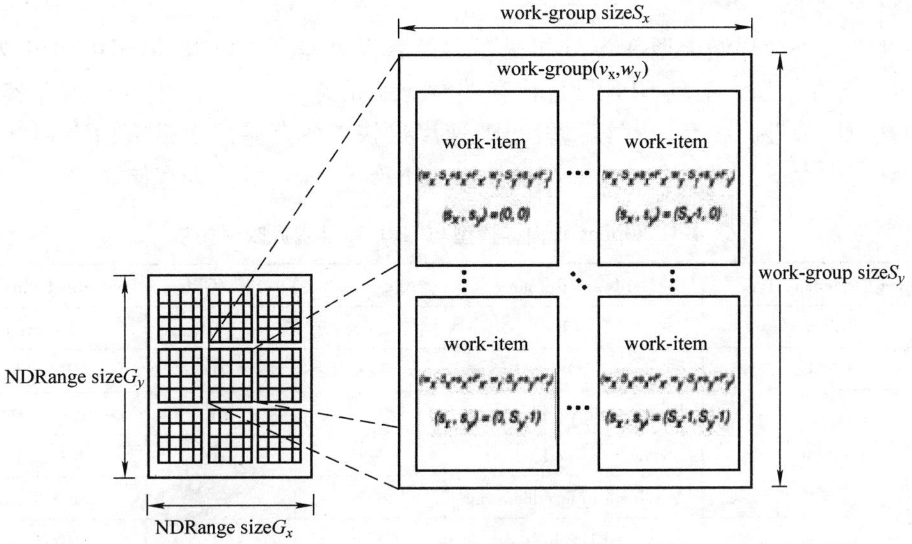

图 4-4　NDRange 实例

work - group 划分为一个或多个的 wavefront。每个 CU 只有 16 个处理单元，因此一条指令至少需要 4 个周期才能执行完成。当 CU 中调度多个 wavefront 时，任何一个 wavefront 因访存而阻塞，可快速切换到下一个就绪的 wavefront，从而隐藏访存的延迟。

在 NVIDIA 的 GPU 中线程是以 warp 为单位执行的，每个 warp 由 32 个线程组成，此处的 warp 对应于 AMD 的 GPU 中的 wavefront，而 NVIDIA 的 GPU 中 block 对应于 AMD 的 GPU 中的 work - group。以 TeslaC2050 为例，一个 warp 有 32 个线程，SM 中有 16 个核心，因此每发射一条指令，需要两个周期才能执行完成。

3. 内存模型

OpenCL 定义了层次化的内存模型，共定义了全局内存、常量内存、本地内存和私有内存四块不同的存储区域。全局内存可被 NDRange 中的所有 work - item 访问，一般具有较大的容量，但一般位于片外，具有相对较低的访存带宽和较高的访存延迟，并由主机端进行动态分配。常量内存是位于全局内存中的一块内存区域，其内存在 kernel 的执行期间不能修改。本地内存是一个隶属于 work - group 的内存区域，可实现在同一个 work - group 内的所有 work - item 的数据共享和通信。本地内存位于片上，一般容量有限，但具有较高的访存带宽和较低的访存延迟，并由 kernel 进行静态分配。私有内存是 work - item 的私有存储区域，对其他 work - item 不可见，同样由 kernel 进行静态分配。由此可见，OpenCL 的内存模型和 GPU 的内存架构具有很好的映射关系。

OpenCL 定义了宽松的内存一致性模型，本地内存只在本地同步点保证同一个 work - group 内的所有 work - item 的内存一致性。全局内存的一致性只在全局同步点保证。

此外，各级存储类型在容量和速度上都有很大差别。以 RadeonHD5870 为例，OpenCL 内存模型映射到 GPU 硬件内存的对应关系见表 4-1。其中全局内存容量最大但是速度最慢，私有内存容量较小但速度最快。各存储层次带宽由高到低依次为：私有内存 > 常量缓存 > 局部存储 > L1cache > L2cache > 全局存储。

表 4-1 OpenCL 内存模型与 GPU 硬件资源映射关系

Open CLMemory Type	Hardware Resource	Size/CU	Size/GPU	Peak Read Bandwidth
Private	GPR	256K	5120K	48B/cycle
Local	LDS	32K	640K	8B/cycle
Constant	Direct - addressedconstant	—	48K	16B/cycle
	Same - indexedconstant	—	—	4B/cycle
	Varying - indexedconstant	—	—	~0.6B/cycle
Images	L1cache	8K	160K	4B/cycle
	L2cache	—	512K	~1.6B/cycle
Global	Global Memory	—	1G	~0.6B/cycle

4. 编程模型

OpenCL 支持数据并行和任务并行两种编程模型，也支持两者的混合编程。OpenCL 主要侧重于数据并行编程模型，即将相同的指令序列作用于不同的数据元素上。在 OpenCL 编程模型中，可通过 work - item 的全局 ID 或者本地 ID，实现 work - item 与数据的映射。OpenCL 实现了宽松的数据并行编程模型，并不要求 work - item 与操作数的一一对应。OpenCL 定义了显式和隐式两种数据并行编程模型：前者定义 work - item 的总数以及 work - group 的划分；后者仅仅定义了 work - item 的总数，而 work - group 的划分由 OpenCL 的具体实现来管理。

除此之外，OpenCL 还定义了两类同步操作：本地同步和全局同步。本地同步是指属于同一 work - group 内的 work - item 间的同步，可由本地同步函数实现。全局同步是指位于同一上下文的命令队列中的命令间的同步，可由命令队列同步操作函数或者事件实现。

由此可见，OpenCL 编程模型与 CUDA 编程模型在平台模型和执行模型方面存在很多相似之处。然而，相对于 CUDA，OpenCL 最大的优势就是其跨平台性。OpenCL 程序可在不同厂商、不同架构的 GPU 上进行平滑移植。随着 GPU 架构的日益多样化和应用领域的不断扩展，特别是针对那些无法判断终端用户使用的 GPU 架构类型的桌面级应用程序来说，实现应用程序在不同 GPU 架构（比如 NVIDIA GPU 和 AMD GPU）间的平滑移植就显得越来越重要。这也是本书研究工作采用 OpenCL 编程模型的重要原因。

4.3 CUDA 和 OpenCL 编程流程

在 CUDA 和 OpenCL 的架构下，一个程序分为两个部分：Host 端和 Device 端。Host 端是指在 CPU 上执行的部分，而 Device 端则是在 GPU 上执行的部分。Device 端的程序又称为“kernel”。如图 4-5 所示，分别为 CUDA 和 OpenCL 的基本流程。接下来，本文以一个简单的 GPU 程序（即向量相加程序）分别来叙述 CUDA 和 OpenCL。

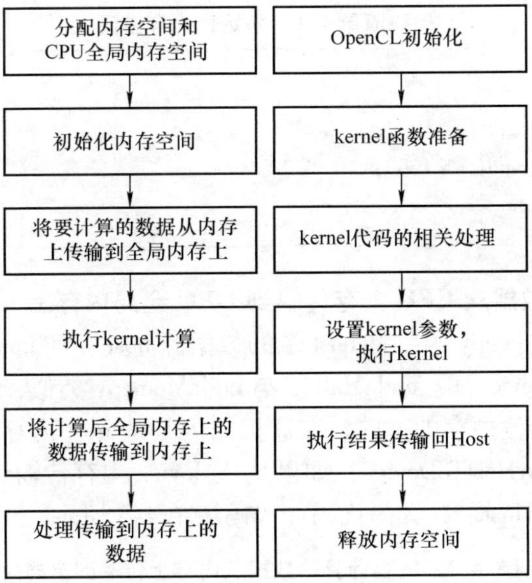

图 4-5 CUDA 和 OpenCL 的基本流程

4.3.1 CUDA 向量相加程序编写过程

1. 分配 CPU 内存和 GPU 全局内存空间

首先使用 malloc 分配三块内存，分别是存放数据源 host_a 和 host_b 以及存放向量相加的结果的 host_c。其次采用 cudaMalloc 分配三块内存，分别是存储数据 device_a 和 device_b 以及存放向量相加的结果 device_c。cudaMalloc 的用法与 malloc 的用法相似。其具体代码如代码清单 4-1 所示。

2. 初始化内存空间

本文通过采用 rand（）函数随机分配数据给 host_a 和 host_b，从而完成内存空间的初始化。其具体代码如代码清单 4-2 所示。

代码清单 4-1　分配内存空间和 GPU 全局内存空间

```
int *host_a = (int *)malloc(sizeof(int) * n);//n 为数据大小
int *host_b = (int *)malloc(sizeof(int) * n);
int *host_c = (int *)malloc(sizeof(int) * n);
int *device_a, *device_b, *device_c;
cudaMalloc((void **)&device_a, sizeof(int) * n);
cudaMalloc((void **)&device_b, sizeof(int) * n);
cudaMalloc((void **)&device_c, sizeof(int) * n);
```

代码清单 4-2　初始化内存空间

```
for (int i = 0; i < n; i++) {
        host_a[i] = rand()%1000;
        host_b[i] = rand()%1000;
    }
```

3. 将要计算的数据从 CPU 内存传输到 GPU 全局内存上

本文通过 cudaMemcpy 函数将 host 端的数据源 host_a 和 host_b 传到 device 端的数据源 device_a 和 device_b。cudaMalloc 与 cudaMemcpy 类似，不过 cudaMemcpy 多出一个参数，指示传输内存的方向。在这里因为是从 host 内存传输到 device 内存，所以使用 cudaMemcpyHostToDevice。如果是从 device 内存传输到 host 内存，则使用 cudaMemcpyDeviceToHost。其具体代码如代码清单 4-3 所示。

代码清单 4-3　将要计算的数据从内存上传输到全局内存上

```
cudaMemcpy(device_a, host_a, sizeof(int) * n, cudaMemcpyHostToDevice);
cudaMemcpy(device_b, host_b, sizeof(int) * n, cudaMemcpyHostToDevice);
```

4. 执行 kernel

首先，需要完成 kernel 函数配置设置，其具体配置代码如代码清单 4-4 所示。初始化 dimBlock 为 16*16*1 的 dim3 类型，指定线程块的三个维度，这里第三维是 1，即退化为 16*16 的二维线程块。为了最大化并行，安排每一个线程负责一次向量加法，那么则需要 ceil(n/(16*16))个线程块，设置线程网络也为二维方阵的话，其 gridsize 取 ceil(sqrt(ceil(n / (16 * 16))))。同样初始化维度变量 dimGrid，注意 Grid 只能是二维以下的，第三个维度设置被自动忽略。设置中用了上取整，是为了保证至少有一个线程完成向量每对元素的相加，那么这样设置可能会导致线程数目多于向量长度，因此在 Kernel 函数中需要让这些线程直接退出，而不是引起数组超界的错误。

代码清单 4-4　kernel 函数配置

```
#define BLOCKSIZE 16
intgridsize = (int)ceil(sqrt(ceil(n / (BLOCKSIZE * BLOCKSIZE))));
dim3 dimBlock(BLOCKSIZE, BLOCKSIZE, 1);
dim3 dimGrid(gridsize, gridsize, 1);
add<<<dimGrid, dimBlock>>>(device_a, device_b, device_c, n);
```

下面来推导线程块号为 blockIdx、线程号为 threadIdx 的线程完成向量计算的数组下标：块内地址为 threadIdx. x * blockDim. x + threadIdx. y，把线程号映射到 [0, blockDim. x * blockDim. y - 1]。线程块地址为 blockIdx. x * gridDim. x + blockIdx. y，把块号映射到 [0, gridDim. x * gridDim. y - 1]。所以该线程的地址为 i = (blockIdx. x * gridDim. x + blockIdx. y) * blockDim. x * blockDim. y + threadIdx. x * blockDim. x。其具体的向量加法 kernel 函数定义如代码清单 4-5 所示。

代码清单 4-5　kernel 函数

```
__global__ void add(const int *a, const int *b, int *c, int n){
int i = (blockIdx.x * gridDim.x + blockIdx.y) * blockDim.x * blockDim.y + threadIdx.x *
blockDim.x + threadIdx.y;
if (i < n) {
c[i] = a[i] + b[i];}
}
```

5. 将计算结果从 GPU 全局内存传输到 CPU 内存

在完成 kernel 计算后，需要把 device 端处理结果传回 host 端上。本文通过 cudaMemcpy 函数将 device 端的处理结果 decice_c 传到 host 端口 host_c 内存上。其次，在使用完 device 后，我们需要将 device 的内存释放。其具体代码如代码清单 4-6 所示。

代码清单 4-6　全局内存上的数据传输到内存上

```
cudaMemcpy(host_c, device_c, sizeof(int) * n, cudaMemcpyDeviceToHost);
cudaFree(device_a);
cudaFree(device_b);
cudaFree(device_c);
```

6. 结果数据处理

在获取完 device 端的处理结果 decice_c 后，可能我们还需进行进一步处理，比如打印处理结果。在完成处理后，我们需要将 host 的内存释放。其具体代码如代码清单 4-7 所示。

代码清单 4-7　处理传输到内存上的数据

```
for (int i = 0; i < n; i++) {
printf("host_c = %d\n", host_c[i]);}
free(host_a);
free(host_b);
free(host_c)
```

4.3.2　OpenCL 向量相加程序编写过程

1. OpenCL 初始化

与 CUDA 不同，OpenCL 为了兼顾不同的设备，其需要用一系列的 API 来初始化 OpenCL 的运行环境，其主要通过以下四项工作来初始化 device 的运行环境。

（1）平台查询与选择

首先我们要取得系统中所有支持 OpenCL 的平台（platform）。所谓的 platform 指的就是硬件厂商提供的 OpenCL 框架，不同的 CPU/GPU 开发商（比如 Intel、AMD、NVIDIA）可以在一个系统上分别定义自己的 OpenCL 框架。所以我们需要查询系统中可用的 OpenCL 框架，即 platform。使用 API 函数 clGetPlatformIDs 获取可用 platform 的数量。然后根据数量来分配内存，并得到所有可用的 platform，所使用的 API 还是 clGetPlatformIDs。在 OpenCL 中，类似这样的函数调用很常见：第一次调用以取得数目，便于分配足够的内存；然后调用第二次以获取真正的信息。现在，所有的 platform 都存在了变量 platforms 中，接下来需要做的就是取得我们所需的 platform。通过使用 clGetPlatformInfo 来获得 platform 的信息。通过这个 API 以知晓 platform 的厂商信息，以便我们选出需要的 platform。其具体代码如代码清单 4-8 所示。

代码清单 4-8　查询并选择一个 platform

```
size_tdeviceListSize;
cl_uint numPlatforms; // 得到并选择可用平台
cl_platform_id platform = NULL;
status = clGetPlatformIDs(0, NULL, &numPlatforms);
if (status != CL_SUCCESS) {
    printf("ERROR: Getting Platforms. (clGetPlatformIDs)\n");
    return EXIT_FAILURE;
}
if (numPlatforms > 0) {
        cl_platform_id *platforms = (cl_platform_id *)malloc(numPlatforms * sizeof(cl_plat-
form_id));
        status = clGetPlatformIDs(numPlatforms, platforms, NULL);
        if (status != CL_SUCCESS) {
```

（续）

```
            printf("Error: Getting Platform Ids. (clGetPlatformIDs)\n");
            return -1;
        }
for (unsigned int i = 0; i < numPlatforms; ++i) {// 遍历所有 platform,选择你想用的
    charpbuff[100];
status = clGetPlatformInfo(platforms[i],CL_PLATFORM_VENDOR,sizeof(pbuff),pbuff,
NULL);
    platform = platforms[i];
      if (!strcmp(pbuff, "Advanced Micro Devices, Inc.")) {
                break;}
}
delete platforms;
    }
```

（2）创建上下文（context）

第一步是通过 platform 得到相应的 context properties，第二步是通过 clCreateContextFromType 函数创建 context。其具体代码如代码清单 4-9 所示。

其中 clCreateContextFromType 函数的第二个参数可以设定 context 关联的设备类型。本例使用的是 GPU 作为 OpenCL 计算设备。目前可以使用的类别包括：

- CL_DEVICE_TYPE_CPU
- CL_DEVICE_TYPE_GPU
- CL_DEVICE_TYPE_ACCELERATOR
- CL_DEVICE_TYPE_DEFAULT
- CL_DEVICE_TYPE_ALL

代码清单 4-9 在 platform 上建立 context

```
cl_context_properties cps[3] = {//如果我们能找到相应平台,就使用它,否则返回 NULL
CL_CONTEXT_PLATFORM,(cl_context_properties)platform,0};
cl_context_properties *cprops = (NULL == platform) ? NULL : cps;
cl_context context = clCreateContextFromType(cprops,CL_DEVICE_TYPE_GPU,NULL,
NULL,&status); //生成 context
if (status != CL_SUCCESS) {
    printf("Error: Creating Context. (clCreateContexFromType)\n");
    return EXIT_FAILURE;
}
```

（3）查询与选择设备（device）

context 创建好之后，要做的就是查询可用的 device。与获取 platform 类似，我

们调用两次 clGetContextInfo 来完成查询。第一次调用获取关联 context 的 device 个数，并根据个数申请内存；第二次调用获取所有 device 实例。如果你想了解每个 device 的具体信息，可以调用 clGetDeviceInfo 函数来获取，返回的信息有设备类型、生产商以及设备对某些扩展功能的支持与否等。详细使用情况请参阅 OpenCL Specifications。其具体代码如代码清单 4-10 所示。

代码清单 4-10　在 context 上查询 device

```
//寻找 OpenCL 设备
  //首先得到设备列表的长度
status = clGetContextInfo(context,CL_CONTEXT_DEVICES,0,NULL,&deviceListSize);
if (status != CL_SUCCESS) {
    printf("Error: Getting Context Info device list size,clGetContextInfo)\n");
    return EXIT_FAILURE;
}
cl_device_id * devices = (cl_device_id *)malloc(deviceListSize);
if (devices == 0) {
   printf("Error: No devices found. \n");
   return EXIT_FAILURE;
}
//然后得到设备列表
status = clGetContextInfo(context,CL_CONTEXT_DEVICES,deviceListSize,devices,NULL);
if (status != CL_SUCCESS) {
   printf("Error: Getting Context Info (device list,clGetContextInfo)\n");
   return EXIT_FAILURE;
}
```

（4）创建命令队列（command queue）

command queue 是将要执行的各种命令。可以通过 clCreateCommandQueue 函数创建。其中的 device 必须为 context 的关联设备，所有该 command queue 中的命令都会在这个指定的 device 上运行。其具体代码如代码清单 4-11 所示。

代码清单 4-11　在指定的 device 上创建 command queue

```
cl_command_queuecommandQueue = clCreateCommandQueue(context,devices[0],0,&status);
if (status != CL_SUCCESS) {
   printf("Error: Create Command Queue. (clCreateCommandQueue)\n");
   return EXIT_FAILURE;
}
```

2. 编写 OpenCL kernel

首先准备 kernal code，如果有过 shader 编程经验的人可能会比较熟悉，这里面需要把在每个 compute item 上 run 的那个函数写成一段二进制字符串，通常实现方法是写成单独的一个文件（扩展名随意），然后在程序中使用的时候二进制读入这个文件。本例的向量相加的 kernal code 如代码清单 4-12 所示。

代码清单 4-12　向量相加的 kernal code

```
const char *kernelSourceCode = KERNEL(
__kernel void adder( __global const float* a, __global const float* b, __global float* result)
{
int idx = get_global_id(0);
result[idx] = a[idx]) +b[idx];
}
);
```

3. 创建 OpenCL kernel 对象

（1）加载 OpenCL 内核程序并创建一个 program 对象

本例中的 kernel 程序是作为静态字符串读入的（单独的文本文件也一样），所以使用的是 clCreate Program With Source。其具体代码如代码清单 4-13 所示。如果不想让 kernel 程序被其他人看见，可以先生成二进制文件，再通过 clCreateProgram-WithBinary 函数动态读入二进制文件，进行一定的保密处理。详细请参阅 OpenCL Specifications。

代码清单 4-13　加载 OpenCL 内核程序并创建一个 program 对象

```
size_tsourceSize[] = {strlen(kernelSourceCode)};
cl_program program = clCreateProgramWithSource(context,1,&kernelSourceCode,sourceSize,
&status);
if (status != CL_SUCCESS) {
  printf("Error: Loading Binary into cl_program (clCreateProgramWithBinary)\n");
  return EXIT_FAILURE;
}
```

（2）编译 program 中的 kernel 及创建指定名字的 kernel 对象

kernel 程序读入完毕，要做的自然是使用 clBuildProgram 编译 kernel，最终，kernel 将被相应 device 上的 OpenCL 编译器编译成可执行的机器码。成功编译后，可以通过 clCreateKernel 来创建一个 kernel 对象。引号中的 adder 就是 kernel 对象所关联的 kernel 函数的函数名。要注意的是，每个 kernel 对象必须关联且只能关联一个包含于相应 program 对象内的 kernel 程序。实际上，用户可以在 cl 源代码中写任意多个 kernel 程序，但在执行某个 kernel 程序之前必须先建立单独的 kernel 对象，即多次调用 clCreateKernel 函数。其具体代码如代码清单 4-14 所示。

代码清单 4-14　编译 program 中的 kernel 及创建指定名字的 kernel 对象

```
status = clBuildProgram(program, 1, devices, NULL, NULL, NULL);
if (status != CL_SUCCESS) {
printf("Error: Building Program (clBuildingProgram)\n");
  return EXIT_FAILURE;
}
cl_kernel kernel = clCreateKernel(program, "adder", &status);
if (status != CL_SUCCESS) {
  printf("Error: Creating Kernel from program. (clCreateKernel)\n");
  return EXIT_FAILURE;
}
```

4. 设置 Kernel 参数，执行 Kernel

（1）为 kernel 创建内存对象

OpenCL 内存对象是指在 host 中创建，用于 kernel 程序的内存类型。按维度可以分为两类，一类是 buffer，一类是 image。buffer 是一维的，image 可以是二维、三维的 texture、frame - buffer 或 image。本例仅仅使用 buffer，可以通过 clCreateBuffer 函数来创建。

kernel 函数需要三个参数，分别是输入的两个数组和一个输出的数组，这些参数都要一一创建准备好。首先是输入的两个输入数组，其具体代码如代码清单4-15所示。

代码清单 4-15　输入数组初始化

```
for(int i = 0;i < DATA_SIZE;i++) {
a[i] = i;b[i] = i;
}
```

a 和 b 是我们要运算的两个输入数组（注意它们是位于 CPU 上的）。OpenCL 计算的变量要位于 device 的存储上（例如 GPU 的全局内存）。因此需要进行数据传输，将输入数据从主机内存传输到设备内存上，最后还要在设备内存上分配保存计算结果内存空间。其具体代码如代码清单 4-16 所示。

代码清单 4-16　为 kernel 创建内存对象

```
cl_memcl_a = clCreateBuffer(context, CL_MEM_READ_ONLY | CL_MEM_COPY_HOST_PTR, si-
zeof(cl_float) * DATA_SIZE, &a[0], NULL);
cl_mem cl_b = clCreateBuffer(context, CL_MEM_READ_ONLY | CL_MEM_COPY_HOST_PTR, si-
zeof(cl_float) * DATA_SIZE, &b[0], NULL);
cl_mem cl_res = clCreateBuffer(context, CL_MEM_WRITE_ONLY, sizeof(cl_float) * DATA_
SIZE, NULL, NULL);
```

(2) 为 kernel 设置参数

使用 clSetKernelArg 函数为 kernel 设置参数。传递的参数既可以是常数、变量，也可以是内存对象。本例传递的就是内存对象。其具体代码如代码清单 4-17 所示。

代码清单 4-17　为 kernel 设置参数

```
clSetKernelArg(adder, 0, sizeof(cl_mem), &cl_a);
clSetKernelArg(adder, 1, sizeof(cl_mem), &cl_b);
clSetKernelArg(adder, 2, sizeof(cl_mem), &cl_res);
```

(3) 将要执行的 kernel 放入 command queue

OpenCL 提供了三种方案来创建 kernel 执行命令。最常用的即为本例所示的运行在指定工作空间上的 kernel 程序，使用了 clEnqueueNDRangeKernel 函数。最后可以用 clFinish 函数来确认一个 command queue 中所有的命令都执行完毕。函数会在 commandqueue 中所有 kernel 执行完毕后返回。其具体代码如代码清单 4-18 所示。

代码清单 4-18　将要执行的 kernel 放入 command queue

```
err = clEnqueueNDRangeKernel(commandQueue, adder, 1, 0, &work_size, 0, 0, 0, 0);
//确认 command queue 中所有命令都执行完毕
status = clFinish (commandQueue);
```

5. 将计算结果从 GPU 全局内存传输到 CPU 内存

计算完毕，将结果读回 host 端。使用 clEnqueueReadBuffer 函数将 OpenCLbuffer 对象中的内容读取到 host 可以访问的内存空间。其具体代码如代码清单 4-19 所示。

代码清单 4-19　执行结果传输回 host

```
err = clEnqueueReadBuffer(commandQueue, cl_res, CL_TRUE, 0, sizeof(float) * DATA_SIZE,
&res[0], 0, 0, 0);
```

6. 释放内存

程序的最后是对所有创建的对象进行释放回收，与 C/C++的内存回收同理。其具体代码如代码清单 4-20 所示。

代码清单 4-20　释放内存空间

```
status = clReleaseKernel(adder);
status = clReleaseProgram(program);
status = clReleaseMemObject(cl_a);
status = clReleaseMemObject(cl_b);
status = clReleaseMemObject(cl_res);
status = clReleaseCommandQueue(commandQueue);
status = clReleaseContext(context);
free(devices);
```

4.4 GPU 程序性能优化分析

GPU 程序优化是 GPU 程序设计中的重要内容。通过以上章节对 GPU 硬件架构和编程模型的分析，虽然 GPU 程序的优化和具体的硬件平台密切相关。但从总体上看，无论采用何种硬件平台，提高 GPU 程序性能的主要途径可分为三个方面。

1. 片外访存带宽的利用率

全局内存容量大，但访存带宽相对较低，具有较高的访存延迟，是限制 GPU 程序性能的主要因素之一。充分考虑 GPU 访存特点，提高片外访存带宽利用率，降低访存延迟，是提高 GPU 程序性能的关键。

2. 计算资源的有效利用率

GPU 拥有大量的计算单元，具有强大的计算能力。充分考虑 GPU 架构特点和调度策略，以有效地利用这些计算单元，避免计算单元的闲置，是提高 GPU 程序性能的主要途径。

3. 数据本地化

GPU 中提供了本地内存、cache 等片上资源，具有较高的访存带宽和较低的访存延迟。充分利用这些片上资源实现数据的共享和重用，减少对片外资源的访存次数，是提高 GPU 程序性能的主要方法。

虽然，由于 GPU 硬件架构的差异，GPU 程序在优化方法和优化策略的选择上也存在差异性。但 GPU 程序优化的本质是一样的，都是实现从算法特性到底层硬件架构特征的有效映射。因此无论采用何种 GPU 架构，其优化的方向和途径却相似，这也为 GPU 程序的性能可移植提供了可能。

4.5 本章小结

在深入了解 NVIDIA 和 AMD 这两种 GPU 硬件架构特征的基础之后，本章分析介绍了相对应的 GPU 编程模型：CUDA 编程模型和 OpenCL 编程模型。并以向量相加为例，分别介绍了两种 GPU 编程模型的具体流程，比较其相同点与不同点，以及从更高的角度，研究不同 GPU 在底层硬件架构设计上的共通性，并以此研究实现性能移植的可行性。最后，指出了提高 GPU 程序性能的三大途径：提高片外访存带宽的利用率、提高计算资源的有效利用率以及数据本地化。

第5章　异构计算与性能优化方法

异构计算主要是指使用不同类型指令集和体系架构的计算单元组成系统的计算方式，通过这种计算方式实现不同类型的计算设备共享计算的过程和结果。本章所述的异构，主要是指 CPU 与 GPU 之间的异构计算。虽然异构计算能够解决通过提升 CPU 时钟频率和内核数量来提高计算能力的传统方式遇到的散热和能耗瓶颈问题，但 GPU 等专用计算单元的高效利用非常困难。为了能够更加高效地利用这些计算单元，需要理解不同的架构并根据这些特性进行优化。本章主要讨论 GPU 的访存优化，以及在矩阵转置算法、规约算法、resize 算法和 Laplace 算法上的应用。

5.1　视频图像处理算法

图像是各种图像和影音的总称，能为人类展现一个形象的思维模式，有助于信息的获取、传递和表达。在许多场合，视频图像所传递的信息比其他任何形式更加丰富和真切，由此可见，图像信息是非常重要的。随着相关科学技术的迅猛发展，人们对信息量的需求越来越大，人们开始通过各种媒体工具获取视频图像，再通过相关的视频图像处理算法对所获得的视频图像进行处理，从视频图像中抽取某些有用的度量、数据或信息，用于各种自动化的系统。目前，视频图像处理已经成为人们认识世界、改造世界的重要手段。

视频图像处理是通过计算机对视频图像进行分析，通过去噪、增强、复原、分割、特征提取等处理技术与方式以达到所需结果的技术。视频图像处理算法主要有滤波、几何变换、其他变换、直方图、结构分析与形状描述符、运动分析与目标跟踪、特征提取和目标检测八大类。每个类别都广泛应用于安防监控、智能驾驶、航空航天和医学研究等多个领域。

随着科技的迅猛发展，人们对信息的需求日益增加，对信息的实时提取和处理有了更高的要求。然而通过提升 CPU 时钟频率和内核数量而提高计算能力的传统方式遇到的散热和能耗瓶颈问题，视频图像实时处理面临更大的挑战。高性能计算目前正处于快速发展期，基于 CPU - GPU 异构系统这样一种新的满足高性能计算的架构应运而生，使得我国在高性能计算领域的研究工作走到了国际发展的前列。

与 CPU 相比，GPU 具有更高的计算能力和访存带宽，大规模细粒度并行的特性也可以充分挖掘算法的并行特性，这将极大提升图像处理算法的性能。在协同并行计算时，CPU 和 GPU 应各取所长，快速、高效协同地完成高性能计算任务。除管理 GPU 计算任务外，CPU 也应当承担一部分科学计算任务。本章主要分析矩阵转置算法、规约算法、resize 算法、Laplace 算法等多个视频图像处理算法当前所面临的性能瓶颈问题，并通过异构计算平台解决性能瓶颈问题，使其具有更高的工业价值。最后，提出解决视频图像处理算法性能瓶颈问题的一般解决方案。

5.2 访存优化方法

访存优化对计算性能的提升有着至关重要的作用。访存优化的目的就是通过最大化访存带宽，充分利用硬件资源，除了尽可能使用低延迟的内存，还要根据不同硬件和算法的特性进行优化和精细调优。其中 Jang 等人通过提高应用程序的访存效率的方式，使所有执行单元保持忙碌，从而提高算法性能。Che 等人提出了一个简单的允许程序员优化内存映射的 API 来提高在异构计算平台上的访存效率。Chien 等人使用一种有电阻式随机存取存储器和 DRAM 组成的混合主存储器架构的访问算法，使数据访问趋势迁移，最终达到降能耗、提高异构计算系统的速度的目的。许瑾晨等人使用一种基于访存指令的调度策略并结合动态调用方式，减少算法访存开销，提高访存速度。徐金龙等人针对 SIMD 代码的向量访存优化方法，分析程序是否需要优化，若存在需求，则对程序同时进行深度冗余优化和对齐优化，明显提高算法的性能。S. Xu 和 D. Gregg 等人介绍了一系列编译器指令帮助程序员全局数据布局转换申请更好的向量化。贾海鹏、张云泉等人是基于 OpenCL 平台，验证了向量化在 NVIDIA 和 AMD 两个 GPU 平台上都取得了良好的加速效果。

本节主要针对 NVIDIA GPU 讨论在异构平台上的一般访存优化策略。

5.2.1 CPU 与 GPU 之间的传输优化

CPU 与 GPU 之间的数据传输是 GPU 程序的主要性能瓶颈，即使在 Tegra X1 平台上，虽然 device 和 host 内存共享，但是 device 端与 host 端之间的数据传输也是整个算法性能主要瓶颈之一。内存分为 pageable memory 和 pinned memory。如图5-1所示，当将数据从 host 传到 device 时，需要先将 pageable memory 传到 pinned memory，所以 pinned memory 无论是 device 与 host 还是 device 与 device 之间传输速率都远大于 pageable memory 的传输速率。

以 NVIDIA Tegra X1 为例，传输 32MB 的数据，在 pinned memory 上 host 传输到 device 的传输速率的带宽为 9892. 3MB/s，device 传输到 host 的传输速率的带宽为 10076. 1MB/s。而在 pageable memory 上，host 传输到 device 的传输的实际带宽为 2236. 1MB/s，device 传输到 host 的传输的实际带宽为 1958. 4MB/s，而 device 之间

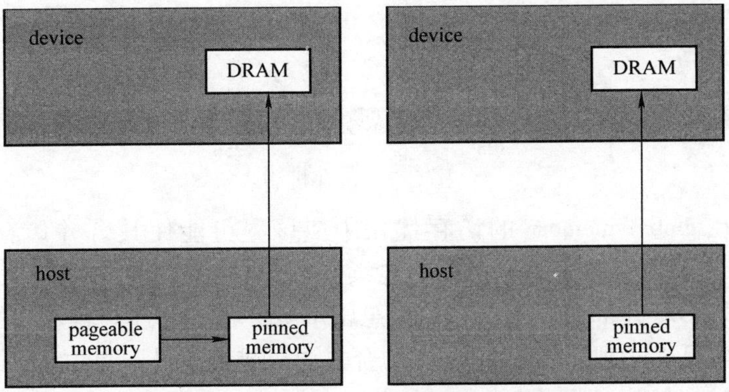

图5-1　数据传输

传输的实际带宽达到17919.4MB/s。因此，选择合适的内存可以实现数据传输的优化。

实际上，CUDA提供一种允许GPU线程直接访问host端的pinned memory的机制，称为zero copy。通过线程与底层硬件的直接映射，即可以减少数据传输的消耗。值得一提的是，若在NVIDIA Tegra X1和NVIDIA Tegra K1中无法标识已分配内存为pinned memory，只能重新分配一块pinned memory。

5.2.2　global memory的合并访问

global memory在GPU的存储层次中容量最大，但访存延迟又很高。但是，在GPU编程过程无法避免使用global memory。因此，global memory的访存优化对整个GPU程序的性能有着至关重要的作用。

自Fermi架构以来，NVIDIA GPU引入了一级和二级缓存，要求在global memory的访存中每个warp访存的大小是一个128B的cache line或多个cache line。因此，CUDA中提供了一种合并访存机制优化global memory访存。合并访存是指当一个warp访存的数据是连续的、对齐的（必须对齐在内存地址的32B的整数倍上）且数据大小是128B的整数倍时，warp内线程的访存会被合并为一次或多个访存。如果warp的每个线程访问相邻的4B的数据，并且warp对齐在128B的内存片断上，那么可以实现global memory合并访存机制如图5-2所示。如果warp与内存映射没有对齐，访存机制如图5-3所示。因此，实现warp与内存映射的对齐和充分利用cache line可以有效提高global memory的访存效率。

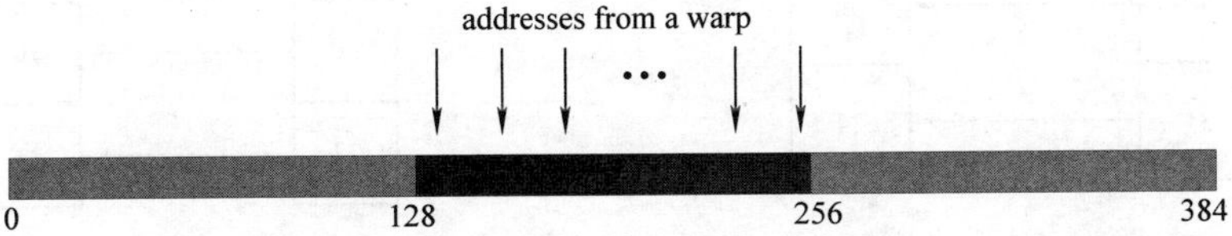

图5-2　global memory合并访存机制

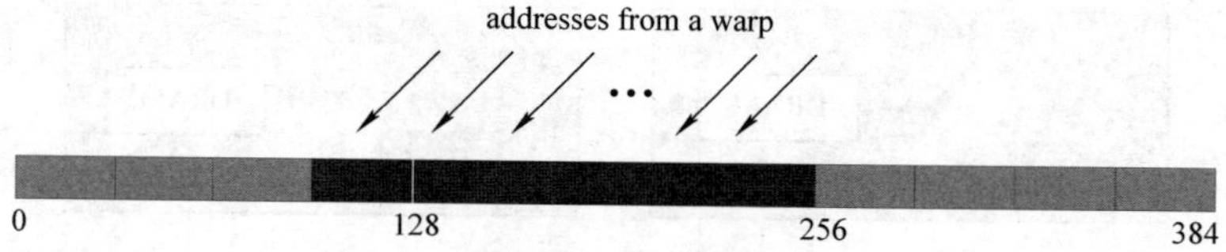

图 5-3　访存机制

因此，在 global memory 的访存优化中应该尽可能使其合并访存或充分利用 cache line 机制。global memory 访存的连续性和对齐就显得尤为重要，无论是访存的不连续还是不对齐都会导致访存效率急剧下降。在访存连续且对齐的情况下，一般通过向量化可以实现 global memory 的合并访存或者 cache line 的充分利用。

5.2.3　shared memory

shared memory 是片上内存，因而相对于 global memory 拥有更高的访存带宽和更低的访存延迟。在硬件设计上为了实现更高的访存带宽，shared memory 被分成等大小的内存模块——bank，因此，同一周期里 n 个不同的 bank 可以同时被 n 个线程访问，从而实现了一个高效的 shared memory 访存，如图 5-4 所示。

由于同一 bank 在某一个时刻只能被 warp 内的一个线程所访问，当 warp 内不同线程访问同一个 bank 就会造成 bank 冲突，将会导致访存带宽的严重下降，甚至访存带宽低于 global memory 的访存带宽，如图 5-5 所示。解决或缓解 bank 冲突需要清晰地理解内存地址和 bank 之间的映射关系（尤其需要关注数据类型），从而选择最优的线程和硬件的映射关系。

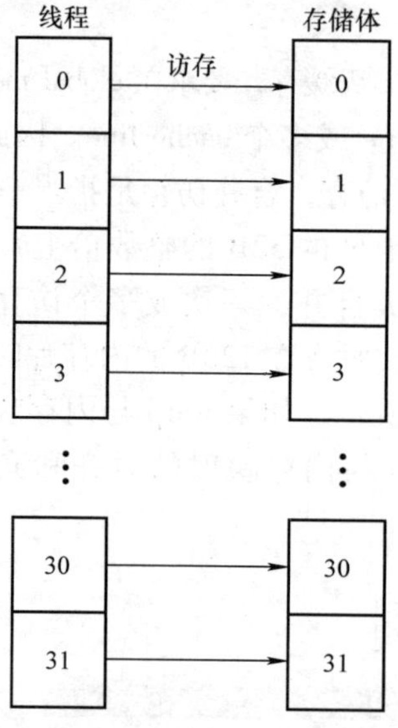

图 5-4　bank 理想状态

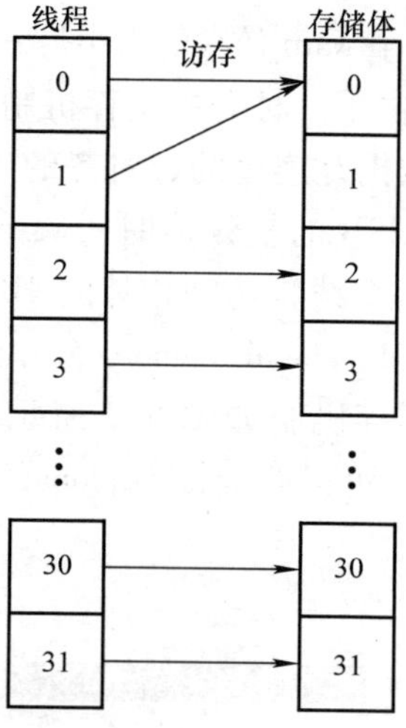

图 5-5　存储体冲突（bank Conflict）

此外还需要根据不同 GPU 架构特性，充分利用 shared memory 的硬件资源。比如可以通过数据本地化将数据从片外内存转移到片内（register、shared memory），并实现数据共享，以此来减少对片外内存访存的依赖。因此，可以通过数据本地化，提高 shared memory 的利用率，减少对 global memory 的访存依赖，从而提高算法性能。

5.2.4 寄存器

寄存器是线程私有的存储空间，也是 GPU 的存储空间中访存带宽最高的，它的访存延迟几乎为零。但是，寄存器的数量是有限的，在 NVIDIA Kepler 和Maxwell 架构的 GPU 上每个 SM 都有 64K 个 32 位寄存器。因此合理分配和使用寄存器可以极大地提高算法性能。

除此之外，在寄存器充足情况下还可以优先通过数据本地化把数据从片外转移到寄存器中可以实现比转移到 shared memory 更高的访存带宽。

5.3 矩阵转置算法

5.3.1 算法简介及分析

矩阵转置是最基本的矩阵运算之一，也是科学计算中的常见方法，特别是对元素个数超过计算机内存的大规模矩阵进行转置，是交替方向隐式方法（ADI）、快速傅里叶变换（FFT）、数值天气预报（NWP）以及许多其他大规模科学与工程计算中经常遇到的问题。解决大规模矩阵转置中内存容量要求大、速度要求高的问题，对于加快矩阵运算，提高计算效率有着重要的现实意义和应用价值。

若存在矩阵，即 m 行 n 列矩阵 $\boldsymbol{A}$，则 $\boldsymbol{A}$ 矩阵的第 i 行第 j 列元素为 x_{ij}。把矩阵 $\boldsymbol{A}$ 的行换成相应的列，得到的新矩阵称为 $\boldsymbol{A}$ 的转置矩阵 $\boldsymbol{B}$，即，于是称 $\boldsymbol{B}$ 为 $\boldsymbol{A}$ 的转置，标识为 $\boldsymbol{B}=\boldsymbol{A}^{\mathrm{T}}$。

传统的串行矩阵转置算法，以 C 语言二维数组转置为例，编译器将数组按行优先进行存放，矩阵转置实现过程可以通过两层的 for 循环，将原矩阵按行进行顺序读取，再将所读取数据按列顺序写入到目标矩阵，其实现逻辑与编码难度甚为直观简单，当外层循环遍历完最后一行，则输出矩阵最后一列也完成输入，从而完成整个矩阵转置。

5.3.2 并行性分析

1. 并行矩阵转置算法简述

由矩阵转置算法的定义可知，矩阵转置过程中数据与数据之间不存在依赖，若把线程对原矩阵的读取操作和对转置矩阵写入操作作为元操作，则元操作之间具有高度的独立性，不存在数据依赖。因此矩阵转置过程可以简要描述为三个步骤：

❑ 读取原矩阵元素。

❑ 计算索引映射。

❑ 写入转置矩阵。

通过 GPU 启动大量的线程，线程之间的操作互不影响，线程取出 ID 对应的元素，找到索引映射后独立写入转置矩阵位置，由于每个线程所操作的元素各不相同，所进行的索引映射也不相同，最后的结果位置写入操作也不存在冲突，由此可以发现矩阵转置的高度并行性，通过利用 GPU 众多的计算单元，通过众多线程处理各自的数据单元，线程之间独立执行，实现转置算法的高度并行化。

2. 并行矩阵转置算法基本实现

矩阵转置算法在 GPU 的基本实现极为直观，根据上述的三个步骤，Naïve Transpose 可描述为：

❑ 读取原矩阵元素：线程通过内建函数获取线程的全局 ID，记为 x，y，通过 x，y 结合矩阵的高和宽，即 row 和 col，进而计算线程对应于原矩阵 A 的元素索引 indexIn，并读出该元素 $A(x,y)$。

❑ 计算索引映射：通过 x，y，row 和 col，计算线程对应于目标转置矩阵的索引 indexOut，(即每一行的索引转换成每一列的索引)。

❑ 写入转置矩阵：把元素写入到目标转置矩阵 $\boldsymbol{B}$ 的 indexOut 位置，完成 $\boldsymbol{B}(y, x) = \boldsymbol{A}(x, y)$，(即 $\boldsymbol{A}$ 矩阵每一行的元素写入 $\boldsymbol{B}$ 矩阵的每一列)。

其执行过程如图 5-6 所示。

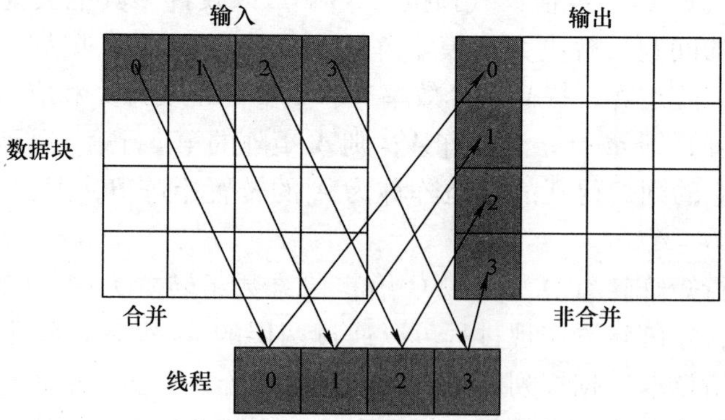

图 5-6 Naïve Transpose 转置过程

块内的所有线程必须存在于同一个处理器核心中且共享核心有限的存储器资源，所以一个块内的线程数目有限。一个内核可被多个同样大小的线程块执行，所以总的线程等于每个块内的线程数乘以线程块数。线程块可被组织成一维、二维或三维的线程网格。每个执行内核的线程拥有一个独一无二的线程 ID，可以通过内置的 ThreadIdx 变量在内核中访问（块内唯一）。线程块必须独立执行。而且能够以任意顺序，串行或并行执行。这种独立性要求使得线程块可以以任何顺序在任意数目核心上调度。

原矩阵与转置矩阵在转置过程中的数据存放于 global memory，从矩阵转置串行算法可以确定出矩阵转置并行算法的基本映射关系，即相同偏移量的线程处理相同偏移量的数据，如图 5-6 所示。

5.3.3　矩阵转置算法优化

在 GPU 程序中，每个计算数据都需要输入和输出两次地址空间的计算，每次地址空间的计算需要 4 次浮点数计算。优化程序的关键就在于如何提高访存带宽的利用率。

本节将会以并行矩阵转置算法为例，以 Naïve Transpose 为起点，逐步地探求并行矩阵转置算法的优化策略，以追求 Copy – Data Kernel 的高性能。

1. global memory 合并访问

从 5.3.2 小节可知，Naïve Transpose 相较于 Copy – Data Kernel，其主要不同之处在于线程把数据写入转置矩阵（结果矩阵）位置的不同，Naïve Transpose 以行顺序读取原矩阵的元素，再以列顺序写入转置矩阵，而 Copy – Data Kernel 以行顺序读取原矩阵的元素，再以行顺序写入转置矩阵。两个过程的操作对象均为 global memory。从分析可知，线程对 global memory 的读写访问方式极大地影响着对 global memory 存储带宽的有效利用。

Naïve Transpose 算法效率较差的很大原因在于写入数据时是写入转置矩阵中的一列，因为数据的局部性，保证连续线程对访问连续的 global memory 地址十分重要。从图 5-4 和图 5-5 的线程执行过程可知，Naïve Transpose 和 Copy – Data Kernel 在对 global memory 的读操作均符合合并访问条件。而 Naïve Transpose 在 global memory 空间的写操作中，是按列进行写入的，不符合合并访问条件。

为了避免对 global memory 的非合并访问，可利用 shared memory 作为中转，通过计算数据索引的映射关系，实现对 global memory 读出写入操作的合并访问，从而提升算法性能。按以上分析，提出 Coalesced Transpose 并行矩阵转置算法，其转置过程如图 5-7 所示。

Coalesced Transpose 并行矩阵转置算法为了能够完成对 global memory 的合并读写，需要线程将原矩阵元素加载至 shared memory，此处使用了大小为 32 × 32 的 block，每一个 block 负责的 32 × 32 大小的数据块转置，block 内的线程将原矩阵的数据读入到 shared memory 当中，此过程对 global memory 为合并读入操作，如图5-7 所示。shared memory 为片上内存，其读写速度高于 global memory 的读写速度，shared memory 不需担心出现如 global memory 般的非合并访问问题。因此 shared memory 作为中间内存完成对目标转置矩阵的合并写入，能够有效地避免对 global

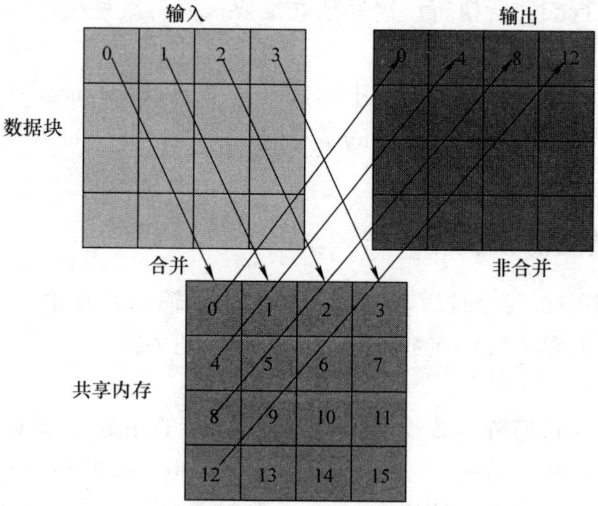

图 5-7　Coalesced Transpose 合并访问 global memory

memory 非合并访问带来的性能下降。在 Coalesced Transpose 转置过程中，每一个 block 的线程利用所属的 ID 对转置后的元素位置索引进行映射计算，从而实现合并写操作。

2. Shared Memory Bank - Conflict - Free

Coalesced Transpose 算法虽然相较于 Naïve Transpose 性能得到提升，然而距 Copy - Data Kernel 的性能仍有不少距离。上部分分析了 global memory 的合并访问优化能够带来性能的提升，本部分将对本地内存（shared memory）的访存方式进行分析，以进一步提升算法性能。

如果在一个 block 中有多个线程同时访问同一个 bank，访问操作将被按序列号即串行执行，这种情况称为存储体冲突（bank conflict），如图所示。bank conflict 的产生意味着访问操作的串行化，严重影响对 shared memory 的有效利用。

可以发现，Coalesced Transpose 算法对 shared memory 的操作如图 5-8 所示，若开启线程数目为 4 ×4，共享内存有 4 个 bank，相邻线程读取共享内存数据的内存跨度为 4 个 bank，这样就会产生 4 路 bank 冲突，限制了共享内存的访存性能。由于 bank 的数量受硬件的限制，所以有时没法增加，为了解决矩阵转置过程中 shared memory 的 bank conflict，有一个简单直接的方法：在申请 shared memory 内存时添加一列（padding），以对内存地址进行错开，即列数 N 与 4 互质。通过增加 padding 后，访问情况将从图 5-8 的方式变成图 5-9 的方式，注意，图 5-9 的访问方式中，连续 4 个线程访问连续的 bank，因此不存在 bank conflict。

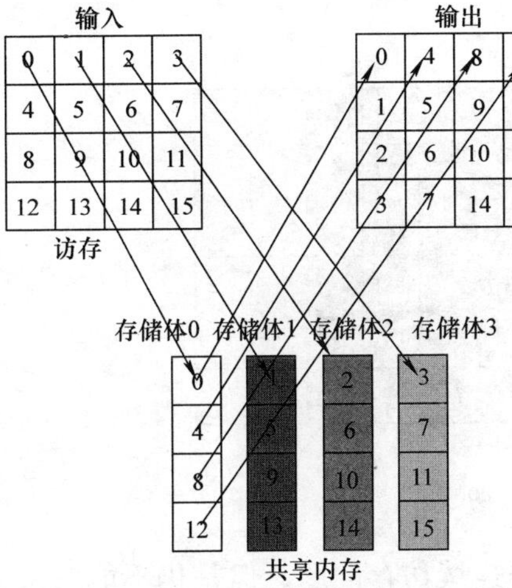

图 5-8　bank conflict

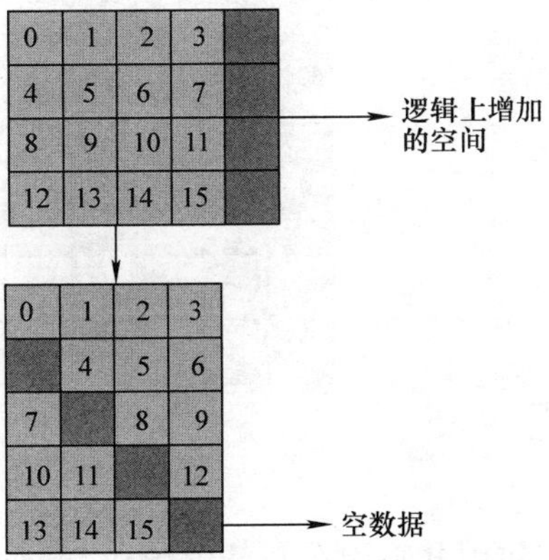

图 5-9　使用 padding 解决 bank conflict

根据图 5-9 的访问方式，提出 Bank Conflict Free Transpose 算法，该算法通过使用 padding 而避免了 bank conflict。通过申请 shared memory 空间时增加 padding，即可完成对连续 bank 的并行访问操作，从图 5-9 可知，解决 bank conflict。

3. channel conflict 优化

通道冲突（channel conflict）与 shared memory 的 bank conflict 类似，当 warp 中多个线程同时访问一个 bank，将会产生 bank conflict，其产生原因为 warp 的内部线程不合理操作，而 channel conflict 是针对活跃 block 而言的，即活跃 block 不均衡分配到 channel，导致只有少量 channel 在工作。

以 global memory 被分为 8 个 channel 的 GPU 为例，每个 channel 是 256B 宽，当所有活跃的 block 能够均匀地分配到 global memory 的 channel 时，能对 global memory 实现并行访问。然而当所有 block 只分配到少量的 channel 而导致其他 channel 的空闲，那么对活跃 work - group 对少量 channel 的同时访问将会导致串行化，降低 global memory 的访存效率。

为了更高效地使用全局内存，让所有活跃的 block 均匀地分配到所有 channel，以实现并行访问。由于 channel conflict 的产生与活跃的 block 的调度有关，因此如何有效地利用 block id 索引是有效减少 channel conflict 的重要方式，线程可以通过 block 的坐标，以进行适当的 block 索引映射，以解决 channel conflict。

进一步分析，当 global memory 含有 8 个 channel，每个 channel 的宽度为 256B，因此，相差 2048B 的访存动作将会映射到相同的 channel，导致操作的串行化。以 float 元素矩阵为例，当列数为 512 倍数时，同一列的访存将映射到同一个 channel 当中。以 block 所负责处理的 shared memory 矩阵大小为 32 × 32（即 128B × 128B）为例，相邻的两个 block 的访存操作将会映射到同一个 channel 当中，以此类推，详情如图 5-10 所示。

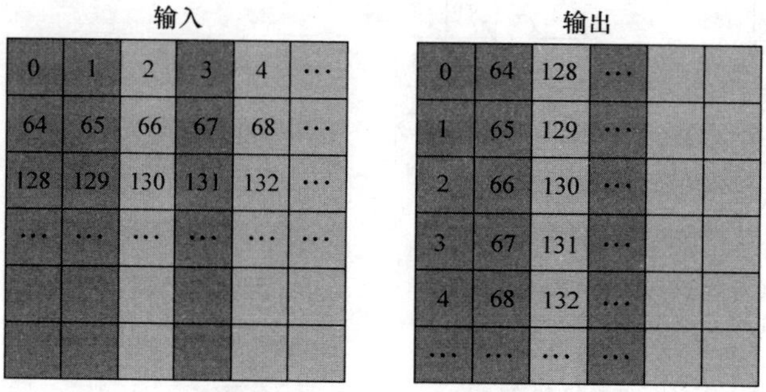

图 5-10　channel conflict

使用共享内存只能够解决 block 内部的非连续访存问题，但是仍不能解决并行执行的 warp 发起的访存请求所造成的全局内存通道冲突。理论上可以通过 bank conflict free 的方法来解决此问题，然而需要大量的空间写入，无疑增加了算法的复杂性。因此，通过使用 Diagonal 坐标转换，对每个 grid 处理的数据块进行重新排序，使相邻的数据块在计算时不相邻，如图 5-11 所示。

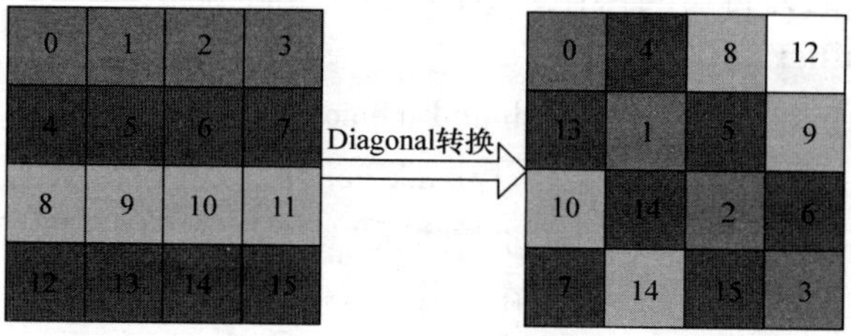

图 5-11　对角坐标映射

5.3.4　性能分析

本节实验运行的 GPU 为 NVIDIA Tegra K1，处理时钟 852MHz，CUDA Core192 个，warp 大小为 32。

从下面的性能图中我们可以得出，经过 GPU 的优化后，矩阵转置程序的性能得到了较为明显的提升，其中除了 512 个 ×512 个的数据规模以外，消除 bank 冲突对算法性能提升最大。

从图 5-12 中我们发现数据规模为 2048 个 ×2048 个时，出现了优化后反而效率降低的现象。原因是 share memory 中共有 32 个 bank，block 的线程组织为 16 × 16，所以并没有很好地消除 bank 冲突。线程块大小，为 32 ×8 的性能图如图 5-13（见彩插）所示。

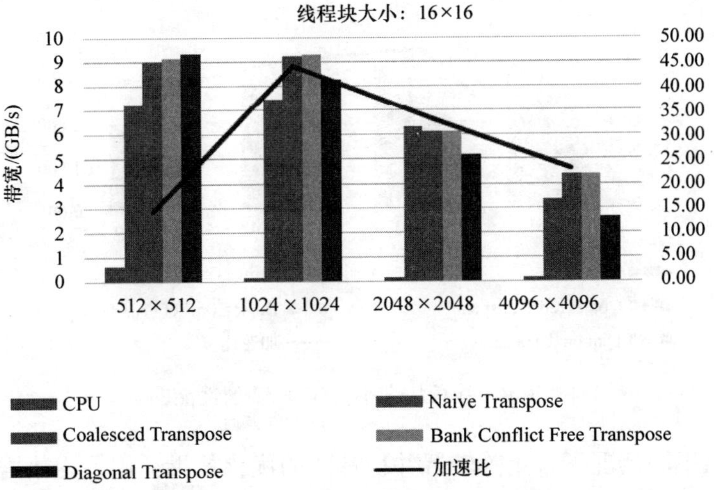

图5-12　线程块大小为16×16的性能图

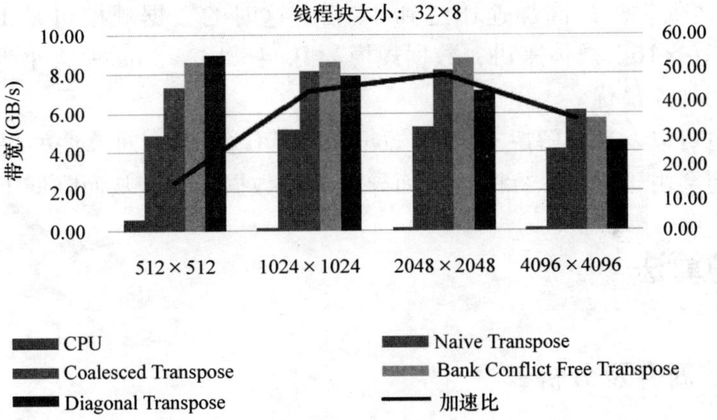

图5-13　线程块大小为32×8的性能图

当block为16×16时，对于global memory的合并访问的优化是比较明显的。但是，对shared memory的bank冲突的优化并不理想，甚至性能还有所降低。在Greg Ruetsch等人编写的《Optimizing Matrix Transpose in CUDA》中，在针对K20X（Kepler）shared memory的bank冲突的优化的时候性能同样有所降低，具体如图5-14（见彩插）所示（数据规格2048×2048，block为32×32）。性能下降有很大部分的原因在于NVIDIA公司已经对TK1的shared memory的cache优化足够好，以至于bank冲突的延迟并不明显，而bank冲突的优化加入增加一部分的计算量，最终导致性能略微下降。

相对而言，block为32×32时shared memory的bank冲突的优化是比较明显的。优化后的最高带宽为7.11GB/s。

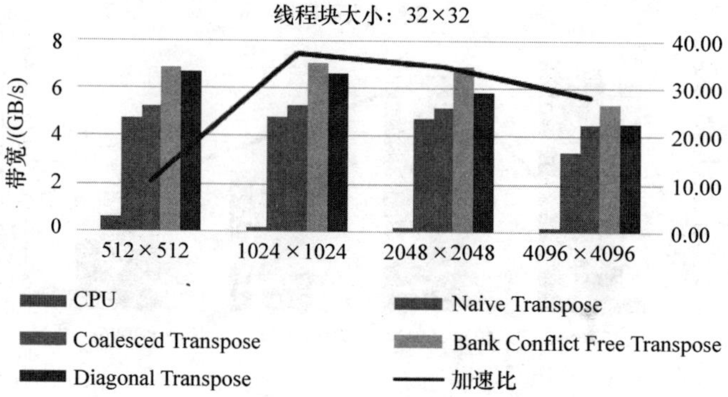

图 5-14　线程块大小为 32×32 的性能图

为了看出不同情况下，矩阵转置并行算法的优化效果。用平均数据算出相对于 CPU 的加速比，如图 5-12～图 5-14（见彩插）所示。

从这三幅图可以看出，block 大小为 16×16 的最优加速效果高于 block 大小为 32×32 的加速效果。最高加速比达到 44 倍。这时的数据规模也是 1024×1024，block 大小为 16×16。总体来讲，数据规模为 1024×1024，block 大小为 16×16 时，在该平台上的加速最优。

从图中也可以发现，解决 channel conflict 的问题并没有对算法的提升带来明显的优化，甚至会由于索引坐标的计算而导致计算数据量增大从而降低了效率。

5.4　规约算法

5.4.1　算法简介及分析

规约算法在科学计算和图像处理等领域有着十分广泛的应用，是并行计算的基本算法之一。规约算法可以理解成将大量数据逐层减少直到少量数据甚至一个数据的操作，如数组求和，求数组最大值、最小值等。而本章将以规约求和为例，在 AMD 基于 GCN 架构的 GPU 上对并行规约算法进行步骤化的优化，从而提升并行规约算法的性能。

传统的串行规约算法，以 C 语言一维数组求和为例，规约求和算法通过对数组数据进行压缩合并，直至只剩一个值，该值即为规约结果：数组元素之和。除了规约求和，规约算法通过简单修改也可应用于最大值、最小值、平均数等场景。

Serial Reduce 算法中通过简单的一个 for 循环对每一个元素进行迭代累加，其实现逻辑和编码难度都十分直观简单，只需要一个临时变量 sum 存储每一次迭代的累加结果，当迭代完成时，临时变量 sum 的值即为数组元素的总和。但因为每一次循环均需要利用上一次循环的结果，因此并不能直接移植至 GPU。不进行编译优化的条件下，对于 2^{24} 的数据规模，串行规约算法实现的运行时间为 43687μs。

5.4.2 并行性分析

从串行规约求和算法 Serial Reduce 可以看出，每一次的累加需要使用上一次累加的中间结果，以得出下一个循环所需要的中间结果，即每一次的求和运算对上一次求和结果存在依赖。因此，规约算法并不具备并行矩阵转置算法的高度并行性。将规约算法移植至 GPU 上，首先，要解决迭代间加法计算操作的依赖性，以更大程度地挖掘算法的并行性。本章采用二分规约思想，即一个线程处理两个元素，如图 5-15 和图 5-16 所示，每一层规约的完成，规模减半，最后再对合理的、小规模的局部和进行原子累加操作，求出最终总和。此外也鼓励尝试采用四分法、八分法等进行规约。

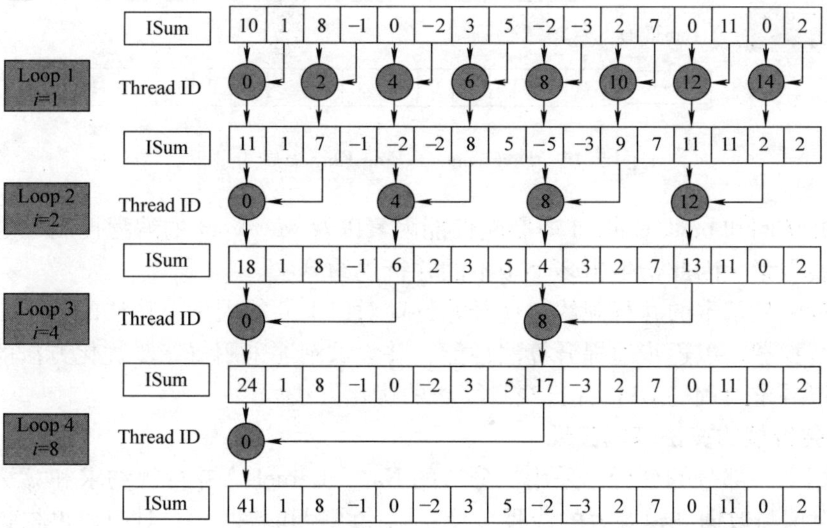

图 5-15 Naïve Reduce 规约过程

1. 并行规约算法简述

根据以上分析，GPU 端并行规约算法的过程可以简要描述为三个步骤：

- ❑ 数据传输：work - group 把 global memory 的 src 数组中对应数据复制至 local memory 的 lSum 数组。
- ❑ work - group 内规约：work - group 对 local memory 的 lSum 数组进行内部规约，求出局部和。
- ❑ work - group 间规约：对每一个 work - group 所得局部和通过原子操作进行累加，得到最终总和（原子操作 atom_add（）作为 OpenCL 1.2 的扩展操作，要包含：#pragma OPENCL EXTENSION cl_khr_global_int32_base_atomics ：enable）。

由于规约操作间存在计算依赖，对 global memory 和 local memory 的操作又分别

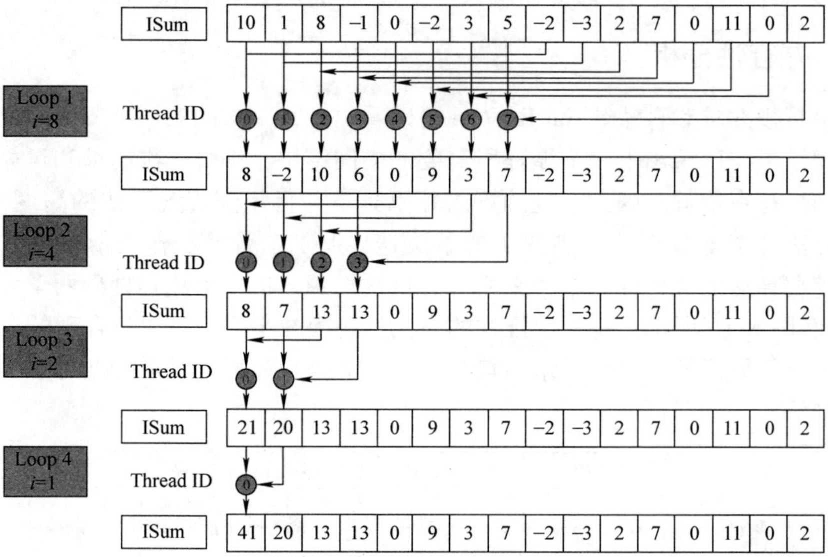

图 5-16　Divergence - Free Kernel 规约过程

涉及合并访问和 bank conflict 等影响性能因素以及 wavefront 的编程控制也是影响性能的重要因素，因此衍生出多个版本的并行规约算法。

本章将从基本的并行规约实现开始，针对以上性能因素对算法的三个步骤的并行性进行挖掘，以逐步地提升算法性能，并尝试阐述采用每一步优化方法的依据及思路，以寻求通用的 GPU 并行规约算法的优化方法。

2. 并行规约算法基本实现

依据上一部分的分析，采用二分法的 Naïve Kernel 为并行规约求和算法的基本思路：申请与数据规模等大的线程数目，以使线程和数据一一对应，再根据上一部分的算法三个步骤作为框架进行编码。

❑ 数据传输：work - group 把 global memory 中 src 数组对应的数据加载至 local memory 的 ISum 数组，当且仅当 work - group 内的线程均完成读入操作，对 ISum 数组的局部规约才能开展。因此，需要显式调用本地同步函数，以确保读入操作完成，即调用 barrier（）函数，参数为 CLK_LOCAL_MEM_FENCE。

❑ work - group 内规约：即局部规约操作，其规约过程如图 5-15 使用二分法求和，多次循环得出 local memory 中的局部和。每一次的 for 循环，需要进行条件判断，通过线程 ID 以屏蔽部分不需要进行规约操作的线程，此种逻辑判断中，造成相邻的线程无法执行相同工作，从而导致了活跃 wavefront 数目增加的同时，也导致了 wavefront 内线程的分支执行，从而影响了程序的并行化，降低了算法性能。

❑ Work - Groups 间规约：通过原子累加操作，把每一个 work - group 规约所得的局部和累加至最终结果位置 dest［0］，当所有 work - group 执行完毕，dest［0］

存储最终总和。

其规约过程如图5-15所示。

5.4.3 规约算法优化

本小节将会以并行规约求和算法为例，以 Naïve Reduce 为起点，针对5.4.2小节的三个基本步骤，逐步地探求并行规约算法的优化策略，以最大化地提升算法性能。

1. work-group 内规约优化

（1）bank conflict

在 AMD GCN 架构的 GPU 上，每一个 CU 均包含一个 64KB 的本地数据共享（Local Data Share，LDS），LDS 包含 32 个 bank，每一个 bank 为 4B 宽，256B 高，bank 之间相邻。也可以简单地把 LDS 理解成一个 256×32 的二维数组，数组元素大小为 4B。在同一个时钟周期内，每个 bank 都能够独立地工作．如果出现有多个线程同时访问处于同一个 bank 内的不同地址时，相关操作将无法并行地执行，将会串行化，这种情况叫作 bank conflict。bank conflict 的产生导致了线程访问 LDS 的串行化，严重影响着 local memory 的访存效率。

根据图5-15的第一层规约可以看出，由于相邻的两个线程一个进行规约操作，而另一个则被屏蔽处于空转状态，连续的线程并没有访问连续的 bank，如线程0与线程16将同时访问 Bank0，线程1与线程17访问 bank1 等，此为 2-way-bank-conflict。通过优化，如图5-16所示，通过连续的线程访问连续的数据，连续的32个线程将会访问连续的 bank，有效地避免 bank conflict，进一步提升算法性能。

（2）wavefront 优化

wavefront 是 GPU 调度和执行的基本单元，64 个线程组成一个 wavefront。图5-16规约过程与图5-15规约过程进行对比，当 wavefront 内部所有线程均执行相同操作以及减少活跃 wavefront 数目，将对性能带来提升。

1）减少 wavefront 内条件分支。由图5-15及 Naïve Reduce 可知，执行规约的线程 ID 并不连续，意味着同一个 wavefront 的线程存在着分支，一部分线程负责规约操作，一部分线程则空转。每一次的 for 循环内，都进行了条件判断，通过线程 ID 以屏蔽部分不需要进行规约操作的线程，此种逻辑判断中，令相邻的线程无法执行相同工作，导致了 wavefront 内部线程的分支执行，从而降低了程序的并行化，降低了算法性能。

2）减少活跃 wavefront 数目。由图5-15及 Naïve Reduce 可知，wavefront 内只有一半线程处于工作状态，另一半线程处于空转状态。当一个 wavefront 内所有线程都参与至规约工作，如图5-16所示，一个 wavefront 所能处理的数据量将会翻倍，进而有效地减少活跃 wavefront 数目，优化后版本活跃 wavefront 数目约为 Naïve Reduce 的一半。

（3）Divergence – Free Kernel 算法

综合以上分析，提出 Divergence – Free Kernel，针对 Naïve Reduce 所存在的不足进行改进，通过跨步寻址取数操作，避免了 wavefront 内部线程的条件分支。另一方面，由于一个 wavefront 所能处理的数据增加，以致所需活跃 wavefront 数目减少。因此，Divergence – Free Kernel 可以提高并行规约算法的性能。

Divergence – Free Kernel 算法与 Naïve Reduce 的不同之处在于步骤 2 的 work – group 内规约。

Divergence – Free Kernel 的规约过程如图 5-16 所示。

根据图 5-16 可以清晰看出，从第一次循环开始，每一个线程以 work – group 所申请的 local memory Size（即代码中的 lSize）的一半，即 lSize/2 大小作为寻址跨度，读出两个数据进行累加（二分法）。规约过程中所使用的线程 ID 是连续的，所访问的数据也是连续的，即对 bank 进行连续访问，解决了 local memory 的 bank conflict。此外，减少了 wavefront 内部线程的条件分支，使 wavefront 内部所有线程都执行相同操作。与此同时，因为 wavefront 内部线程的充分利用，因而减少了活跃 wavefront 的数目。其活跃 wavefront 数目约为 Naïve Reduce 算法的一半。因此性能得到较大的提升。从图 5-15 的 Naïve 版本和 work – group 内规约优化，可以看出，相对于 Naïve Reduce，通过解决 bank conflict 和优化 wavefront，work – group 内规约优化算法 Divergence – Free Kernel 性能得到大幅的提升。

2. 循环展开

（1）Last – Wavefront – Unroll Kernel

本算法针对最后一个 wavefront – size 的循环进行展开。对于 Divergence – Free Kernel 而言，首先从硬件资源组织上分析，每一个 wavefront 由 64 个线程组成，wavefront 是 GPU 调度与执行的基本单位，wavefront 内所有线程均执行相同的指令，4 个 cycle 执行完一个 wavefront，由此可知，对于 Divergence – Free Kernel 中的 for 循环，每一次迭代需要调用 barrier（）进行本地同步，再进行下一层规约。

当运行线程数小于或等于 64 时，即运行线程都属于同一个 wavefront 时，可以省去显式的本地同步操作。因为 wavefront 是 GPU 调度与执行的基本单位，当 work – group 内活跃线程数少于或等于 64 时，即可免去本地同步操作，以提升算法性能。

因此，本小节的首个展开循环 Kernel 为 Last – Wavefront – Unroll Kernel。Last – Wavefront – Unroll Kernel 在 Divergence – Free Kernel 的基础上修改了步骤 2 中 work – group 内规约算法的循环结束条件，当所需线程数小于或等于一个 wavefront 所含线程数目 4 时结束循环，并进行显式的规约操作，从而减少本地同步函数的调用，实现更高的性能。

当 for 循环启用线程数小于或等于 64 时，终止循环，然后对剩余线程进行显式的规约操作。因此，if 语句内的显式规约操作过程可以省去本地同步函数。正是由于所展开的部分循环不需要再使用 barrier 函数进行显式本地同步，因此算法性能得到提高.

此外，值得注意的是在显式规约过程中，需要使用 volatile 指示符，以强制地使规约操作是对内存直接进行读写，否则，规约过程会将运算结果暂存于寄存器，最终导致结果的不正确。

（2）Completely - Unroll Kernel

考虑到在 GCN 架构的 GPU 中，OpenCL 程序限制一个 work - group 在单一维度上最多开启 256 个线程。因此，在 Last - Wavefront - Unroll Kernel 的基础上，提出 Completely - Unroll Kernel。Completely - Unroll Kernel 展开所有 for 循环，涉及一个 work - group 内部多个活跃 wavefront 间的同步问题，因此仍需要显式的本地同步。

3. 线程内规约优化

分析上文的并行规约算法，在步骤 1 的数据传输算法中，把 global memory 数据通过线程一一对应地读入 local memory 之后，从第一步规约开始，有一半的线程是处于空闲状态的，因此造成了极大的资源浪费。

为了更充分地利用资源，让所有线程均参与规约操作，对 global memory 数据加载至 local memory 的过程进行优化处理，此过程可以把每一个线程简单的读写操作改为规约操作，如把原本每次只读一个数据变成读两个数据再累加，把累加结果写入 local memory 相应位置。如此一来，在步骤 2 的 work - group 内规约算法之前，所有的线程均进行了一次规约操作，此处把该规约过程定义为线程内规约。

线程内规约算法有两种不同方式的实现，其实现的区别主要在于每个线程跨步寻址的步长。依据线程内规约算法中步长的不同，下面将分别列出 Stride - Global - Size Kernel 和 Stride - Local - Size Kernel。

- ❑ Stride - Global - Size Kernel：每一个线程以全局线程总数，即 global - size 大小为寻址跨度，读取相距 global - size 的两个或多个元素（取决于参数 times），进行累加，然后把累加结果写入 local memory 的 ISum 数组，再执行 work - group 内规约算法。
- ❑ Stride - Local - Size Kernel：每一个线程以 work - group 内线程数，即 local - size 大小为跨度，读取相距 local - size 的两个或多个元素（取决于参数 times，下文将在两种情况下对 times 进行使用说明），进行累加，然后把累加结果写入 local memory 的 ISum 数组，再执行 work - group 内规约算法。

为了更好地观察对线程内规约算法对性能的影响，下面将对 Stride - Global - Size Kernel 和 Stride - Local - Size Kernel 在参数 times 进行两种不同场景的应用。

（1）Stride - Global - Size Kernel

Stride - Global - Size Kernel 只需在 Completely - Unroll Kernel 步骤 1 的数据传输算法中加入线程内规约算法。

（2）Stride - Local - Size Kernel

同样，Stride – Local – Size Kernel 只需在 Completely – Unroll Kernel 步骤 1 的数据传输算法中加入线程内规约算法，其与 Stride – Global – Size Kernel 的区别在于步骤 1 所包含的线程内规约算法的 Stride 不同。

（3）控制全局线程数

此场景将设置参数 times = 数据总量/全局线程数。work – group 数目为 NUM – Work – Group = 全局线程数/局部线程数，由于局部线程数固定为256，因此 work – group 数量将会十分充足，能够有效地隐藏访存延迟。但是由于硬件 CU（computer unit）数目是固定的，大量的 work – group 可能无法均衡地分配至所有的 CU。

（4）控制 work – group 数目

此场景将设置参数 times = 数据总量/（局部线程数 × NUM – work – group）。work – group 的数目将会以硬件 CU 数目为基准，乘以倍数参数（即 CU 的倍数），观察在均衡使用 CU 情况下，适当地调整倍数以观察适量的 work – group 数目均衡使用 CU 情况下对性能的影响。

4. 向量化

从上述内容可知，Stride – Global – Size Kernel 和 Stride – Local – Size Kernel 两个算法的寻址跨度可以长达 global size 或者 local size 的距离，而本部分内容实现的 Vector – Size Kernel 算法中，向量化操作为相邻数据的规约操作，即跨度为 1。因此，Vector – Size Kernel 算法与 Stride – Global – Size Kernel 和 Stride – Local – Size Kernel 的区别在于并行规约步骤 1 所包含的线程内规约算法的不同。由于一些 GPU 硬件上对向量化操作进行了优化，为了观测向量化编程对并行规约算法的影响，独立于上述内容，以更好地独立分析 GCN 架构 GPU 对向量化操作的执行情况。

由于 OpenCL 平台向量类型的限制，Vector – Size Kernel 算法的 times 只能取值为 2、4、8、16。因此有四种不同的实现，本节给出其中一种，数据类型为 uint4。

在 Vector – Size Kernel 算法中，每一个线程将读取一个向量，即将会读取相邻的多个数据，寻址跨度为 1 个数据单位。

5.4.4 性能分析

本节实验运行的 GPU 平台为 AMD FirePro™ W8000，主频 0.88GHz，有 1792 个 core，28 个 CU，带宽 176GB/s。

本节对 5.4.2 小节的 Naïve 版本以及第 4 章提及的 4 种优化策略进行性能的总和对比，若优化策略存在多种实现思路，将性能最优的为准则参与对比，性能总和对比如图 5-17 所示。

图 5-17 为并行规约求和算法不同版本之间的算法性能对比。并行规约求和算法经过多种优化策略的步骤性优化，其执行时间从最初的 Naïve Reduce 的 1056.199μs 降低至 417μs 左右，性能提升了约 60.52%。

根据图 5-17 性能数据可知，work – group 内规约优化算法相较于 Naïve 版本，

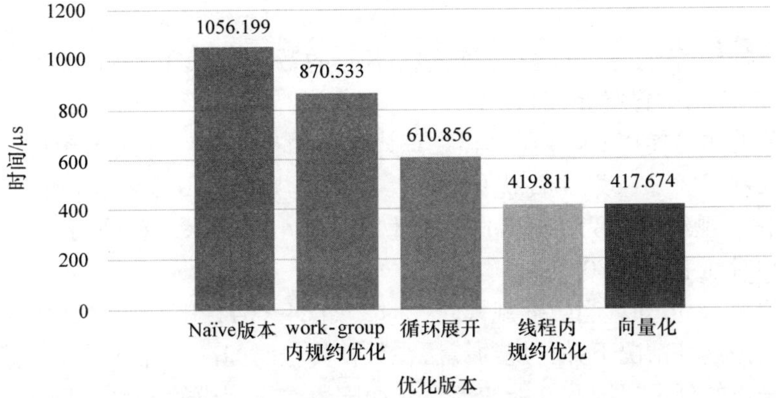

图 5-17　并行规约优化算法性能综合对比

work - group 内规约优化算法通过解决 local memory 的 bank conflict 和 wavefront 内部线程的条件分支，有效地提升了 local memory 的访问效率及 wavefront 内部线程操作的并行性，因此性能上优于 Naïve 版本。work - group 内规约优化算法性能较 Naïve Reduce 提升了 17.58%。

循环展开优化算法是在 work - group 内规约优化版本的基础上结合硬件调度和执行单元 wavefront 的特点进行优化的算法版本，循环展开优化算法对 work - group 内规约过程进行循环展开，以减少规约过程的本地同步操作，进而减少时间开销，根据图 5-17 可以得出，循环展开优化算法相对于 work - group 内规约优化版本在性能上得到提升。

线程内规约优化算法基于循环展开优化算法，在对 work - group 内规约完成优化的基础上，对线程内的规约过程进行优化。循环展开优化算法在第一次规约时就有一半的线程处于空转，只有一半的线程进行规约操作，大大浪费线程资源。线程内规约优化算法在把 global memory 的 src 数组加载进 local memory 的 lSum 数组过程中进行第一次规约操作，所有线程均参与规约操作，每个线程对两个或多个的数据进行规约，因此更充分地利用了线程资源。此外，当每个线程处理 times 个数据时，所需的全局线程数减少至数据总量 DATA_NUM 的 1/times，从而减少 work - group 数目，最终减少了局部和累加的原子操作。因此，其性能相对于循环展开优化算法得到有效的提升。

向量化优化算法同样是以循环展开优化算法为基础进行的线程内规约优化，然而向量化优化算法与线程内规约优化算法在性能上相差无几。其原因在于本次实验 GPU 平台为 AMD FirePro™ W8000，基于 GCN 架构的 AMD FirePro™ W8000 弃用传统的 SIMD 流处理器阵列，取而代之的是 GCN 阵列，不再对向量操作进行加速，其对向量化的操作将会拆分成多个标量操作进行，因此，编程中的向量化操作对性能的提升效果十分有限。在 GCN 架构的 GPU 上，向量化优化算法与线程内规约优化算法其优化本质是相同的，只是规约数据之间步长不同，因此两者性能十分相近。

将并行规约算法与串行规约算法在不同的数据规模下进行对比，以加速比（串行规约时间/并行规约时间）作为评价基准。

本小节的实验使用g++编译器在编译过程对串行规约算法Serial Reduce进行了优化，采用了“-O3”最高优化等级。在数据规模为4096×4096情况下，Serial Reduce优化前规约时间为43687μs，对比5.4.1小节所示，在采用“-O3”选项后，其规约时间下降至8077μs。

根据图5-18可知，当数据规模较少时，如64×64，串行规约算法优于并行规约算法，因为这种情况下并行规约算法在数据传输时间高于计算时间，甚至不足以隐藏存储操作的延迟，因此性能较差。然而随着数据规模的增大，并行规约算法的优势开始显现。在1024×1024数据规模下，加速比逼近20。

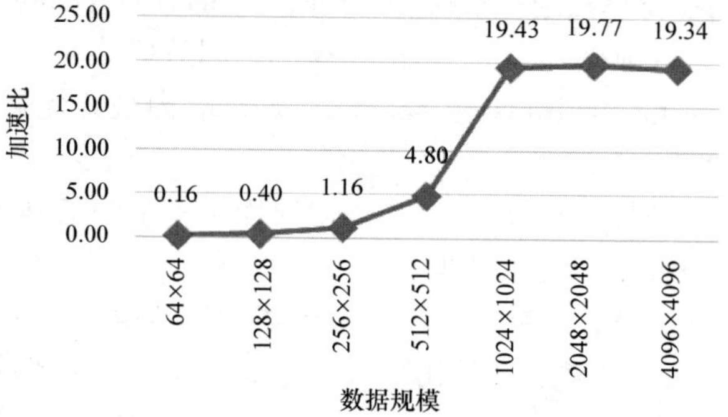

图5-18 加速比（串行规约/并行规约）

循环展开算法性能如图5-19所示，Completely-Unroll Kernel相较于Last-Wavefront-Unroll Kernel的性能上并没有提升，甚至略低于Last-Wavefront-Unroll Kernel。分析可知，在NVIDIA的GPU上，因为每一个block最大可开启线程数目为1024个（AMD GCN架构的GPU为256个），因此可以对for进行更多次的展开，展开过程在编译阶段已经确定了，因此Completely-Unroll Kernel会有比在GCN架构的GPU上有更好的优化效果。

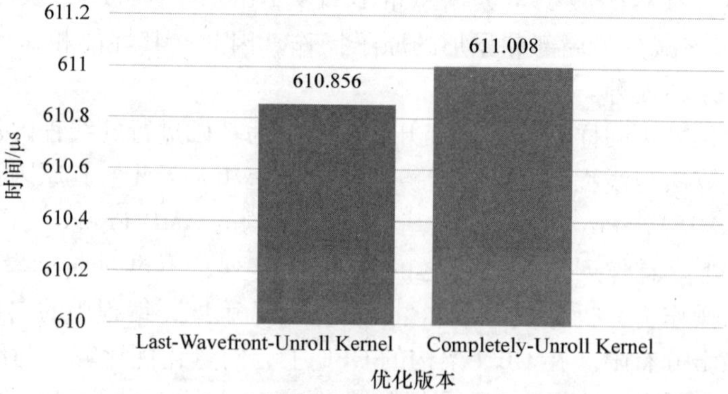

图5-19 循环展开算法

根据 5.4.3 小节的优化分析，将对线程内规约优化算法的两个版本 Stride - Global - Size Kernel 与 Stride - Local - Size Kernel 在两种场景下进行性能的比较，其实验结果如图 5-20 和图 5-21 所示。

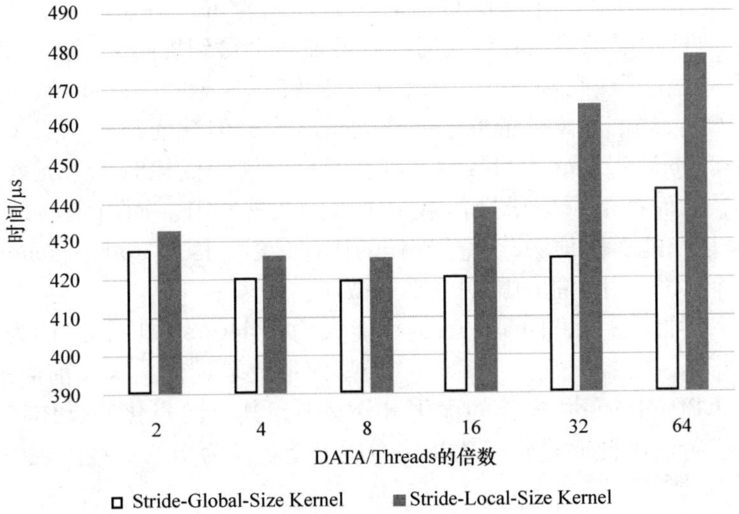

图 5-20　场景 1：控制全局线程数

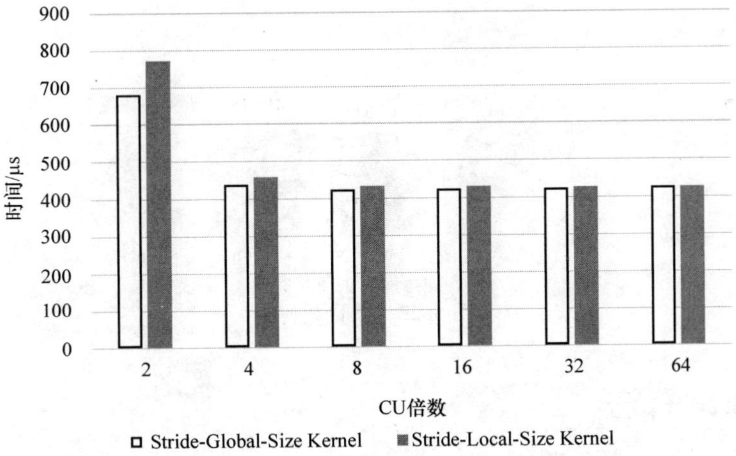

图 5-21　场景 2：控制 work - group 数目

两个场景的实验结果同时表明：Stride - Global - Size Kernel 和 Stride - Local - Size Kernel 两个线程内规约算法通过调整倍数参数，其最好性能逼近甚至超过了 420μs，相较于图 5-19 的循环展开算法，性能得到有效的提升。

根据图 5-20 可知，场景 1 的 work - group 数目 = 全局线程数/局部线程数，全局线程数 = 数据总数/倍数（图 5-20 中的 2、4、8 等），其中局部线程数固定为 256。因此，work - group 数目随全局线程数波动，数量十分庞大，足以隐藏访问延迟。因此场景 1 中的两个优化算法性能均能保持在 480μs 以下。

根据图 5-21 可知，场景 2 的 work - group 数目 = CU × 倍数，其中 AMD FirePro™ W8000 的 CU 数目为 28。可知，当 CU 倍数参数设置为 2，work - group 数目为 28 ×2 =56 时，两个优化算法性能较差，但随着 work - group 数目的增加，当 work - group 数目足以隐藏访存延迟时，其性能将会得到提高，如图 5-21 所示。

然而两个优化算法在场景 2 与场景 1 相比较，其 work - group 数目更均衡地分配至每一个 CU，局部和累加的原子操作大量减少，但性能却与场景 1 相仿。其原因可能是由于 work - group 数目较少，则在线程内规约优化时单个元素所处理的元素数目增多，从而抵消了原子操作减少带来的性能提升。而由于场景 1 的 work - group 数目众多，能有效地隐藏原子操作的访存延迟，因此 work - group 能否均衡地分配至每一个 CU 上对性能的影响微乎其微。

由图 5-22 可以看出，向量化后的性能大约在 440μs 以内，最优为 uint4 版本，时间为 417. 674μs，十分相近，以 uint4 类型向量效果最优。根据前面的分析可知，GCN 架构的 GPU 对向量化操作的优化十分有限，其对向量化的操作将会拆分成多个标量操作进行。因此向量化优化算法本质上是步长为 1 的线程内规约算法。

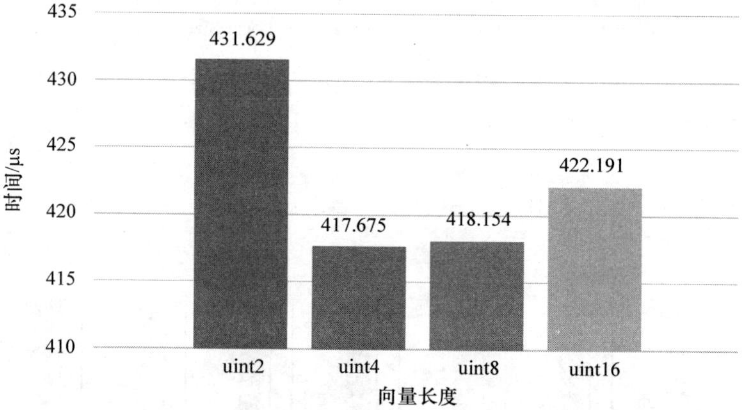

图 5-22　向量化优化

5. 5　resize 算法

5. 5. 1　算法简介及分析

图像 resize 算法在图像处理领域有着十分广泛的应用，是图像处理的基本算法之一。图像 resize 算法的作用是依据不同的插值方式对图像的大小进行调整。由于算法需要在效率和图像质量之间作权衡。当对图像进行放大时，不可能同时获得更多的细节，因此图像的质量将不可避免地下降。相反，缩小一个图像将会增强它的平滑度和清晰度。除了为了适应显示区域而缩小图片外，图像缩小技术更多的是被用来产生预览图片。图像放大技术一般被用来令一个较小的图像填充一个大的屏幕。

针对用户的需求，产生了不同的折中方案，于是resize算法有多种插值方式。如在OpenCV3.0.0中，cv::resize函数有五种插值算法：最近邻、双线性、双三次、基于像素区域关系、兰索斯插值。由于篇幅限制，本章的resize算法将以最近邻插值和双线性插值两种插值方式的并行化版本进行讨论。

1. 最近邻插值

最近邻插值法：也称作零阶插值，就是令变换后像素的灰度值等于距它最近的输入像素的灰度值。最近邻插值法造成的空间偏移误差为像素单位，计算简单。但当图像中的像素灰度级有细微变化时，该方法会在图像中产生人工的痕迹。最近邻插值公式（5-1）如下：

$$X_{\mathrm{src}} = X_{\mathrm{dst}} \times \left(\frac{\mathrm{Width}_{\mathrm{src}}}{\mathrm{Width}_{\mathrm{dst}}}\right) Y_{\mathrm{src}} = Y_{\mathrm{dst}} \times \left(\frac{\mathrm{Height}_{\mathrm{src}}}{\mathrm{Height}_{\mathrm{dst}}}\right) \tag{5-1}$$

现成的resize算法可参考OpenCV3.0.0库，本章实现的CPU端串行resize算法在源图像为512×512规模，目标图像为1024×1024规模，深度为5，在通道1和通道3的运行时间分别为2.055ms和5.568ms。

2. 双线性插值

双线性插值是有两个变量的插值函数的线性插值扩展，其核心思想是在两个方向分别进行一次线性插值。在图像的双线性插值放大算法中，目标图像中新创造的像素值，是由源图像位置在它附近的2×2区域4个邻近像素的值通过加权平均计算得出的。双线性内插值算法放大后的图像质量较高，不会出现像素值不连续的情况。当对相邻四个像素点采用双线性插值时，所得表面在邻域处是吻合的，但斜率不吻合。且双线性灰度插值的平滑作用可能使得图像的细节产生退化，这种现象在进行图像放大时尤其明显。双线性插值公式（5-2）如下，其中目标图像Dst左边（X，Y）对应于源图像（x，y）。

$$\mathrm{Dst}_{x,y} = (1-u) \times \mathrm{Src}_{x,y} + (1-u) \times v \times \mathrm{Src}_{x,y+1} + u \times (1-v) \mathrm{Src}_{x+1,y} + u \times v \times \mathrm{Src}_{x+1,y+1} \tag{5-2}$$

在与最近邻插值相同条件下，其在通道1和通道3的运行时间分别为4.811ms和12.229ms。

5.5.2 并行性分析

1. resize算法简述

从5.5.1小节分析可知，resize算法在不同的需求驱动下所采用的插值方式并不相同，而最近邻插值方式与双线性插值方式为两种基本的插值方式，最近邻插值方式依据公式（5.1）进行实现，由于其实现较为简单，只需要直接在src中进行取数计算，然后再往结果矩阵进行写入即可，相关的访存过程和计算过程与双线性插值方式并不存在实质性差别，为了节省篇幅，把焦点更好地集中于优化方法本身，本章将重点对双线性插值方式进行剖析，而对于简单的最近邻插值方式只给出其基本的并行实现，读者可依据本章对双线性插值方式的优化方法推广至最近邻插值。

下文的 resize 算法主要基于双线性插值方式的并行实现。

双线性插值法的基本实现可概括为以下三个步骤：

- 目标图像像素点在源图像的坐标定位。
- 定位坐标周边四个元素的读取与权重分配，依照公式（5.2）计算目标图像像素值。
- 把结果值写入目标矩阵。

虽然双线性插值方式之间不存在数据依赖，但对数据的读取位置随着目标图像大小与源图像大小的比例变化而变化，一定程度上加大了并行程序通用性的编程难度，由于一个线程需要读取两行的四个像素点数据进行运算，因此访存方式并不规律，不恰当的访存可能会增加延迟而导致性能的下降。下面将给出最近邻插值方式与双线性插值方式的 resize 算法的基本实现，并主要针对双线性插值方式对 resize 算法进行优化，通过增加每一个线程所处理像素点的个数以及对访存方式的优化，以追求更高的性能。

2. resize 算法基本实现

基本实现的 resize 算法线程与像素点对应关系为一对一，如图 5-23 所示，即一个线程负责一个像素点的运算，通过坐标的映射关系寻找目标图像像素点对应于源图像像素点的映射关系，从而实现图像的缩放。

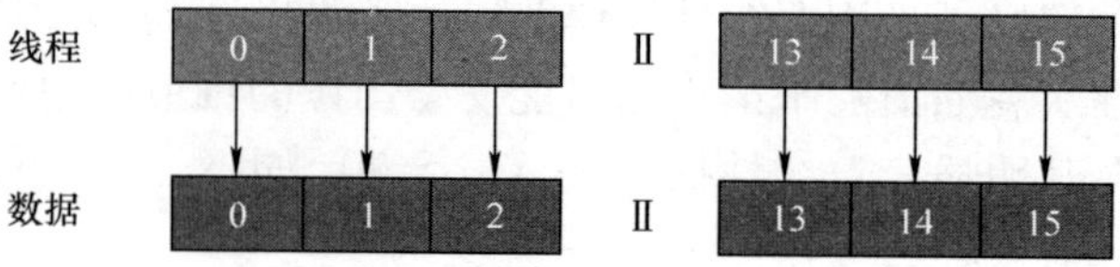

图 5-23　基本实现的线程 - 数据对应关系

此版本的源图像为 512 × 512 规模，目标图像为 1024 × 1024 规模，深度为 5，在通道 1 和通道 3 的运行时间分别为 0.0594ms 和 0.1579ms。

同样，下面给出双线性插值方式的 resize 算法的基本实现，一个线程负责图像的一个像素点的运算，以深度为 5 为例，此版本在通道 1 和通道 3 的运行时间为 0.1322ms 和 0.0.3892ms。

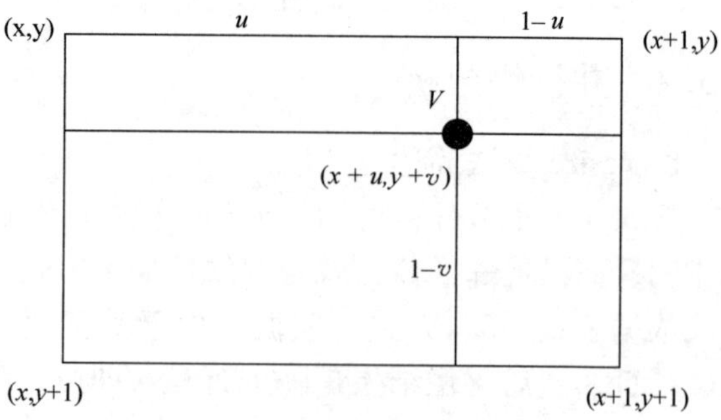

图 5-24　双线性插值坐标及权重关系

如图 5-24 所示，当目标图像 $(X,\ Y)$ 坐标在源图像的计算结果坐标为 $(x+u,\ y+v)$ 时，即图中黑色点处，结合图解和公式（5.2），可以得出，源图像点（x，y）对于目标图像（X，Y）的 X 方向及 Y 方向的贡献权重分别为（$1-u$）和（$1-v$），同样，（$x+1$，y）对于目标图像（X，Y）的 X 方向及 Y 方向的贡献权重分别为 u 和（$1-v$），而（x，$y+1$）的贡献权重为（$1-u$）和 v，（$x+1$，$y+1$）的贡献权重则为（u，v），通过对四点的像素值乘以其两个方向上的贡献权重，累加求和，得出目标像素点的像素值，并最终写入至目标图像。

5.5.3　resize 算法优化

本节将会以双线性插值方式为例，以 Naive _ gpuResize _ Linear 基本实现为起点，通过线程与数据一对多的对应关系，频繁对 global memory 的不规则访问操作尽量转化为对 share memory 的访问等优化策略，以最大限度地提升算法性能。

1. 向量化

Naive _ gpuResize _ Linear 基本实现的线程数与图像像素点为一一对应关系，如图 5-23 所示，处理 16 个像素点，需要开启 16 个线程。此处为了使线程的利用率提升，使用向量化操作。值得注意的是，此处的向量化并非像素点的向量化操作，而是线程 - 像素点之间的一对多的映射关系，以本小节为例，此处的向量化的线程 - 数据映射关系为 1:4，即一个线程负责 4 个像素点的 resize 操作，如图5-25 所示。

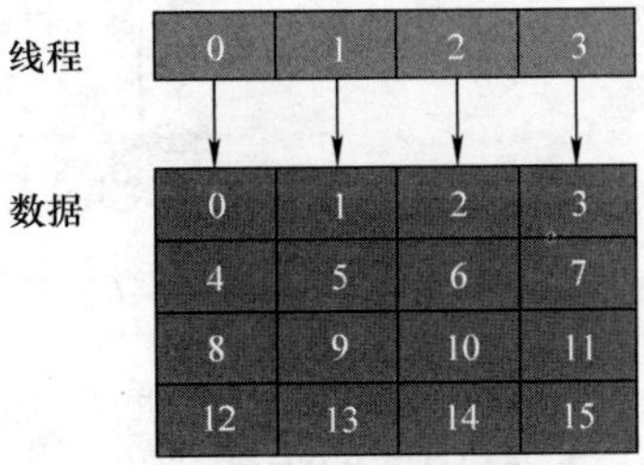

图 5-25　线程 - 数据的 1:4 映射

由图 5-25 可得，处理 16 个像素点只需调度 4 个线程，即线程 0 负责处理像素点 0、4、8、12，线程 1 处理像素点 1、5、9、13，如此类推。由于 resize 的计算操作最主要为公式（5.2）的运算，十分简单，一个线程处理一个像素点导致线程的工作量过低、利用率不高等现象，通过向量化优化，适当调整线程与像素点的映射，线程可以在其生命周期内负责更多的工作，提高其工作效率。

此版本的 resize 算法，由于适当地为线程分配工作量，在通道 1 和通道 3 时，运行时间分别为 0.0879ms 和 0.3228ms。

2. global memory 写入优化

在通道数为 3 时，相邻线程每一次对 global memory 的写入都相隔两个单元数据，设通道 3 的一个像素点包含 3 个单元数据，因此相邻线程的每一次写入，都是不连续的，线程访存方式如图 5-26 所示。线程 0 负责 0 号像素点的写入，而每个像素点包含 RGB 三种单位数据，因此需要三次写入操作，才能完成一个像素的写入，因为连续线程并非写入连续的存储数据，因此可能带来性能的下降。

依据第 3 章和第 4 章对 global memory 的优化经验，连续线程访问连续单元数据的访问方式将会带来较大的性能提升，因此，此处利用 share memory 作为中转内

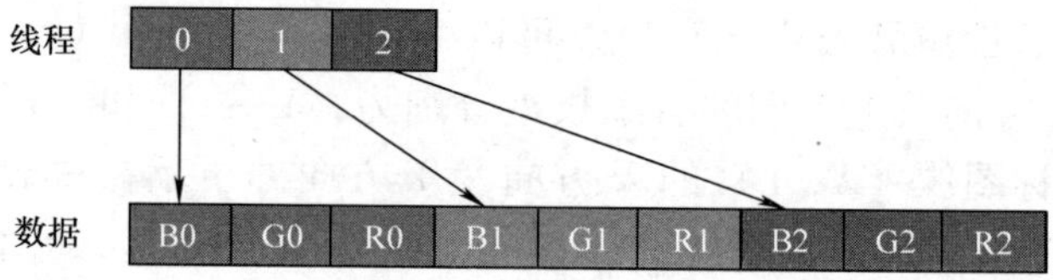

图 5-26　通道数为 3 时线程访问数据映射关系

存空间，通过把源图像的像素点数据读入并进行 resize 计算，写入 share memory 中转空间，然后通过适当的线程映射关系再把 share memory 数据拷贝至目标图像的 global memory 空间，从而实现相邻线程对单元数据的合并访问。如图 5-27 所示，当线程 0、1、2 一次性写入 0 号像素点的 3 个单元数据时，其对 global memory 的访问方式是连续的，同样，经过三次相同操作，完成对三个像素点的合并写入，此过程需要运用 share memory 暂存 resize 后的结果数据，而从暂存区写回 global memory 为图 5-27 的合并访问操作。

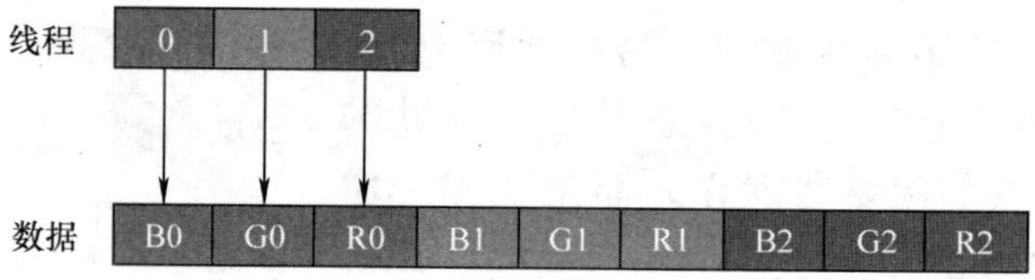

图 5-27　通道数为 3 时线程合并访问数据映射关系

此版本在通道 1 和通道 3 的运行时间为 0. 1127ms 和 0. 3613ms。

3. 数据读取方式优化

由图 5-24 和公式（5. 2）可知，当需要计算目标矩阵像素点时，需要取出该像素点在源图像中对应的虚拟坐标周边四个角的实际像素点，在取出四个点时，需要跨越源图像的两行进行取数，这种对 global memory 非合并的访问方式严重影响了算法性能，当通道数越大时，则带来的性能下降越严重。

除此以外，可以发现，resize 算法在进行放大的情况下，其比例意味着映射至源图像的规模越小，其规模与源图像/目标图像的 X、Y 方向的比例呈线性关系，即同等规模的线程块 block 内，所需要的源图像数据越少，即存在的重复存取情况越多。此时将可预测大小的源图像块拷贝至 share memory 内，进行 resize 计算时，block 内线程通过适当的坐标映射，在 share memory 进行数据的读取即可，此过程可以将多次的对 global memory 的非合并访问操作简化为一次 global memory 的合并访问操作和多次的 share memory 的访问操作，由第 5. 3 节并行矩阵转置算法利用 local memory 进行对 global memory 合并访问分析可知，相对于 CUDA 的 share memory 访问，合并访问与否对性能的影响是很小的。此版本在通道 1 和通道 3 的运行时间为 0. 115ms 和 0. 2199ms。

5.5.4　性能分析

本小节实验运行的 GPU 为 Nvidia Tesla K20M，处理时钟 706MHz，CUDA core2496 个，warp 大小为32。

5.5.2 小节的 CPU 端的最近邻插值 resize 算法与 GPU 端的最近邻插值 resize 算法在 channel = 1 和 channel = 3 进行性能对比，其实验结果如图 5-28 所示，resize 算法相对于串行 resize 算法在 channel = 1 和 channel = 3 加速比分别为 34.60 和 35.26。

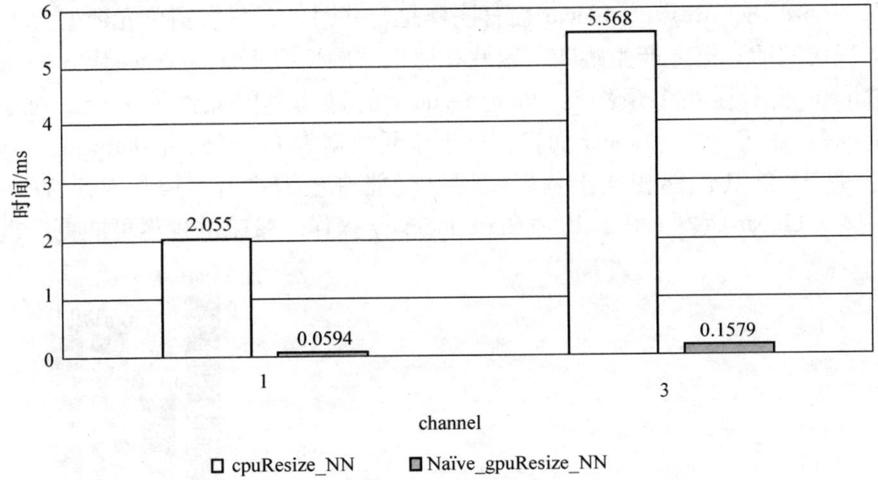

图 5-28　最近邻插值 resize 算法对比

5.5.2 小节的 CPU 端的双线性插值 resize 算法与 GPU 端的双线性 resize 算法在 channel = 1 和 channel = 3 进行性能对比，其实验结果如图 5-29 所示，resize 算法相对于串行 resize 算法在 channel = 1 和 channel = 3 加速比分别为 36.25 和 31.35。

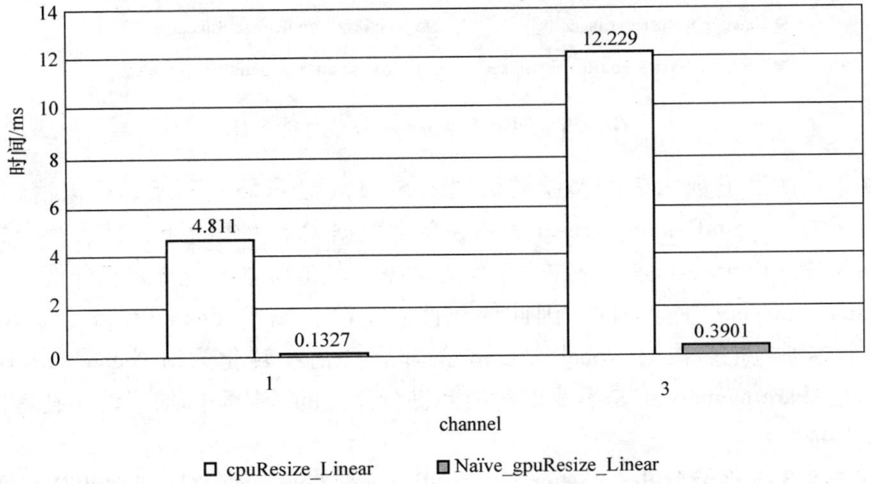

图 5-29　双线性插值 resize 算法对比

通过对 512×512 的源图像进行各种 resize 算法，通过把目标图像放大为（512×times）×（512×times）的规模，其中 times=1、2、4。

通道 1 的情况各 resize 算法效果如图 5-30（见彩插）所示。可以看出在不同的数据规模下，Vectorize _ gpuResize _ Linear 版本均有良好的效果，而 CoalescedWrite _ gpuResize _ Linear 版本和 CoalescedRead _ gpuResize _ Linear 版本均不及 Vectorize _ gpuResize _ Linear。下面给出分析的原因，对于 CoalescedWrite _ gpuResize _ Linear 而言，在通道 1 下单元数据只有 1 个，对 global memory 的操作为合并写入操作，但对 Vectorize _ gpuResize _ Linear 而言同样是合并写入，只有当单元数据大于 1 时，连续线程访问的数据才产生跳跃，因此在通道 1 的情况下，CoalescedWrite _ gpuResize _ Linear 版本存在多余的对 share memory 的操作，因此性能下降。对于 CoalescedRead _ gpuResize _ Linear 而言，由于单元数据为 1，因此对 share memory 的利用率不高，虽然其性能相比于基础实现已经能有较大提升，但相对于 Vectorize _ gpuResize _ Linear 版本而言，其对 share memory 操作所带来的延迟可能更严重。

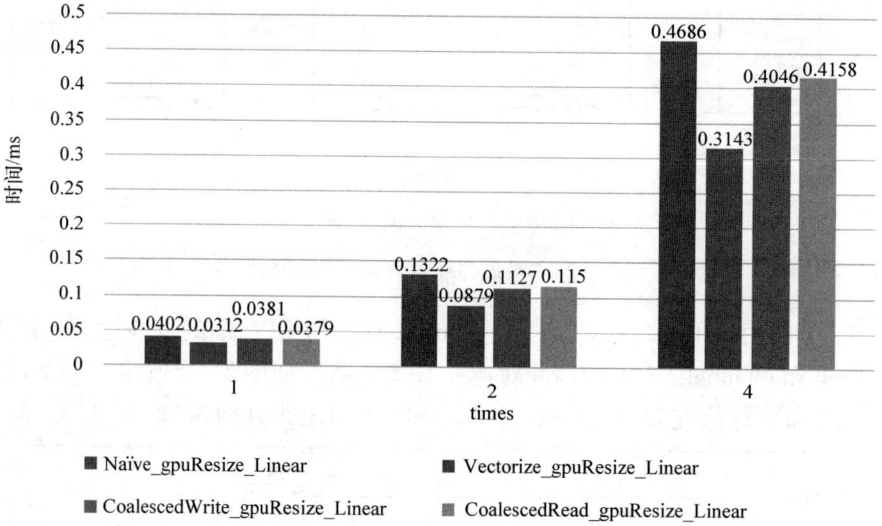

图 5-30　通道 1 下 resize 算法性能对比

像素点的通道数为 3 的实验结果如图 5-31（见彩插）所示，可以清晰看出，CoalescedRead _ gpuResize _ Linear 版本在单元数据大于 1 情况下，其访存方式的优势开始显现，由于一个像素存在 3 个单元数据，其他版本实现导致相邻线程需要跨址对 global memory 进行访问，因此导致性能下降，而 CoalescedRead _ gpuResize _ Linear 版本通过把多次对 global memory 的非合并访存转化为对 share memory 的访问，而在 share memory 上是不要求对访问进行合并的，从而降低了访存延迟，提升了算法性能。

依据 5.3.1 小节分析，Vectorize _ gpuResize _ Linear 通过适当地改变线程 – 数

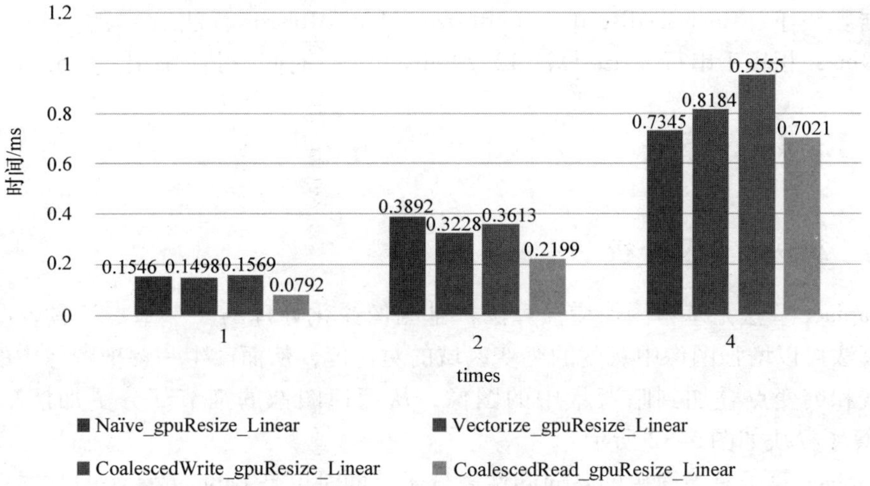

图 5-31　通道 3 下 resize 算法性能对比

据的映射关系，增加线程的运算量，以提升开启线程的利用率，由图 5-30 及图 5-31可知，适当的向量化强度能够提升 resize 算法的效率，尤其在通道 1 的情况下，因为通道 1 只含有 1 个单元数据，在适当数据规模下，虽然存在对 global memory 的非合并读入操作，但其带来的性能影响可能与 CoalescedWrite _ gpuResize _ Linear 版本中对增加的 share memory 的操作产生抵消作用，此外，对 global memory 的写入操作，由于不需要跨址操作，符合合并访问，因此性能得到提升。

依据 5.5.3 小节分析，CoalescedWrite _ gpuResize _ Linear 版本通过引入 share memory 以消除算法最后对 global memory 的非合并写入方式，但性能却没有得到预想中的提升。如图 5-30 及图 5-31 所示。部分原因如前面分析所示，即使在通道 3 的情况下，相邻线程对 global memory 的写入需要跨越 3 个单元数据进行访问，但因为三个操作代码是连续写入，极有可能编译器进行了合并写入优化，这是不可预知的。另一个原因在于由于跨址长度只为 3 个单元数据宽度，而不是更长，而算法版本中增加了对 share memory 的写入和读取操作，可能一定程度上带来了性能的下降，但 CoalescedWrite _ gpuResize _ Linear 版本仍然优于基础实现。

依据 5.5.3 小节和图 5-31 可知，在数据规模大、通道数为 3 的情况下，基于 Vectorize _ gpuResize _ Linear 基础上进行优化的 CoalescedRead _ gpuResize _ Linear 版本拥有相较于其他 resize 版本更好的优势。对于每个像素点含有数据单元为 3 的图像，每一次进行 reszie 算法运算时，只需要进行一次的运算过程就可以确立三个数据单元的位置，其效率无疑高于通道 1 的情况，而且由于 block 所需源图像的信息已经拷贝至 share memory，数据量越多，则对 share memory 的利用率越高，更有效地降低了 Vectorize _ gpuResize _ Linear 中对 global memory 的不规则访问所带来的性能下降。依据图 5-29 和图 5-31，在源图像为 512 × 512，目标图像为 1024 × 1024

的数据规模下，CoalescedRead _ gpuResize _ LinearResize 算法版本的运行时间为 0. 2199ms，相较于串行 resize 算法 12. 299ms 的运行时间，其加速比达 55. 61。

5. 6　Laplace 算法

5. 6. 1　算法简介及分析

Laplace 算法是基本图像增强算法，是图像锐化处理的一个基本工具。图片通过该算法可以增强图像中灰度的突变区域的对比度，从而产生一幅把图像中的浅灰色边线和突变点叠加到暗背景中的图像，从而使图像的细节部分更加清晰。Laplace 算子模块如图 5-32 所示。

Laplace 算子是最简单的各向同性微分子，同时也是 Laplace 算法的基本理论依据，并具有旋转不变性。二维图像的拉普拉斯算子可定义为各向同性的二阶导数：

$$\nabla^2 f(x,y) = \frac{\partial^2 f}{\partial x^2} + \frac{\partial^2 f}{\partial y^2} \tag{5-3}$$

公式(5-3)的离散化表示形式为

$$\nabla^2 f(x,y) = [f(x+1,y) + f(x-1,y) + f(x,y+1) + f(x,y-1)] - 4f(x,y) \tag{5-4}$$

即该方程的实际运算是求原始 3 ×3 的矩阵与 3 ×3 的模板矩阵的内积，从而得出目标矩阵。

0	1	0
1	−4	1
0	1	0

模板矩阵

1	1	1
1	−8	1
1	1	1

Laplace算子扩展模板

图 5-32　Laplace 算子模板

因为二维图像在内存中的存储形式可定义为二维矩阵。因此，为简单起见，本节讨论的 Laplace 算法直接使用矩阵来代替图像，其数据类型为 uchar（unsigned char)。为充分发挥 GPU 大规模并行处理的特性，我们选取通道数为 1 的图像（表示黑白图像)。

5. 6. 2　并行性分析

从上述分析，Laplace 算法的核心思想是将表示图像的二维矩阵根据 Laplace 算子进行 9 点差分运算，在本算法中，初始矩阵和目标矩阵位于不同的内存区域内，因此每个元素的 Laplace 变换不存在读写依赖关系，可以并行执行，符合 GPU 大规模并行执行的特点，而且该算法属于访存密集型。对此本章通过提高访存效率，合理使用 GPU 硬件资源对算法进行优化。

在 Laplace 算法中，每一个元素的变换都需要从初始矩阵中读取自身及周围的 8 个元素。然后根据 Laplace 算子进行 8 次加法和 9 次乘法运算。除此之外，还需要 9 次的迭代计算和 10 次的地址计算，而每次地址计算都需要 1 次字符数乘法和加法计算。最后将计算结果写回目标矩阵。由于 Laplace 算子矩阵规模较小，可直接放在具有极高访存带宽的片上常量缓存中，所以计算密度不需要考虑 Laplace 算子矩阵的读入操作。再者 Laplace 算法本身具有数据重用特性：如图 5-33 所示，矩阵元素（1，1）进行 Laplace 处理时，需要加载（0，2）和（2，2）两个矩阵元素，而这两个矩阵元素在对矩阵元素（1，2）进行 Laplace 变换时也需要用到。因此，使用本地内存实现数据本地化，以提高算法的计算密度和数据重用，是提高 Laplace 算法性能的重要方法。

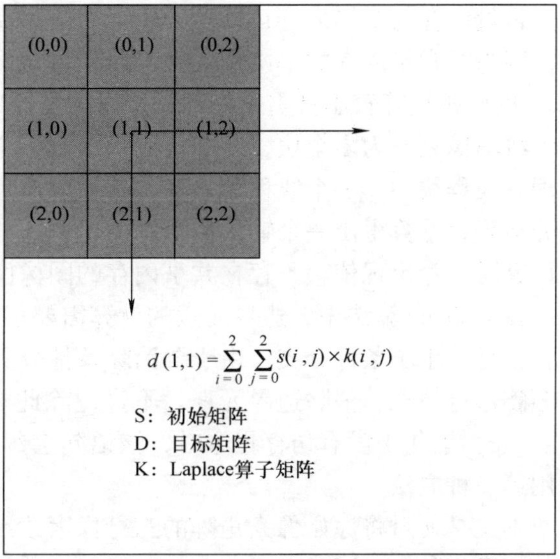

图 5-33　Laplace 算法的基本原理

每个线程负责计算一个目标矩阵的元素，通过中心元素来确定坐标位置，并读取 8 个边界元素。这种初步实现算法容易实现，但是由于 global memory 访存效率不高，以及相邻两个点的计算是需要重复读取 6 个元素导致访存片外内存的开销增大，如图 5-34 所示。为了提高算法的性能，还需通过了解算法特性和底层硬件资源特征，实现两者的有效映射。

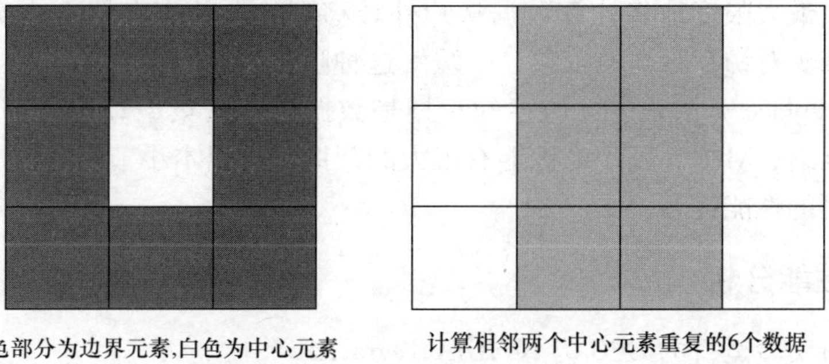

图 5-34　Laplace 算法分析图

5.6.3 Laplace 算法优化

1. 数据本地化

常量内存与全局内存读取数据相比，从常量内存读取相同的数据可以节约带宽，因为对常量内存的单次读操作可以广播到同一线程块内的其他线程。由于 Laplace 的模板矩阵较小且重用率高，所以完全可以放入常量内存中。

将图像划分为多个块，一个线程块加载一个图像块到共享内存中，再进行滤波处理。线程块中，一个线程将共享内存相应位置处的图像元素与模板矩阵进行 9 点差分运算，计算得出一个输出像素。由于调入共享内存中的图像矩阵与模板矩阵进行计算时，会出现依赖不存在共享内存的图像像素，所以需要对边界进行处理。

在 Laplace 算法中，边界元素的计算需要根据不同边界类型加载不同的计算元素，于是产生了条件分支。由于要消除条件分支，需要在共享内存中根据边界类型对矩阵进行填充，消除边界元素。不过，除此之外还可使用?:语句来代替判断语句。当?:语句中没有访存指令时，该语句会编译成一条指令。在本小节中，我们使用第一种方法。

本文是通过将原始像素矩阵的三行像素读入共享内存中，再通过模板矩阵对读入数据进行处理，通过向量化，一个线程处理 4 个数据。

2. 向量化

GPU 的每个 SM（流多处理器）有 32768 个寄存器。一个 SM 可以看作是一个多线程的 CPU 核，在 TK1 上只有一个 SM。虽然开普勒架构上的 SM 数量比早期的一些设备要少，但是开普勒架构设备上 SM 具有更多的 SP（流处理器），对于 TK1 来说其拥有 192 个 cuda core。寄存器是 NVIDIA GPU 存储器空间中访存性能最高的存储器，但是 GPU 上寄存器的数量有限，所以向量化时应避免寄存器的过度使用。本节使用向量化长度为 4，即每个线程处理四个元素，可大大提高访存带宽利用率。

就大多数程序而言，影响性能的因素主要来自设备获取输入数据和写回输出数据的 I/O 速度。片外访存带宽是 CPU kernel，特别是访存密集型的算法的主要影响因素。通过最大限度地将计算数据从片外转移到片上的寄存器上，实现数据的共享，从而减少对访存带宽的依赖，是缓解这种限制因素的主要方法。

由于 Laplace 算法是连续访存的，且是数据访存密集型算法，提高访存效率，隐藏访存延迟，对提高程序的性能有很大的帮助，所以本小节用此算法来实现向量化的对程序的性能提升。

5.6.4 性能分析

本小节实验运行的 GPU 为 NVIDIA Tegra K1。

Laplace 算法在 TK1 异构计算平台下的性能优化是通过将数据存入寄存器中，

缓解算法对访存的依赖；通过向量化开启少于数据量的线程，达到一个线程处理多个数据，增加线程的运算时间，从而来隐藏访存延迟。如图 5-35（见彩插）所示，相继通过不同存储类型的向量化处理后，算法性能最终提高了 5.27 倍，我们可以得到以下结论：由于 Laplace 算法自身特点，需要对相同的某一内存进行多次读写，而且算法的访存方式为不连续访存。因此，通过使用本地内存和片上常量缓存实现数据本地化可有效提升算法性能。数据本地化一方面可实现数据共享，减少对片外访存的带宽的依赖，另一方面可增加计算密度。合适的向量长度有助于充分利用硬件的计算资源，从而提高程序性能。

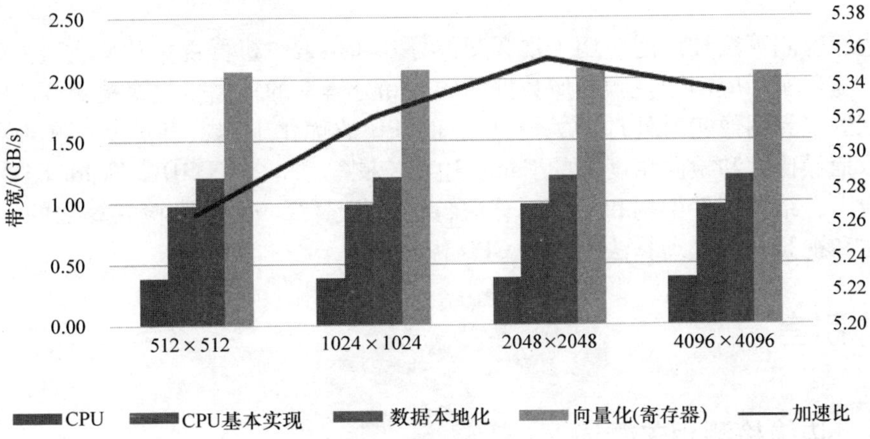

图 5-35　Laplace 算法对应不同大小的图片的性能图

5.7　本章小结

随着计算能力的不断提高和可编程性的不断增强，GPU 的应用领域越来越广泛，GPU 并行计算的优势与日俱增，合理安排线程组织结构，避免分支，合理利用片上资源，以降低访存次数，提高 GPU 计算资源的有效利用率，是提高程序性能的通用方法。

本章首先介绍 NVIDIA GPU 和 AMD GPU 两种不同硬件异构平台上访存优化的方法。以矩阵转置算法、规约算法、resize 算法、Laplace 算法为实例，从访存优化的角度入手，详细地叙述了在 CUDA 和 OpenCL 两种平台下的优化策略，以及获得更高性能的方法。

第6章　Canny 边缘检测算法优化

边缘检测算法被广泛应用于视频图像分割和检索、机器视觉及智能驾驶等多个领域。随着实际应用中视频图像数据的增大和分辨率的提高，边缘检测算法的性能成为制约视频图像实时处理的关键。然而 GPU 的优化工作一直是重点和难点，本章选取信噪比大和检测精度高的 Canny 边缘检测算法，在 NVIDIA Tegra K1 异构计算平台上，结合硬件架构和 Canny 算法特性，探索 Canny 边缘检测算法的 GPU 优化方法和视频图像处理算法的一般 GPU 优化策略。

6.1　引言

6.1.1　边缘检测相关概述

图像与视频是两种最常见的可视媒体，是人类感知世界的视觉基础，是人类获取信息、表达信息和传递信息的重要手段。视频图像处理是通过计算机对视频图像进行去噪、增强、复原、分割、特征提取等处理的技术与方式。从视频图像中抽取某些有用的度量、数据或信息，用于各种自动化的系统，如字符和图形识别、指纹识别、边缘检测和自动驾驶中的行人检测等。

边缘是图像最基本的、不变的特征，它能在保留图像中物体的形状信息的前提下大大地减少所要处理的信息，因此边缘检测是图像处理领域中最基本的问题，它的解决对于高层次的特征提取、特征描述、目标识别和图像理解等有着极其重要的影响。边缘是图像局部灰度发生急剧变化的不连续地方，主要存在于目标与目标、目标与背景、区域与区域（包括不同色彩）之间。边缘检测就是要将图像中灰度不连续的地方检测出来，关于边缘检测的定义有很多种，其中最为常用的一种定义为：边缘检测是根据引起图像灰度变化的物理过程来描述图像中灰度变化的过程。由于边缘检测是定位灰度级的变化，因此通常使用微分法来定位边缘。

经典的边缘检测方法是考察图像的每个像素在某个邻域内的突变性，通过求出图像横向和纵向的一阶或二阶梯度的模值和幅角值，最后沿幅角方向求出模极大值得到图像的边缘。如典型的 Sobel 算子、Prewitt 算子、LOG 算子等。这些算子简单，易于实现，具有很好的实时性，但对噪声较敏感，抗干扰性能差，边缘不够精细。

1986 年，John F. Canny 开发了一个多级边缘检测算法，即 Canny 边缘检测算子。更为重要的是，Canny 创立了“边缘检测计算理论”（computational theory of edge detection）解释这项技术如何工作。Canny 的目标是找到一个最优的边缘检测算法，最优边缘检测的含义是：

- 好的检测：算法能够尽可能多地标识出图像中的实际边缘。
- 好的定位：标识出的边缘要与实际图像中的实际边缘尽可能接近。
- 最小响应：图像中的边缘只能标识一次，并且可能存在的图像噪声不应标识为边缘。

为了满足这些要求，Canny 使用了变分法，这是一种寻找满足特定功能的函数的方法。最优检测使用四个指数函数项的和表示，但是它非常近似于高斯函数的一阶导数。最终相比传统的微分算子，Canny 边缘检测算法因具有信噪比大和检测精度高的优点，被广泛应用。

6.1.2　视频图像处理问题及方法

从视频图像处理技术诞生开始，由于开始的视频图像数据量较小和人们对信息的需要量较少，视频图像处理技术面临的主要问题是提取信息的精度问题和效果问题。然而随着实际应用中视频图像数据的增大和分辨率的提高，视频图像处理算法的性能成为制约视频图像实时处理的关键要素，虽然经过多年研究，它仍然是一个热点研究领域。

为了解决视频图像处理的实时性问题，人们探索了多个解决方式。一方面继续按照摩尔定律增加晶体管的数量和优化 CPU 算法以提升 CPU 的处理性能，但是在 TB 甚至 PB 量级的数据规模下传统的方式遇到能耗和散热的问题；另一方面，随着并行计算的不断发展和编程模型的不断完善，很好地解决了当前视频图像处理面临数据量的飞速增长和海量数据分析处理带来的性能问题。

近年来，GPU 计算能力和可编程性不断提高，为这一问题的解决带来了真正的契机。与 CPU 相比，GPU 具有更高的计算能力和访存带宽，大规模细粒度并行的特性也可以充分挖掘算法的并行特性，这将极大提升图像处理算法的性能。2014 年，NVIDIA 发布了 NVIDIA Tegra K1 移动处理器。NVIDIA Tegra K1 计算平台是由包含 192 个 NVIDIA CUDA 核心的 NVIDIA Kepler GPU 和四核 ARM Cortex - A15 CPU 组成的异构计算平台。因其具有强大的数据处理能力、体积小和低能耗等多个优点而被广泛应用于游戏、安放实时监控和智能驾驶等领域。本章工作主要利用了 NVIDIA Tegra K1 计算平台中的 GPU。

GPU 优化工作一直是一个难点，本章主要参考 NVIDIA 官网文档和相关文献，从全局内存访存效率、数据本地化和条件分支三个方面，提出了针对异构计算平台 Kepler GPU 特性和大多数图像处理算法的高效的、通用的若干优化策略，以及实现一个高效的 Canny 边缘检测算法。

6.2 国内外研究现状

边缘检测算法是图像处理中的重要算法之一，国内外有不少人研究边缘检测算法或 Canny 边缘检测算法，其中也不乏优秀成果。比如董鸿燕通过论述边缘检测的基础理论，归纳并评述了边缘检测的几种主要方法和几种边缘检测算法评价标准，分析了边缘检测中存在的难点，指出当前边缘检测研究中存在的几个问题，并提出了相关问题的解决方案。Saining Xie 和 Zhuowen Tu 等人开发了一种新的边缘检测方法，通过充分利用卷积神经网络的模型进行图像的深度学习并进行图像与图像之间的预测，主要解决了边缘检测和目标边界检测之间的混淆。Canny 论述了传统的边缘检测方法，并提出了更为有效的 Canny 边缘检测算子，并详细解释了 Canny 边缘检测算子的实现方式。许宏科、秦严严、陈会茹等人在 Canny 边缘检测算法的基础上实现高斯滤波方差和高低阈值的自适应取值，并且在噪声环境中具有更优的检测效果和自适应性。这些研究的共同点在于都是从边缘检测的原理和检测效果的角度研究边缘检测算法，实现或研发出一个更优的边缘检测算法。

随着科技的迅猛发展，当前图像处理算法所面临的更加重要的问题是图像处理算法的性能问题，边缘检测算法也不例外。同时，单一地增加 CPU 的晶体管数量来提升性能的传统方式遇到了能耗和散热瓶颈。随着 GPU 计算能力和可编程性不断提高，为这一问题的解决带来了真正的契机，将图像处理算法移植到 GPU 计算平台上，并通过细粒度调优提高图像处理算法的性能一直是研究热点。相关人士在该领域有了一些优秀的探索和理论，比如 Shane Cook 在书中介绍了 CUDA 编程，并且以 NVIDIA GPU 为例详细阐述了相关 GPU 架构和编程模型。Timothy G. Mattson、Beverly A. Sanders 和 Berna L. Massingill 等人从寻找并行性、算法结构、支持结构和实现机制等角度深入介绍了并行编程模式的分类、定义、实现、选择及应用，同时提供了从问题描述到最终编码的完整解决方案。NVIDIA 官方提供的 CUDA 编程指南，详细介绍了 CUDA 编程模型，为开发者提供了详细的编程开发指南。

GPU 优化是最重要也是最困难的工作，目前国内外也有不少相关的研究。NVIDIA 官方提供的 NVIDIA GPU 优化文档，详细介绍了所有 NVIDIA GPU 的架构特性以及优化策略。孟小华和彭爽等人将大规模的图像处理移植到 GPU 平台上，并初步实现了对图像的实时处理，并在一定程度上缓解了图像处理的性能瓶颈问题。梁军等人通过优化矩阵转置算法和拉普拉斯滤波算法，研究了 NVIDIA Tegra K1 的片外访存，说明了片外访存的合理使用和优化的重要性。贾海鹏等人在不同 GPU 平台底层硬件架构的基础上，以拉普拉斯滤波为例，从多个角度考察不同优化方法在不同 GPU 硬件平台上对性能的影响。贾海鹏论述了 GPU 的两种不同编程模型，对 GPU 平台的并行优化进行了深层次的研究，针对规则应用和非规则应用提出了面向 GPU 计算平台的若干优化关键技术。通过编译器指令进行细节优化也是值得我们注意的。关于 Canny 边缘检测算法的 GPU 移植和优化，大多数人做得并不理想，并没有开发出 GPU 强大的计算能力和结合算法的特性优化。比如张龙将 Canny 边缘检测算法移植到 GPU 上，但并没有根据算法和硬件特性优化算法。Yuancheng Luo 和 RamaniDuraiswam 在 NVIDIA GPU 上实现了并行的 Canny 边缘检测算法，但也仅仅通过片上内存的使用与优化实现了 1.6 ~ 3.8 倍的性能加速比。目前这些对 Canny 边缘检测算法的研究还远远没有发挥 GPU 强大的计算能力。

国内外鲜有人在 NVIDIA Tegra K1 异构计算平台上利用 GPU 优化 Canny 边缘检测算法，Canny 边缘检测算法在 GPU 上的性能仍然有很大的提升空间。

6.3　Canny 边缘检测算法简介

边缘包含着重要的视觉信息，因为它们描绘出图像元素的轮廓。因为这个原因，它们可以用于物体检测。然而，简单的二值边缘图像有两大缺点。第一点，检测到的边缘过粗，这意味着难以实现物体的精确定位。第二点，也是最重要的一点，难以找到一个阈值，既能足够低，检测到所有重要边缘，同时又不至于包含过多次要的边缘。这个需要权衡的问题正是 Canny 边缘检测算法尝试解决的。Canny 边缘检测算法主要由灰度化、滤波、计算梯度幅值和方向、非极大值抑制以及递归确定边缘五大部分组成，如图 6-1 所示。

图 6-1　Canny 边缘检测算法步骤示意图

1. 灰度化

一般情况下，在进行边缘检测前需要先对图像进行灰度化和滤波处理。灰度化值是将 3 通道 B、G、R 分别乘以一定的权重再相加而得到的值。灰度化是为了简化对图像的后续处理，减少图像的复杂度和信息处理量。灰度图像能以较少的数据信息表征图像的大部分特征，使得这些算法大部分都需要在预处理部分进行彩色图像灰度化。在此三维向一维降维的过程中，信息的丢失是不可避免的，具体效果如图 6-2（见彩插）所示。

2. 滤波

同时，由于边缘检测算法主要是基于图像强度的一阶和二阶导数，但是导数通常对噪声很敏感。因此必须采用滤波器来改善与噪声有关的边缘检测器的性能，本文统一采用均值滤波。即某一点滤波后的值等于该点原数据及 8 个邻域像素值的平均值。滤波具体效果如图 6-3 所示。

3. 计算梯度幅值和方向

为了判断某像素点在梯度方向是否局部最大，完成非极大值抑制。就必须计算该点的梯度幅值和方向。OpenCV 的 Canny 算子此处用 Sobel 滤波器完成。

1）运用一对卷积阵列（x、y 方向），求导数。

a) 原图　　b) 灰度图

图 6-2　灰度化效果图

$$G_x = \begin{bmatrix} -1 & 0 & +1 \\ -2 & 0 & +2 \\ -1 & 0 & +1 \end{bmatrix} G_y = \begin{bmatrix} -1 & -2 & -1 \\ 0 & 0 & 0 \\ +1 & +2 & +1 \end{bmatrix} \tag{6-1}$$

2）使用下列公式计算梯度幅值和方向。

$$G = | G_x | + | G_y |, \theta = \arctan\left(\frac{G_y}{G_x}\right) \tag{6-2}$$

在实际当中，为了方便判断和提高效率，梯度方向一般取 0°、45°、90°、135°中角度之一。

4. 非极大值抑制

在 Canny 算法中，非极大值抑制是进行边缘检测的重要步骤。非极大值抑制是指在梯度方向上该点与相邻的两点相比较，如图 6-4 所示。

图 6-3　滤波效果图

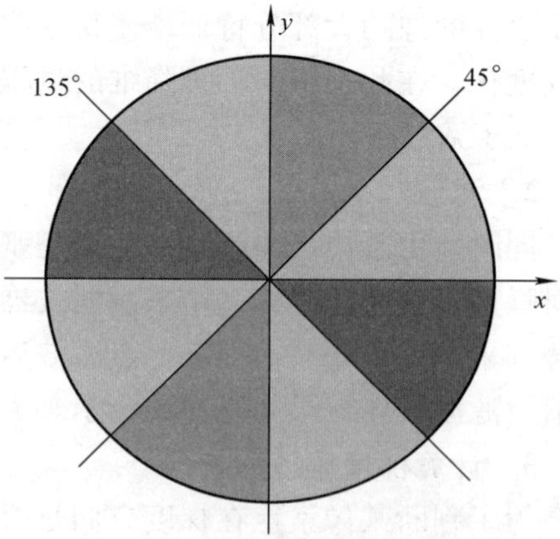

图 6-4　非极大值抑制示意图

如果该点局部最大，则标记为可能边缘点。这样就排除非边缘像素，仅仅保留一些候选边缘。但是，这样还是包含了很多由噪声及其他原因造成的假边缘。因此还需要双阈值滞后阈值，减少假边缘数量。

Canny 算法中减少假边缘数量的方法是采用双阈值法。具体边缘点判断方式如下：

- 若某一像素点的幅值大于高阈值，该像素点被保留为边缘点。
- 若某一像素点的幅值小于低阈值，该像素点被排除。
- 若某一像素点的幅值在两阈值之间，该像素点被保留为可能边缘点。

5. 递归确定边缘

从非极大值抑制可以看出，只需要判断可能边缘是否为最终边缘点。判断的方式：以最终边缘点为中心点，在中心点 8 个邻域寻找可能边缘点，若找到可能边缘点，将该点标记最终边缘点，再以该点为中心点再次寻找，直到找出所有符合要求的点。最后将所有最终边缘点连接。

6.4 并行性分析及 GPU 实现

6.4.1 并行性分析

编写并行程序的第一步就是分析算法中的并行性，不同的并行性可以通过不同的并行化方法实现。并行性主要分为数据并行性和功能并行性。数据并行性是指大量实验数据的计算可以被并行执行，即多处理器在不同的数据上进行并行计算，不过要注意这和 SIMD 并行概念的区别。功能并行性指一个庞大的计算可以被分为或多或少相互独立的子任务，子任务间通过数据交换和同步协同工作，而子任务间在不同的数据集上执行不同的代码。功能并行性在性能方面有利有弊，当不同的子任务有不同的性能特征或者不同的硬件需求时，容易出现性能瓶颈或者负载不均衡等问题。另一方面，任务间重叠执行可以极大提升程序性能。

一般而言，并行性意味着不相关/独立，更具体点就是一些计算任务和另一些计算任务无关，那么它们之间就可并行。或者作用在某些数据上的操作与作用在另一些数据上的操作无关，也可并行。或同样的操作作用在不同的数据上。

从 Canny 边缘检测算法简介可以看出，灰度化算法属于同样的操作作用在不同的数据上，其他部分算法是作用在某些数据上的操作与作用在另一些数据上的操作无关。而且各部分算法还是访存密集型算法。因此，该算法具有很高的可并行性。

6.4.2 基于 NVIDIA Tegra K1 的 GPU 实现与分析

由 6.4.1 节可以看出，在 Canny 算法中，数据与数据间不存在依赖关系。即该算法具有很高的可并行性，通过开启大量线程，尽量发挥硬件的计算能力，以减少延迟或提高吞吐量。

1. 灰度化算法

GPU 并行过程中，以 CV_8UC3 类型 $M \times N$ 大小的图像为例，需要开启 $M \times N$

个线程，每一个线程处理源图像每个像素点的 3 个通道的 B、G、R，即 3 个数据，计算出该点的灰度值，并存入目标图像（CV_8UC1）。该初始版本，访存有效带宽仅 4.0901GB/s。这种基本实现算法的优点在于易理解，易实现。但是这种算法的性能十分不理想，主要原因在于 global memory 访存效率不高。

2. 滤波与计算梯度及极大值抑制

计算梯度值算法的本质也是一种滤波算法，与 blur 函数一样是将图像与 3×3 的内核进行卷积操作，只不过计算梯度值算法还需要将两次卷积进行加运算。非极大值抑制与滤波算法访存类似，读取 9 个数据进行处理。即三者的访存类型是完全一样的。所以，在这里我们把计算梯度值、blur 函数和非极大值抑制的并行移植与实现放在一起解析。

由上文的阐述可知，处理 $M\times N$ 大小的图像需要开启 $M\times N$ 个线程，每一个线程计算一个像素点，同时根据给定的边界类型处理图像的边界。

对于这两类算法也存在 global memory 访存效率低的问题。同时，计算相邻两个点时会重复读取 6 个数据（事实上极大值抑制算法数据重用度并不高），极大地增加了对 global memory 的访存次数与开销。但非极大值抑制算法，由于边界处理或判断，产生大量的分支，分支将会导致执行路径串行执行，条件语句的执行总时间等于各个分支执行时间的总和。同时，极大值抑制算法几乎没有计算，全为判断分支，这为优化增加了很大的难度。

3. 递归确定边缘

NVIDIA TK1 搭载的 Kepler 架构的 GPU 是不支持递归算法的。因此，需要改写算法，改写为一个适用于 GPU 的算法。改写后的算法流程图及部分代码如图 6-5 所示。

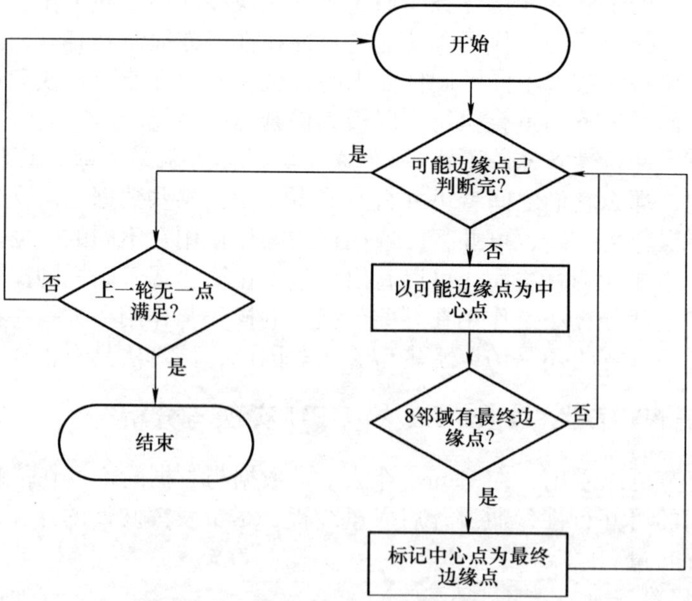

图 6-5 递归确定边缘改写后流程图

部分代码：

```
dim3thrreads(16,16);
dim3 blocks((width + threads. x - 1)/threads. x,(height + threads. y - 1)/threads. y);
void *    counter_ptr;
cudaGetSymbolAdress(&counter_ptr,mymask);
int    count;
cudaMemcpy(&count,counter_ptr,sizeof(int),cudaMemcpyDeviceToHost);
while(count = =1)
{
cudaMemset(counter_ptr,0,sizeof(int));
getEdgePoint_pertime_kernel<<<blocks,threads>>>(d_odata,d_indata,width,height);
cudaDeviceSynchronize();
cudaMemcpy(&count,counter_ptr,sizeof(int),cudaMemcpyDeviceToHost);
}
```

由代码可知，通过循环每次判断全部图像的 kernel 实现原来递归算法的功能。从开启的线程来讲，依旧是一个线程处理一个像素点，判断相邻两个点时会重复读取 6 个数据，极大地增加了对 global memory 的访存次数与开销。同时，该算法每次的循环中，大量的分支导致不同的像素点可能会有不同的任务，极大地增加了算法的执行时间。

6.5 优化策略分析

6.5.1 向量化访存

Canny 算子各个部分都是连续数据访存密集型算法。提高 global memory 的访存效率，可以有效减少对 global memory 的访存延迟，这对于 Canny 算子性能的提高有着至关重要的作用。

由于数据的连续访存，可以通过向量化提高 global memory 的访存效率。一方面，可以充分利用数据的重用，比如在 blur 滤波算法中，相邻点的计算可以重用 6 个数据，极大地减少了访问 global memory 的访存次数，从而提高了 global memory 的访存效率。另一方面，可以充分利用 Kepler 架构的 GPU 的 cache line。本文全部采用向量长度为 4 的向量。

cache line 大小为 128B，并且对齐在 device memory 地址的 128B 的内存片断上。自 Fermi 架构以来，GPU 开始引入一级缓存（L1）与二级缓存（L2），每次访问缓存，取来的最少数据量就是一个 cache line ，即 128B。对于 NVIDIA Kepler 架构的 GPU 而言，对于 global memory 的访问仅仅会被缓存在 L2 中（L1 用于缓存 local memory 的访问）。同时，Kepler 架构的 GPU 的 cache line 是由 4 个 32B 的内存片断组成的。如果 warp 的每个线程访问相邻的 4B 的数据，并且 warp 对齐在 128B 的内存片断上，那么可以实现 global memory 合并访存机制如第 5 章图 5-2 所示。如果 warp 与内存映射没有对齐，访存机制如第 5 章图 5-3 所示。因此，实现 warp 与内存映射的对齐和充分利用 cache line 可以有效提高 global memory 的访存效率。

以灰度化算法为例，原来每个线程需要处理原图像的 1 个像素点（3 个数据），每个 warp 处理 32 ×3 个数据，而每个 warp 访存的基本单位是 128B，无法合并访存。经过向量长度为 4 的向量后，每个 warp 访存 3 ×128B，可以将 warp 内的访存请求合并成 3 次访存请求，从而提高 global memory 的访存效率。

在 NVIDIA GPU 上，通过 CUDA Runtime API 分配内存（如 cudaMalloc（）函数），就已经保证内存至少对齐在 256B。因此，在分配线程时选择合适的 block size，在 warp 对齐于 cache line 时是有利于内存的访存的。例如，block size 是 warp size 的整数倍。如果 block size 不是 warp size 的整数倍，可能会出现一块内存同时被第二个 block、第三个 block 甚至后面的 block 访问的问题。

6.5.2 数据本地化

数据本地化是指将数据从片外内存（local memory、global memory、constant memory 和 texture memory）转移到片内（register、shared memory），并实现数据共享，以此来减少片外内存访存的依赖。因此，可以通过数据本地化，减少对 global memory 的访存依赖，从而提高算法性能。

在 NVIDIA GPU 中提供了 shared memory 机制、register 机制与 cache 机制。cache 机制可以通过__ldg（）功能实现对整个 kernel 的生命周期只读的数据缓存在只读的 cache 中，从而提高访存效率。但是，只读数据的缓存功能仅仅支持计算能力在 3.5 及以上的设备（NVIDIA TK1 GPU 计算能力是 3.2）。shared memory 可以被同一 block 的线程读写，同时具有高速访存的特点，可以较好地提高算法性能。但不易掌控，因为需要注意避免出现 bank conflict、block 间的同步问题等问题。register 是线程私有的，同时它是 GPU 的存储空间中最快的，读取它几乎不耗费时间。但是，register 数量有限，合理地使用和分配 register 是至关重要的，能够极大地提高算法性能。以 Kepler GPU 为例，每个 SM 有 64K 个 32 位寄存器，如果每个 block 有 1024 个线程，那么每个线程最多使用 64 个寄存器。但是如果将 block 大小改为 512，则最多可以使用 128 个寄存器。

根据算法的不同特点选择合适的数据本地化方式，同时充分利用底层硬件资源，以达到提高算法性能的目的。以 register 为例，每个线程的 register 数量有限，当 register 耗尽时，数据将会被溢出到 local memory。如果每个线程中使用过多的 register 或者声明大型结构体或数组，或编译器无法确定数组大小，数据都会被分配到 local memory，我们应该极力避免这些。本文测试了 shared memory 机制数据本地化，性能相对于初始版本反而下降，因此后面一起使用采用 register 机制数据本地化与向量化。

以 blur 滤波算法为例，由于计算相邻点滤波后的值有 6 个数据重用，采用 register 机制数据本地化将数据加载到片上内存后，可以减少片外访存依赖的同时，也可以对数据进行多次操作。

6.5.3　条件分支优化

分支指令（if，switch，do，for，while）会造成同一 warp 的线程执行路径不同，不同的执行路径的指令会被串行化，这样将会极大地降低性能。这里主要有以下几点优化方法：

- 尽量避免 warp 内的条件分支。避免同一 warp 内的条件分支，是最优的优化方法。但往往在实际算法中，分支是不可避免，如图像滤波算法，由于边界的处理，必然会产生分支。
- 如果无法避免分支，则要尽量避免 warp 内的分支中出现访存操作。主要解决方法是通过填充数据，但填充数据也会耗费时间，多个算法在一起的时候，一般在上一个算法 kernel 中填充数据，可以避免 device 与 host 端的数据传输。
- 条件指令优化。用?：代替 if…else…语句，如图 6-6 所示，这也是本文所采用的方法。

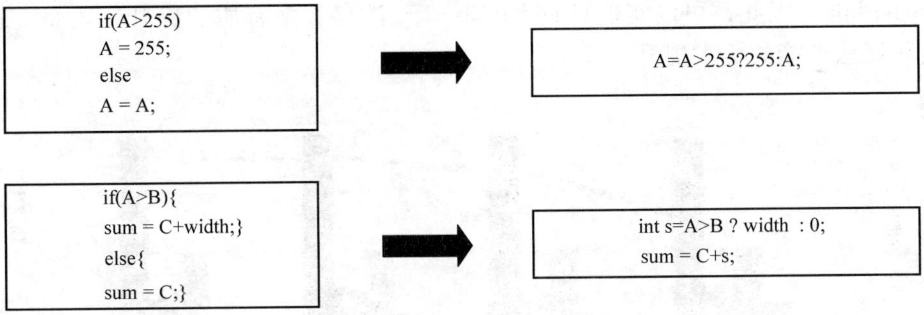

图 6-6　条件指令优化例程

6.6　Canny 边缘检测算法优化过程与实验结果分析

本章实验运行的平台为 NVIDIA Tegra K1。GPU 是由 NVIDIA Tegra K1 搭载的 Kepler 架构 GPU，CPU 是四核 ARM® Cortex™ – A15 CPU。NVIDIA Tegra K1 软件环境是 CUDA 6.0 和 OpenCV3.0。

本文采用比较普遍的计算方法，即有效带宽等于传输数据大小与 kernel 执行时间之比。其中传输数据大小包括传出数据大小与传入数据大小。具体公式如下：

$$\text{effective\_bandwidth} = \frac{S_i + S_o}{T_{\text{ker nel}}}$$

式中，T_{kernel}为 kernel 执行时间；S_i 与 S_o 分别为传入数据大小与传出数据大小。在该 NVIDIA Tegra K1 异构平台，实测 GPU 计算峰值带宽为 10.9523GB/s。

下面以 4096×4096 数据规模的 CV_8UC3 的 lena.png 图像为例，逐步分析各部分算法的性能优化效果。

6.6.1 灰度化算法

在 NVIDIA Tegra K1 异构平台上，通过向量化对灰度化算法进行优化。性能如图 6-7（见彩插）所示，从图中可以看出，通过 shared memory 的向量化并没有提升性能，性能反而下降。所以，后面直接选用了 register 的向量化减少对片外访存的依赖。选择 register 的向量化主要有两点原因：

- register 的访存速率是要快于 shared memory 的。
- 虽然 register 数量有限，但在 Kepler GPU 上，每个 SM 有 64K 个 32 位 register，这足以满足绝大多数的图像处理。

通过向量化后，有效带宽达到 10.2843GB/s，相对于 CPU 实现 14.9524 倍的性能加速比。在 6.4.1 小节中，已阐明每次访问缓存，取来的最少数据量就是一个 cache line ，即 128B。在灰度化算法中，每个 warp 正好访问 3 个 cache line，存储 1 个 cache line。因此，可以实现对 global memory 访存效率有质的提升，从而实现对灰度化算法性能的极大提升。

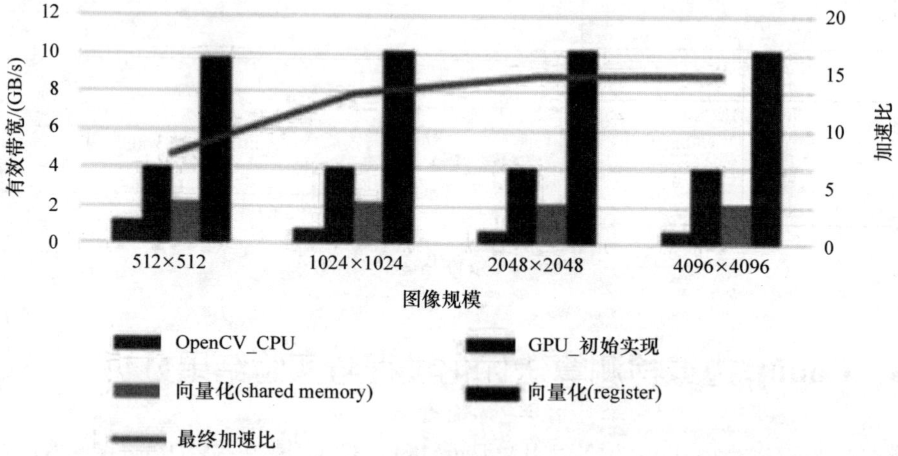

图 6-7 灰度化算法性能图

6.6.2 滤波及计算梯度幅值算法

从上一节分析可以看出，数据本地化与向量化对算法的访存优化有很大提升。在 blur 算法优化中，也采用数据本地化与向量化进行优化。上一节已经做了详尽的阐述，这里不再累赘。

如图 6-8（见彩插）所示，在使用向量化后有效带宽为 3. 1964GB/s。但有效带宽并没有像灰度化算法一样大幅度提升。主要原因有三点：

❑ 在滤波算法中，由于计算某点时需要读取相邻点的值，这导致一个 warp 访存的数据大小不是 cache line 的整数倍。

❑ 由于图像边界的处理，出现条件分支，导致不同的执行路径的指令会被串行化，从而导致性能下降。

❑ 由于除数而产生了精度差，为了和 OpenCV 的 blur（）函数的结果完全一致，添加浮点运算以提高精度，同时产生大量浮点运算，从而使性能有所下降，实测下降大约 1. 1GB/s。

如 6. 4. 3 小节所述，可以通过指令？：对条件分支进行替换，可以实现条件分支优化。最终，有效带宽最高达 3. 3917GB/s，相对于 CPU 实现了 42. 0285 倍的性能加速比。

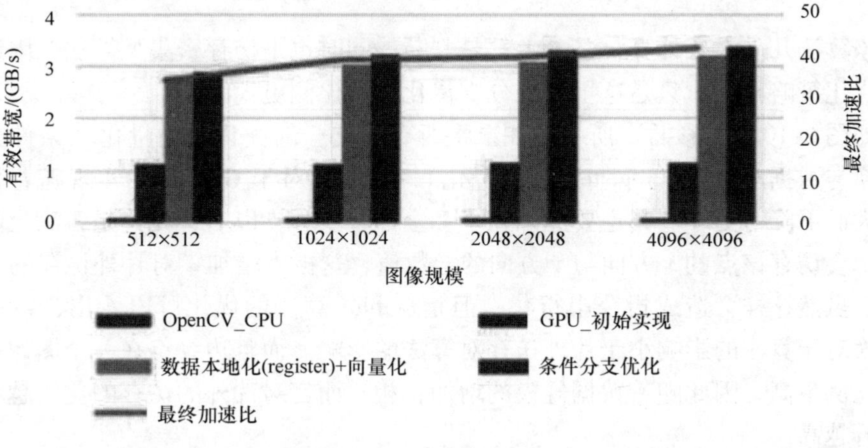

图 6-8　blur 算法性能图

在 6. 3 节中，提到在 Canny 算子中，计算梯度幅值算法的本质也是一种滤波算法，即 Sobel 滤波器，只不过在经过 x 方向和 y 方向上的求导（两次滤波）之后做相加运算。那么计算梯度值算法的优化策略与 blur 算法优化策略一样。优化后，如图 6-9 所示，有效带宽达到了 6. 6863GB/s，相对于 GPU 初始实现了 2. 0279 倍的性能加速比。同样，这里的有效带宽无论是优化前还是优化后都明显高于前面的 blur 算法。其主要原因有两点：

❑ 相对而言，计算梯度值算法的计算量远大于 blur 算法，这充分利用了 GPU 适合计算密集型任务的特点。

❑ 访存密度同样大于 blur 算法，向量化与数据本地化对于性能的提升十分明显。因此，可以实现更好的性能。

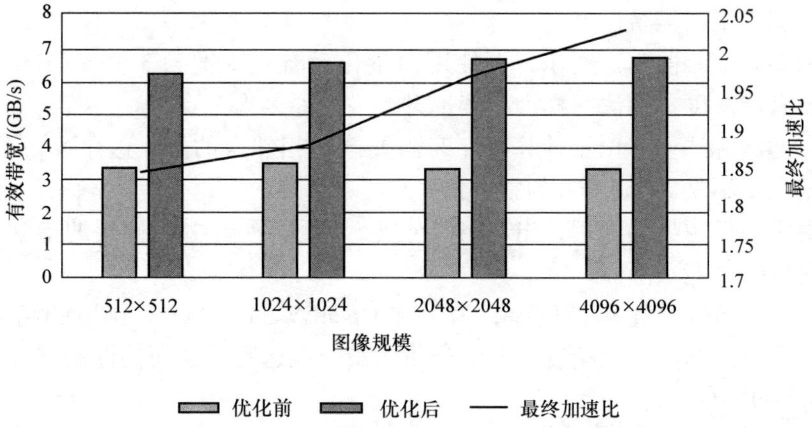

图 6-9　计算梯度算法性能图

6.6.3　非极大值抑制算法

该算法几乎没有计算，基本上都是判断，同时也是访存密集型算法。因此，与前面优化策略相似，只是这里条件分支优化所占比例更大。

如图 6-10（见彩插）所示，如果将所有分支全部优化再向量化（条件分支全部替换与数据本地化（register）+向量化），性能相对于 GPU 初始实现随着数据量的增大而下降得更多。其主要原因在于：全部替换分支以后，无论是否满足阈值的条件都会访存该点的 x 方向与 y 方向的导数值，这极大增加了对片外访存的访存与依赖。虽然这样会造成指令串行化，但是从 blur 算法的优化可以看出，条件分支的替换对于算法的影响小于片外访存对算法的影响。而且边缘点在一个图像中一般占的比例不高，因此随着数据规模的增加，相对而言对片外的访存的比例越小，性能提升越高。

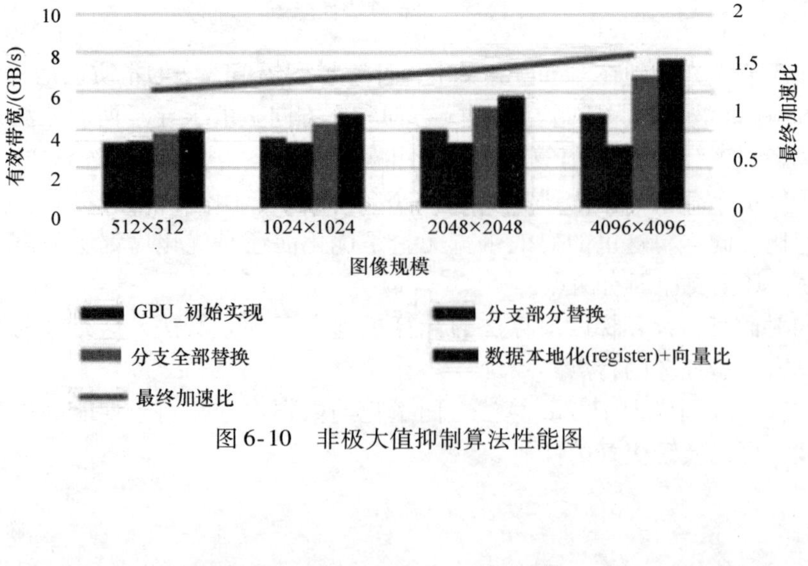

图 6-10　非极大值抑制算法性能图

因此，后面采用条件分支部分替换（不替换对于阈值的判断），再数据本地化（register）与向量化，从图 6-10 可以看出最终有效带宽达到了 7.6674GB/s，相对于 GPU 初始实现了 1.5868 倍的性能加速比。

6.6.4　递归确定边缘算法

如 6.3 节所述，将不适合 GPU 的递归算法改为循环某个 kernel 的算法。同时，该算法必定会访存整个数据，因此与 6.5.1 小节和 6.5.2 小节一样通过数据本地化、向量化和条件分支优化算法。如图 6-11 所示，优化后整个算法有效带宽达到了 3.6955GB/s，相对于 GPU 初始实现了 118.8263 倍的性能加速比。其实，如果算法循环 k 次 kernel，那么对于 kernel 而言实现了 118.826/k 倍的性能加速比。同时，每次循环后满足边缘点的点越来越少，活动的 thread 越来越少，这就可能造成 thread 之间的严重负载不均衡，从而导致性能的下降。这也解释了在大数据规模下，性能反而出现下降的情况。

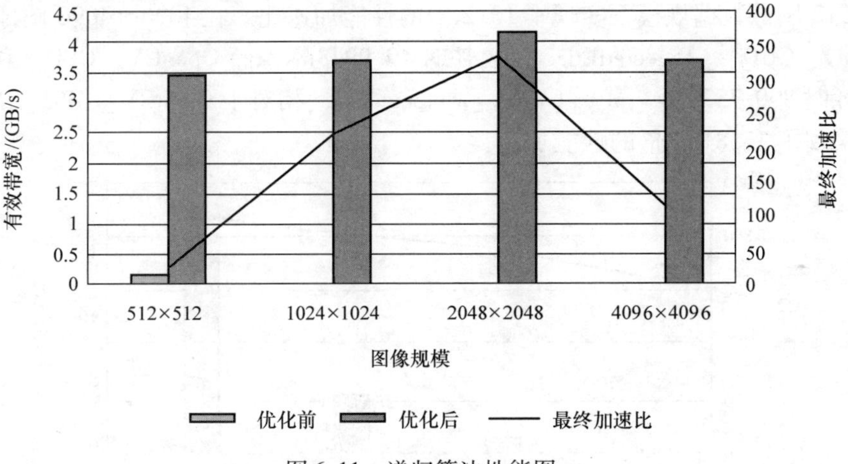

图 6-11　递归算法性能图

6.6.5　Canny 及边缘检测算法

不包括灰度化和滤波的情况下，如图 6-12（见彩插）所示，OpenCV _ CPU _ Canny 耗时 412.9375ms，同时 OpenCV _ CUDA _ Canny 也耗时 256.3164ms，而本文所移植与优化后的 My _ CUDA _ Canny 仅仅耗时 34.7043ms，相对于 OpenCV _ CPU _ Canny 实现了 11.8987 倍的性能加速比。这充分体现了该异构平台 GPU 的并行计算的优势，尤其是大规模并行处理。然而 OpenCV _ CUDA _ Canny 性能较低，其主要原因在于：它选择了 texture memory，该内存主要适用于对大量数据的随机访问和非对齐访问。但是 global memory 性能提升空间相对更大，若合理使用 global memory 可以实现合并访问，有效提高算法性能，例如 6.4.1 小节中的 cache line 机制。

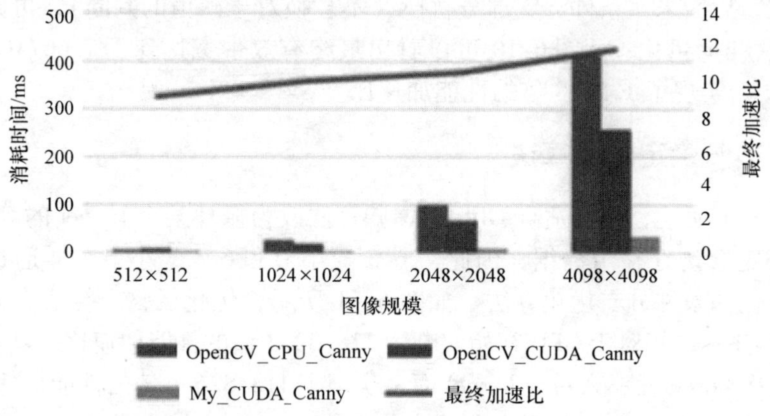

图 6-12　CPU 与 GPU 版本 Canny 算子性能对比图

对于整个 Canny 边缘检测算法，如图 6-13 所示，对于整个边缘检测算法，在 512×512 图像数据规模下实现了 13.2 倍的性能加速比。在 4096×4096 图像数据规模下 My_CUDA_DetectedEdge 仅仅耗时 49.9948ms，而 OpenCV_CPU_DetectedEdge 耗时 890.7573ms，My_CUDA_DetectedEdge 相对于 OpenCV_CPU_DetectedEdge 实现了 17.8169 倍的性能加速比。

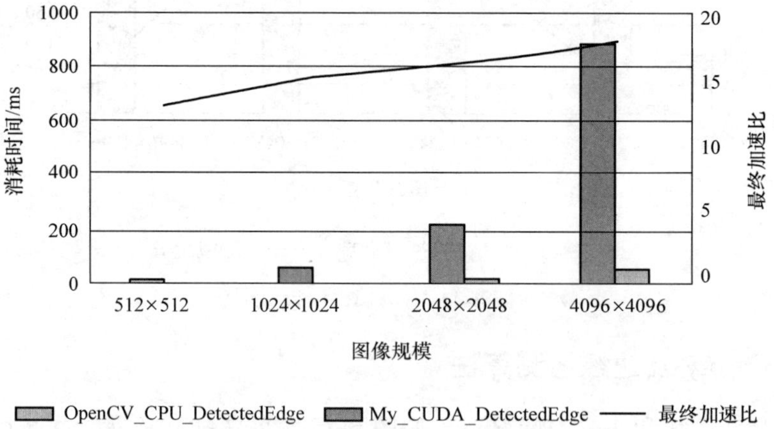

图 6-13　CPU 与 GPU 版本 Canny 边缘检测性能对比图

通过在 NVIDIA Tegra K1 异构计算平台上的移植与精细调优，相对于 OpenCV_CPU_Canny 实现了 13.2～17.8 倍的性能加速比，最终实现了高性能的 Canny 边缘检测算法。512×125 数据规模图像的边缘检测效果如图 6-14（见彩插）所示。

从整个边缘检测算法的异构计算平台移植与精细调优可以看出，随着图像数据规模增大，性能普遍都有所增加。这符合 GPU 并行计算的特点。因此，GPU 适合大规模数据的并行处理。

图 6-14 高性能 Canny 边缘检测效果图

6.7 本章小结

随着 GPU 的高速发展，GPU 的应用越来越广泛，GPU 并行计算的优势与日俱增。同时，对于并行计算的性能与优化要求越来越高。本章主要以 Canny 边缘检测算法为例，研究图像边缘检测算法在 NVIDIA Tegra K1 异构计算平台上性能优化，结合算法特性和底层硬件架构特征，从 global memory 的访存、数据本地化以及条件分支优化三个方面进行精细调优。最终实验结果表明，本章实现的基于 CUDA 的 Canny 边缘检测算法相对于 OpenCV3.0 CPU 版本的 Canny 边缘检测算法的性能在不同图像数据规模下达到了 13.2 ~ 17.8 倍的性能加速比，大大提高了该算法的性能，使其具有较高的工程应用价值。同时，为其他的图像边缘检测算法或图像算法提供了理论依据并极大地提高了图像边缘检测算法的工程应用价值。本章的主要工作如下：

- 通过将 Canny 边缘检测算法在 NVIDIA Tegra K1 异构计算平台上 GPU 精细调优，实现了图像高性能的实时处理。同时，为其他图像处理算法提供一个高效、可靠的参考依据。
- 探索了 NVIDIA Tegra K1 在图像处理的应用及其 GPU 优化策略，为 NVIDIA Tegra K1 在安防监控、智能驾驶等工程领域应用的可行性提供了一定的依据。

在异构计算平台上，本章对图像处理算法的 GPU 优化，提出以下几点优化建议：

❑ 对于大规模的计算密集型任务，可以通过 GPU 的并行计算较好地提升算法性能。同时，可以通过实现异构平台 GPU 与 CPU 的协同工作，提升整体的性能。

❑ 片外访存的优化对于整个算法的提升有着举足轻重的地位。因此，可采用向量化、数据本地化和精细调优等方法提高片外访存效率。

❑ 针对 warp 内线程负载不均衡问题，可通过条件分支指令优化降低负载不均衡带来的影响。

❑ 为了实现线程与底层硬件高效映射，需要考虑硬件架构特性与图像处理算法的特性，以及通过若干优化策略实现高性能算法。

第7章　人脸检测算法优化

7.1　引言

Viola - Jones 人脸检测算法由 Paul Viola 和 Michael Jones 于 2001 年提出，是最为成功、并且能在一定程度上满足实时要求的可实用人脸检测算法，并在执法监控、安防系统和娱乐等领域有着广泛应用。然而，随着该算法所在领域需要同时处理的数据规模的不断扩大以及图片分辨率的不断提高，现有算法性能已经越来越无法满足日益增长的交互性与实时性要求，提高该算法性能的需求日益迫切。与此同时，随着 GPU 通用计算的发展，特别是 GPU 计算能力与可编程性不断增强，GPU 受到了越来越多应用开发人员的青睐，利用 GPU 计算平台实现对应用程序的加速已成为提高程序性能的主要模式。使用 GPU 计算平台提升人脸检测算法性能，以满足日益增长的实时性要求已经成为研究热点。

近年来，关于 Viola - Jones 人脸检测算法的 GPU 移植和优化已有许多工作，代表性的工作主要有：David 通过优化图像积分图算法在 GPU 上的性能来提高人脸检测算法的整体性能，但是对人脸检测部分在 GPU 上的实现和优化工作较少，更没有指出如何解决算法中的负载不平衡问题导致的性能瓶颈。Kong 通过使用 share - memory 存储待检测窗口，通过数据本地化减小对访存带宽的依赖，但其主要工作集中在检测窗口的并行处理上，并没有对算法并行性进行充分挖掘，更没有解决算法中的负载不平衡问题导致的性能瓶颈。Sharma 将 Viola - Jones 人脸检测算法移植到 GPU，通过建立图像金字塔机制实现对不同大小的缩放图像的统一处理，从而在一定程度上缓解了图像间负载不均衡的问题。但对于 Thread 级和 work - group 级的负载不均衡现象没有进行进一步研究。Hefenbrock 充分分析了人脸检测算法的并行性，提出该算法具有三级并行性：特征值计算并行、检测窗口并行和缩放图像并行。并通过对这三级并行的性能优化，使人脸检测算法的性能达到了在 FPGA 上的性能。但在负载不均衡的处理上，仅仅通过在工作量大的一级分类器中，将负责每个探测窗口的线程数目提高两倍的方法来解决。这种方法不仅简单粗暴，而且非常低效，只能在较低的程度上缓解负载不均衡问题，但不能有效解决。Jia 认为层次式队列机制是解决负载不均衡的优先选择，并构建了本地和全局两级队列解决人脸检测算法 Thread 级和 work - group 级负载不均衡问题。然而该工作的全局队列实现较为简单，没有实现线程和数据的动态映射机制，导致全局队列的任务调度实现方式不够高效，同时也没有解决全局队列的高效访问的问题。

总之，虽然上述工作对 Viola - Jones 人脸检测算法的 GPU 移植取得了很大的进展，但在并行性发掘以及负载不均衡导致的性能瓶颈的处理上，这些工作研究的依然不够深入，更没有给出一个统一的、有效的解决方案。

与此同时，近年来也有许多工作通过其他算法的 GPU 移植，提出了克服 GPU 计算平台上线程间负载不均衡的方法和策略。如：Tzeng 通过光纤追踪算法在 GPU 上的移植和优化，构建了非规则算法在 GPU 实现中的作业管理机制，并提出有效的内存管理和动态调度是负载不均衡应用在 GPU 上达到高性能的关键因素。Merrill 和 Aila 根据以上方法，分别完成了光线追踪和广度优先图遍历算法在 GPU 上的实现和优化，并取得了很好的加速比。Rupesh 等通过图算法在众核计算平台上的实现和优化，根据其算法特性，得出在众核编程环境下，Topology - driven 比 Data - driven 更能降低负载不均衡，从而会大幅提升程序性能的结论。Cederman 和 Chatterjee 通过将改进的任务窃取算法应用到全局队列中，以动态任务调度的方式大大缓解了 work - group 间负载不均衡现象，从而获得较高的性能加速，但该方法实现过于复杂。Yan 通过引进邻接同步的定义和算法，通过消除全局同步以及降低线程间的任务依赖达到解决负载不均衡的目的，从而提高程序性能。Burtscher 提出了针对具有条件分支和访存不规则特征的算法在 GPU 上实现和优化的方法和策略。Rupesh 针对非规则算法在 GPU 计算平台上实现和优化中，原子操作可能会导致的性能瓶颈，提出了 atom - free 编程方法，有效解决了原子操作导致的性能瓶颈。虽然，这些工作针对负载不均衡算法在 GPU 上的实现和优化都提出了不同的编程和优化方法，也都取得了很好的加速效果，但是这些方法都没有在 Viola - Jones 人脸检测算法上验证其有效性。然而，这些工作提出的方法和思想，对于 Viola - Jones 人脸检测算法的 GPU 移植具有很好的借鉴意义。

7.2 人脸检测算法

7.2.1 GPU 架构

随着 GPU 通用计算应用的推广及其应用领域的不断扩大，GPU 架构的发展非常迅速。主流芯片厂商根据实际计算需求，不断发展自己的 GPU 架构来满足日益增长的市场和性能需求。NVIDIA 已经发布了如 Fermi、Kepler 和 Maxwell 以及 Pacall 架构的 GPU，AMD 也发布了 Cypress、Cayman、GCN 架构的 GPU。这些 GPU 都具有不同的架构特点，对应的优化策略也有差异。这种 GPU 架构的日益多样性，对算法移植特别是性能移植提出了新的挑战。

幸运的是，虽然不同 GPU 架构在优化方法选择以及优化细节上会有不同，但是从整体上看，GPU 架构又具有很好的统一性，即都是大规模细粒度并行处理器，且具有层次式的架构特点，这主要体现在四个方面：

- 在计算单元的组织上，GPU 由多个 CU（Compute Unit，计算单元）组成，每个 CU 又由多个 PE（Processing Unit，处理部件）组成。
- 从内存组织上，从只能被一个线程访问的私有内存，到能够被 work - group 内所有线程共享的本地内存，再到可被所有线程访问的全局内存。
- 在线程调度上，GPU 一般都采用静态顺序调度模式，线程和数据映射在 GPU kernel 启动之前就已经确定，线程以 work - group 为单位被硬件顺序调度。
- 在编程方式上，都采用了 Host + Device 的编程模式，即 GPU 程序依然由 CPU 端控制，CPU 设定开启线程的数目后，将计算任务发送到 GPU 端执行，线程组织也都采用了 Grid - Block - Thread 的层次式组织方式。GPU 这种统一的架构特点和线程组织调度方式，使性能移植成为可能。Jia 给出了在不同 GPU 计算平台上优化策略的选择及应用。

7.2.2　Viola - Jones 人脸检测算法

Viola - Jones 人脸检测算法由剑桥大学的 Paul Viola 和 Michael Jones 于 2001 年最早提出，是最为成功、并且能满足实时要求的可实用人脸检测算法。Viola - Jones 人脸检测算法使用 Haar 特征值进行目标检测：通过 Adaboost 算法生成级联分类器，直接对图像的一小块区域进行特征匹配，从而判断该区域内是否有人脸存在。该算法包括训练和检测两部分：训练部分使用 Adaboost 算法从预先收集的正负样本中提取特征值进行计算，最终生成一个级联分类器。检测部分使用级联分类器，通过检测窗口的移动和缩放，对图像上的人脸进行检测。由于训练部分可脱机执行，对实时要求并不高。因此，本书只讨论算法的检测部分在 GPU 上的实现和优化。

如图 7-1 所示，Viola - Jones 使用 Haar 特征值计算特征。Haar 特征值共使用了三种类型四种形式的特征模板，每种特征模板内包含黑色和白色两种矩形，该模板的特征值定义为白色矩形像素和减去黑色矩形像素和。

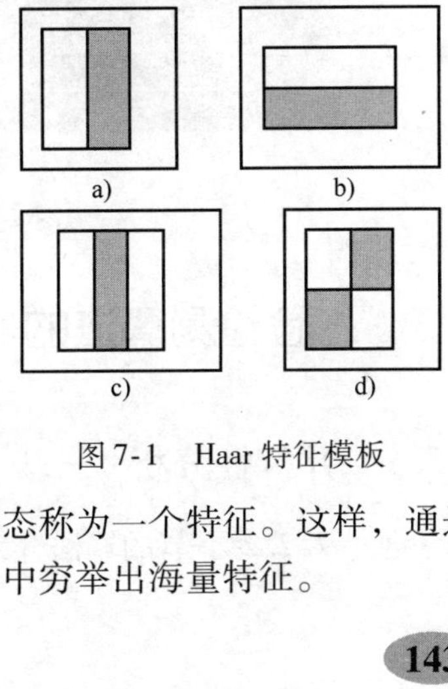

图 7-1　Haar 特征模板

图 7-1 所示的特征模板称为“特征原型”，“特征原型”在图像窗口中平移伸缩而得到的特征称为“矩形特征”，“矩形特征”的值称为“特征值”。在检测过程中，特征模板可以以任意尺寸放置在图像窗口上的任意位置。从而形成各种形态，每一种形态称为一个特征。这样，通过改变特征模板大小和在图像中的位置，可在图像窗口中穷举出海量特征。

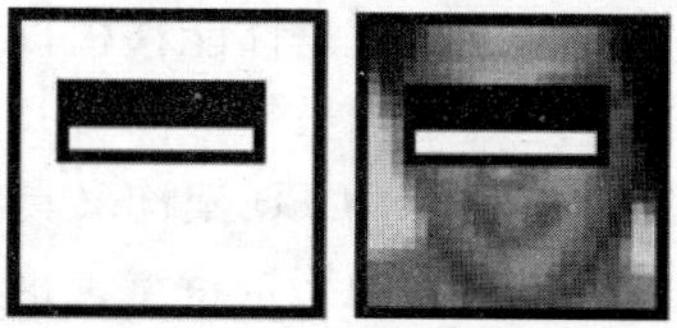

图 7-2 人脸检测中的 haar 特征

图 7-2 显示了人脸检测中的 haar 特征值在样本窗口中的位置。对于一个 24×24 的图像样本而言，矩阵特征的数目可达 160000，这是非常庞大的计算量。而且随着图像尺寸的不断增大，特征数目也会快速增长，这就对计算能力提出了严峻挑战。同时如果每次 Haar 特征值的计算，都要统计矩形中所有像素的和，庞大的计算量无疑会降低检测的速度。为此，Viola 与 Jones 引入了积分图作为输入图像的一种中间表达形式。在完成图像的积分图运算后，通过图像积分图来完成 Haar 特征值的计算。因此，积分图生成算法的性能对于人脸检测算法的性能也至关重要。然而，这超出了本书的讨论范围，关于积分图生成算法的 GPU 移植，已有大量的研究工作，并且已经非常成熟。

图 7-3 显示了 Viola－Jones 人脸检测算法的主要流程，Viola－Jones 人脸检测算法通过定义检测窗口遍历整幅图像，使用 Adaboost 方法构建的级联分类器检测窗口中的人脸。值得注意的是，通过使用级联分类器可明显加快检测速度。检测流程具体如下：首先，为了检测出图像中包含的不同大小的所有人脸，需要按照一定大小的缩放因子缩放图像；其次，使用级联分类器对检测窗口进行检测：将检测窗口交给第一级分类器，如果检测窗口检测为未包含人脸，则分类器将此检测窗口丢弃并停止检测，如果当前探测窗口被判为疑似包含人脸，则进入下一级分类器继续检测。最后，只有通过所有分类器检测的窗口才被判定为包含人脸。在级联分类器中，分类器的复杂度是逐层增加的，层数越深，检测要求越高，与之相对应的计算量也越来越大。

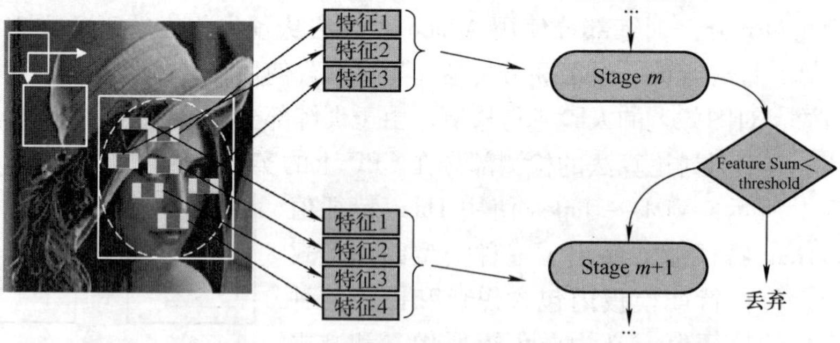

图 7-3 Viola－Jones 人脸检测算法

7.3 人脸检测算法的 GPU 实现与优化

7.3.1 并行性分析

通过 7.2.2 小节的算法介绍，可以分析得出，Viola－Jones 人脸检测算法具有良好的并行性，具体来说，该算法包含三级并行性。

- 特征值级并行：每个特征值的计算是相互独立的，可以并行执行。
- 窗口级并行：每个检测窗口的检测是相互独立的，可以并行检测。
- 图像级并行：为了检测大小不同的人脸，需要将图像进行放缩，对每一幅缩放图像的检测也是相互独立的，可以并行执行。

由此可见，一方面 Viola – Jones 人脸检测算法的计算量非常大；但另一方面，该算法又具备良好的并行性。这种算法特性非常适合 GPU 计算平台大规模并行的架构特点。针对以上分析，本书实现了 Viola – Jones 人脸检测算法在 GPU 计算平台上的 Naïve 版本。

7.3.2　Naïve 实现与负载不均衡

Viola – Jones 人脸检测算法在 GPU 计算平台上的 Naïve 版本采用最基本、最简单的并行化策略，即仅并行化检测窗口的检测，具体为：①每次只处理一幅缩放图像，在 CPU 端循环启动 OpenCL kernel 以处理所有的缩放图像；②对于每幅缩放图像，每个线程负责一个检测窗口，多个检测窗口可进行并行检测；③使用 LDS 完成数据本地化，实现 work – group 内线程的数据共享，减少对访存带宽的依赖；④在线程组织上，采取有多少检测窗口，就开启多少线程的策略，每个 work – group 大小为 256，并采取二维组织形式：16 × 16。

然而，与 CPU 版本的性能相比，Naïve 版本性能并没有提升，反而有所下降。这主要有两方面的原因：一是没有充分发掘并行性，Naïve 版本仅仅开发了三级并行性中的一级，即检测窗口并行；二是在 Naïve 实现版本中，线程间存在严重的负载不均衡现象，这是 GPU 这种大规模细粒度并行处理器的梦魇。这使得 GPU 计算资源远未得到充分利用，从而导致性能的严重降低。其中第二个原因是最主要、最关键的因素。

Viola – Jones 人脸检测算法的串行实现中，级联分类器之所以能够提高检测速度，是因为在一般的输入图像中，大部分区域都不包含人脸。通过前面的几级简单分类器可直接滤去这些区域，只对少量的极可能包含人脸的区域使用更为复杂的分类器进行检测。在这个检测过程中，随着弱分类器数量的增加，通过 Adaboost 构建的强分类器的检测表现也会不断提高。但这种方法也导致了该算法在 GPU 的实现和优化中，会导致严重的负载不均衡现象，大大限制了其在 GPU 上的性能。图 7-4 说明了这种负载不均衡现象的产生过程。

如图 7-4 所示，假设有 9 个检测窗口，共开启 9 个线程，每个线程负责一个窗口的检测。当使用级联分类器进行检测时：窗口（0，0）首先被 Stage 0 分类器检测为肯定不是人脸而被丢弃，在此后的检测过程中，线程（0，0）将一直处于空闲状态，其他线程继续工作；接着在下一级检测中，窗口（1，1）被 stage 1 分类器也检测为不是人脸，因此线程（1，1）在随后的检测中，也将处于空闲状态；

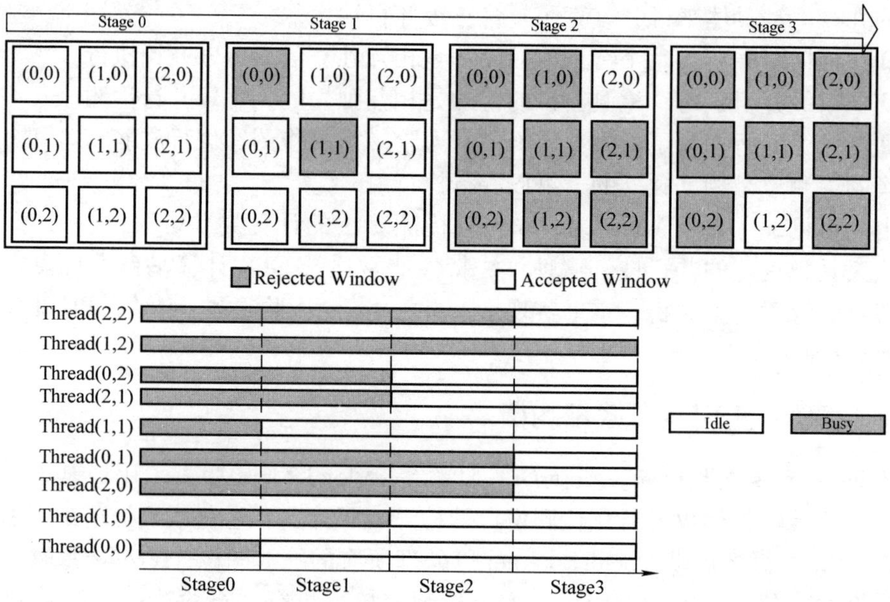

图 7-4　线程间负载不均衡现象

更为不幸的是，随着检测的进行，越来越多的窗口被检测为不是人脸而被丢弃，也就是说越来越多的线程处于空闲状态；直到最后一个阶段，只有线程（1，2）处于忙碌状态，而其他线程都处于空闲状态。更为严重的是，根据级联分类器的定义，检测越靠后，分类器级数越高，相对应的计算量就越大。因此，实际的负载不均衡现象远比图 7-4 描述的严重得多。

由此可见，虽然级联分类器方法在串行算法中可大大减少工作量，提高检测速度。但在 GPU 实现中却会导致严重的线程间负载不均衡现象，成为性能瓶颈，严重制约算法性能。特别是在大多数图像中，人脸区域可能只占很少一部分。如果对该算法的 GPU 实现不进行改进，这也就意味着在实际 GPU 程序中，只有一小部分线程会一直处于工作状态，直到检测结束。而绝大部分线程可能很快就退出并在 CPU 端等待全局同步了。这显然是我们不愿意看到的结果。

此外，为了检测图像中大小不同的人脸，需要将图像按照一定的缩放因子进行放缩。Naïve 实现在 CPU 端循环处理这些缩放图像。这样处理不仅增加了 GPU kernel 的启动和同步开销，而且当缩放图像过小时（如只有几个甚至一个检测窗口时）而不能充分利用 GPU 的计算资源时，就不能充分利用 GPU 强大的计算能力，造成资源浪费。

因此，在实际图片的人脸检测中，Viola – Jones 人脸检测算法存在三级负载不均衡：

- thread 级。线程负责的检测窗口中的图像越接近于人脸，该线程的工作量越大；否则，工作量越小。

❑ work - group 级。当一个 work - group 处理的图像区域包含人脸时，工作量巨大；否则，工作量可能会很小。

❑ 图像级。当图像不断放缩而不能充分利用 GPU 计算资源时，就会导致图像级的负载不均衡。

本书下面的内容将着重讨论如何解决这些负载不均衡的问题。幸运的是，在解决负载不均衡问题的同时，并行性没有充分发掘的问题也一并得到了解决。

7.3.3　GPU 优化

如上节分析，Viola - Jones 人脸检测算法虽然具有很好的并行性，但在 GPU 移植中存在负载不均衡的非规则特性。这种非规则特性是 GPU 计算平台的梦魇：一方面，GPU 具有大规模细粒度并行的架构特点，负载不均衡会导致 GPU 计算资源利用率的降低；另一方面，现代 GPU 的线程调度采用静态调度策略，如不进行针对性优化，无法自动处理负载不均衡问题。更为严重的是，传统的 GPU 编程和优化方法并没有涉及对负载不均衡现象的处理和优化。因此，负载不均衡现象将会成为人脸检测算法在 GPU 计算平台上的性能瓶颈，仅仅使用传统 GPU 编程和优化方法（即计算、访存和数据本地化优化），无法克服该瓶颈，将严重制约算法性能。对此，本书将针对 Viola - Jones 人脸检测算法的特性，结合 GPU 的架构特征，提出一种并行优化框架，以突破由于负载不均衡导致的性能瓶颈。图 7-5 显示了该优化框架的整体架构。

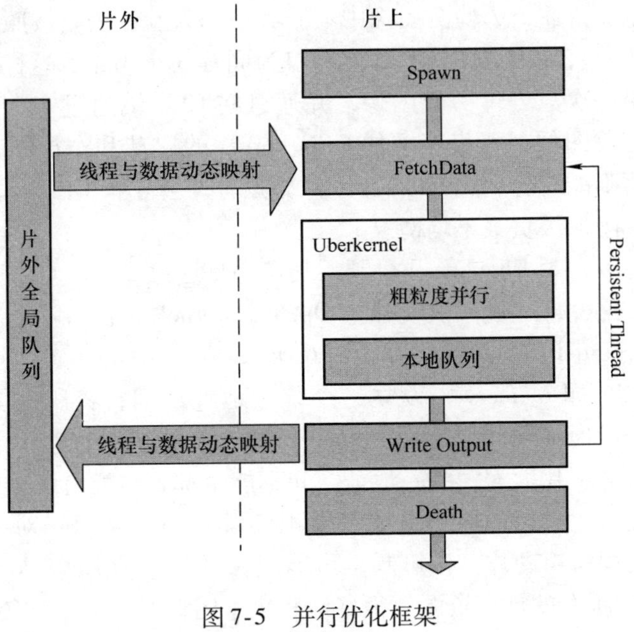

图 7-5　并行优化框架

并行优化框架主要由六部分组成：粗粒度并行、Persistent Thread、Uberkernel、线程与数据的动态映射、全局及本地队列。这六个组成部分相互协同，共同解决由于负载不均衡导致的性能瓶颈问题：

- Uberkernel。将执行人脸检测算法主要计算部分的多个 kernel 合并为一个 Uberkernel，统一负责人脸检测。这样一方面可以减少 kernel 的启动和全局同步开销，另一方面也可解决图像级负载不均衡问题。
- Persistent Thread 与粗粒度并行。Persistent Thread 和粗粒度并行共同定义了 Uberkernel 的线程组织和运行方式，作为解决线程间负载不均衡问题的基础。粗粒度并行通过重新定义线程组织方式，提升 GPU 并行粒度：由 thread 变为 warp（wavefront，AMD GPU），在一定程度上缓和负载不均衡对性能的影响。Persistent Thread 重新定义 GPU thread 的运行方式，使 thread 的生命周期和 OpenCL kernel 的生命周期相同，可循环处理多个任务。
- 动态映射与全局队列。在线程和任务的映射上，本书不采用传统 GPU 编程中的静态映射方式，而是构建线程与任务的动态映射机制，根据线程的任务负载情况，实现线程和任务的动态映射。同时构建以此为任务调度策略的全局队列，解决 work - group 间负载不均衡的问题。
- 本地队列。构建位于共享内存（LDS，AMD GPU）的本地队列，work - group 内的所有线程协同工作，解决 work - group 内的负载不均衡问题。

本节将对以上关键优化方法和技术进行详细讨论和介绍。

1. Uberkernel

如 7.2.2 小节所述，为检测图像中不同大小的人脸，需要按照一定的缩放因子对图像进行缩放，直到缩放图像和检测窗口为同等大小为止，这样就形成了一个缩放图像集。如果一次只处理一幅图像，并通过在 CPU 端通过多次启动 GPU kernel 循环处理这些缩放图像，不仅会增加 GPU kernel 的启动和全局同步开销，而且当缩放图像过小而不能充分利用 GPU 的计算资源时，会导致 GPU 计算资源的极大浪费，由此会产生图像级负载不均衡。

为此，我们引入了 Uberkernel 机制，其核心是通过 kernel 合并，一次处理多幅甚至所有图像。这样仅通过一次或几次 OpenCL kernel 的启动就全部处理完所有的缩放图像。Uberkernel 的具体流程如图 7-6 所示。

在 GPU 的 Global Memory 中设立一个统一地址空间，将所有图片按照缩放比例，顺序放入统一地址空间中。同时，OpenCL kernel 将对这些缩放图片按照统一方式进行处理。当图片太大，统一地址空间不能全部容纳所有缩放图片时，则按照统一地址空间最大化利用的原则（尽可能填满统一地址空间）对缩放图片进行分组，然后循环处理每组图片。该机制尽可能地保证每个 OpenCL kernel 的工作量足以充分利用 GPU 所有的计算资源，很好地解决了图像级负载不均衡问题。

2. 粗粒度并行与 Persistent thread

在 Uberkernel 的线程组织及运行方式上，本书引入粗粒度并行与 Persistent

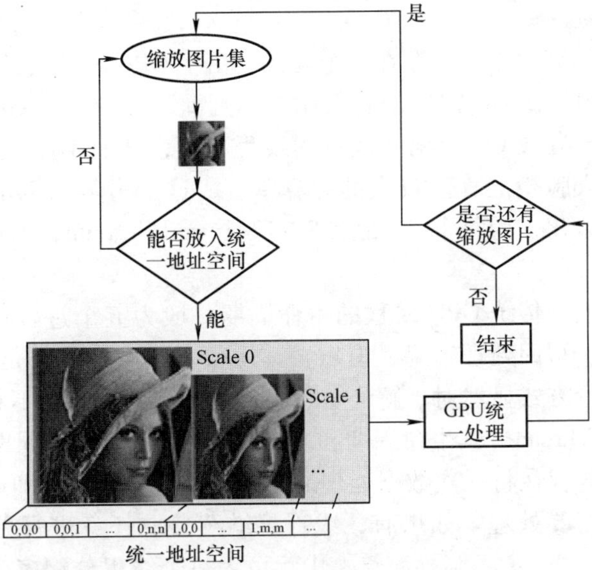

图 7-6　Uberkernel 的具体流程

thread。

传统 GPU 编程是大规模细粒度并行，即一次开启大量线程，并以单个软件线程（thread）作为并行粒度。这种编程方式无疑是线程间存在负载不均衡特性算法的噩梦。为此，本书在 Viola - Jones 人脸检测算法的 GPU 实现中，采用硬件线程（NVIDIA GPU 为 warp，含 32 个 thread，AMD GPU 为 wavefront，含 64 个 thread）作为并行粒度，同时，硬件线程内多个 thread 协同工作，共同处理分配的检测窗口，其协同工作方式在 5. 本地队列中会详细讨论。粗粒度并行的实现方式较为简单：一个 work - group 只包含一个 warp 或者 wavefront，work - group 将作为全局队列任务分配的单位。

采用粗粒度并行编程方式的优势主要有三个：

- 移除本地同步操作。wavefront/warp 是 GPU 最基本的执行和调度单元。当一个 work - group 内只包含一个 wavefront/warp 时，可移除本地同步操作，减少本地同步开销，在一定程度上提高程序性能。
- 一个 work - group 只包含一个 wavefront/warp，我们可以将 work - group 看成是一个与其他 work - group 执行相互独立的 MIMD（Mutiple Instruction Multiple Data，多指令多数据）线程。即保证了 SIMD 执行方式的有效性，又提供了 MIMD 式的工作粒度。
- 减轻 work - group 内线程间的负载不均衡。在粗粒度并行模式下，任务的分配以 work - group 为单位，work - group 内的所有线程协同处理所分配的计算任务。这种工作模式结合我们下面即将讨论的本地队列，可大大减小 work - group 内线程的负载不均衡现象。

当然，粗粒度编程方式也存在一个劣势：由于GPU硬件资源的限制，每个CU上同时运行的work-group数目是有限制的，因此，当work-group包含的线程数目较少时，可能会导致CU上同时运行的线程不足，从而不能有效隐藏访存延迟。幸运的是，由于人脸检测算法较大的计算密度，这个劣势可以消除。在实际实现中，结合数据本地化，为每个CU部署8~12个work-group，即可有效隐藏访存延迟。

在运行方式上，传统GPU线程的生命周期一般为五个过程：启动、获取操作数据、处理数据、写回处理结果、退出，其运行及调度方式都是静态且由GPU硬件控制。这种运行方式显然对于解决负载不均衡的问题是非常不利的。因此，本书引入的Persistent Thread，其生命周期和OpenCL kernel的生命周期相同，并可循环处理多个任务：线程在将一次数据处理的结果写回后，不是立即退出，而是判断是否还有别的任务需要处理。如果有，线程将继续获取任务进行处理，如没有才退出。这样在Viola-Jones人脸检测算法中，可为每个线程分配多个检测窗口，线程将循环处理这些检测窗口，直到将分配给它的窗口全部处理完毕。同时，线程与检测窗口的映射将根据线程的任务负载情况采用动态映射方式，从而最大限度地保证了线程间的负载均衡。这将在线程与任务的动态映射中进行详细讨论。

3. 线程与任务的动态映射

在线程与任务的映射方面，传统GPU编程采用静态编程模式，即在GPU kernel启动之前，线程和任务的映射就已经确定，线程由GPU硬件顺序调度执行，每个线程处理的图务和任务数都是固定的。这种编程模式虽然很好地满足了规则的数据并行应用，但是，对于具有线程间负载不均衡特征的人脸检测算法，无法解决其存在的负载不均衡问题。本书在Persistent Thread的基础上，引入GPU动态编程模式，该模式具有以下四个特征：

- 固定开启线程数目。根据目标GPU计算平台的CU数量，确定开启的线程数目。在人脸检测算法中，共开启8N（AMD GPU）或者12N（NVIDIA GPU）个work-group，其中N为CU数目。每个work-group包含64（AMD GPU）或32（NVIDIA GPU）个线程。
- 每个线程分配多个计算任务。结合Persistent Thread编程方式，每个线程循环处理多个任务。
- 在线程的任务分配方面，在GPU kernel启动之后，根据线程的实际任务负载情况确定线程与任务的映射关系。
- 该策略将作为全局队列的任务调度机制，根据粗粒度并行的定义，以work-group为单位进行任务分配。

图7-7显示了线程与任务动态映射的过程：首先每个work-group的第0号线程作为标记线程，访问位于全局内存上的原子变量G，在获得原子变量访问权后，

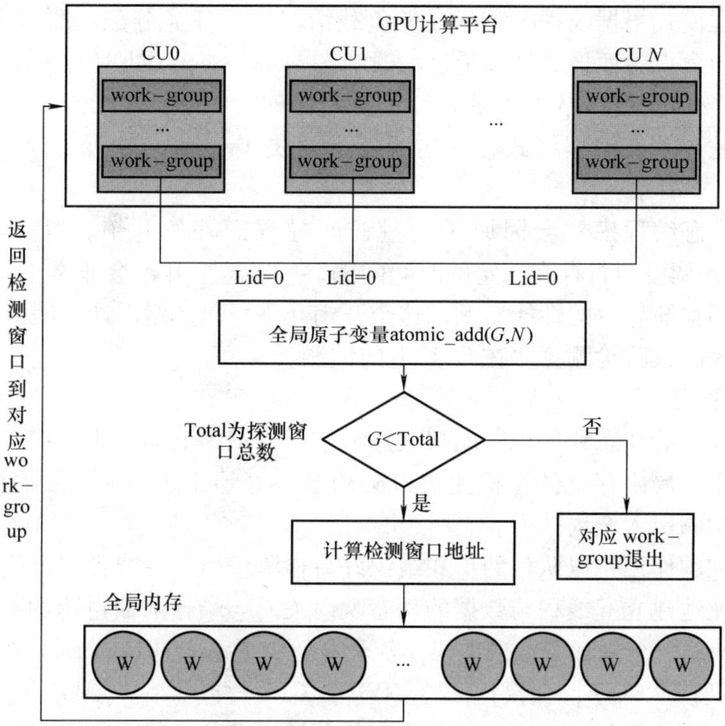

图 7-7　线程与任务动态映射示意图

对原子变量加 N（N 为 work-group 每次处理的窗口数目，在 AMD GPU 上 N 为 64，在 NVIDIA GPU 上 N 为 32）；然后判断 G 是否小于检测窗口总数 Total + N，如小于，则获取该 work-group 要处理的检测窗口，否则对应 work-group 退出；最后将待处理的 N 个检测窗口返回给对应的 work-group。work-group 以 5. 本地队列机制处理完这些检测窗口后，再重复以上操作，直到所有检测窗口都处理完毕为止。注意，所有检测窗口以队列形式存储在全局内存上，全局内存的构建组织方式将在 4. 详细讨论。图 7-8 为线程与任务动态映射的伪代码。

G: 位于全局内存的原子变量，记录被处理的窗口数

N: 每个work-group一次处理的窗口数

```
__kernel facedection(…){
int lid = get_local_id(0);
__local intlocal_index;
while(1){
if(lid == 0) local_index = atom_add(G, N);
Barrier(CLK_LOCAL_MEM_FENCE);
 if(G < Total + N){//Total为检测窗口总数
int index = com_data_add(local_index);
fetch_data_and_compute(index);
  }
```

图 7-8　动态映射伪代码

动态编程模式根据线程的实际任务负载情况进行任务分配，即当 work - group 处理的窗口包含人脸而导致计算量过大时，该 work - group 处理的窗口数目就会变少；反之，当 work - group 处理的窗口计算量小时，该 work - group 就会处理更多的窗口。因此，动态编程模式在一定程度上解决了 work - group 间负载不均衡的问题。

当然，动态编程模式会因原子变量访问导致额外的开销。但一方面，由于 work - group 的调度执行存在一定的时间间隔，所以这个开销会非常小；另一方面，相对于负载不均衡导致的性能瓶颈，这个开销几乎可以忽略不计。因此，动态编程方式会大幅提高人脸检测算法在 GPU 上的性能。

4. 全局队列

线程与任务的动态映射机制能够很好地解决 work - group 间负载不均衡问题的前提是，位于全局内存上的待检测窗口必须被很好地组织，能够及时响应访存请求。因此，本书引入全局队列。

全局队列的作用是以队列的形式组织好待检测窗口，在线程与负载动态映射机制下，能方便地建立起线程与数据的动态映射关系。结合前面讨论的 Uberkernel 和 Persistent Thread，全局任务队列的工作流程如下：首先将 Uberkernel 中所有的探测窗口都加入到该队列中；其次以 32（NVIDA GPU）或者 64（AMD GPU）为单位将探测窗口分成若干任务组，并将其作为任务调度单位；最后，根据线程与任务动态映射机制，以 work - group 为分配单元，根据线程的实际任务负载情况，完成任务的动态分配。

全局队列除任务与负载动态映射机制外，没有使用更加复杂的任务调度方式。这里有两方面的原因：一方面，全局队列位于全局内存上，其访存和原子操作的开销都非常昂贵。复杂的任务调度方式不仅难以实现，而且可能会产生昂贵的调度开销，在性能的提升上得不偿失。另一方面，线程与数据动态映射机制已经决定了全局任务队列的任务调度方式，且这种任务调度方式足够解决 work - group 间的负载不均衡现象。

5. 本地队列

线程与任务的动态映射及全局队列机制的引入，较好地解决了 work - group 间负载不均衡的问题，而 work - group 内线程间负载不均衡的问题由位于片上本地内存（共享内存，NVIDIA GPU）的本地队列解决。

图 7-9 详细显示了本地队列及其任务处理过程。work - group 将其负责处理的待检测窗口组织为位于片上本地内存的队列，然后使用级联分类器进行检测。每级分类器将会检测队列中的所有窗口，通过本级检测的窗口将会重新进入队列，等待下一级分类器的进一步检测；否则，该窗口将会被丢弃。其检测过程分为两个阶段：

- ❑ 第一为单独处理阶段

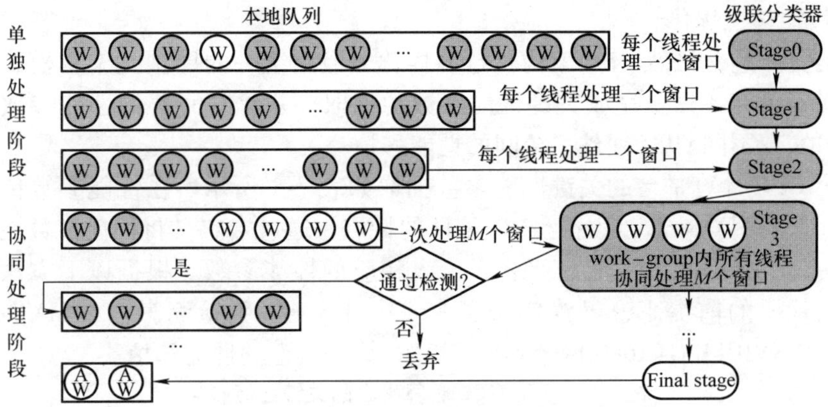

图 7-9 本地队列

因为 0 ~ 2 级分类器特征数目较少，可以很快计算完成，故令每个线程单独负责处理一个窗口。在这个过程中，当使用 1 ~ 2 级分类器进行检测时，会有线程处于空闲状态，但这个时间太短，不足以引起性能瓶颈，反而会减少协同处理开销。

❑ 第二为协同处理阶段

随着分类器级数的增大，特征数目和计算量会急剧增长。同时，经过 0 ~ 2 级分类器的检测，队列中的待检测窗口数目也会减少。此时进入协同处理阶段。即一次从队列中取出 M（在 AMD GPU 上 M 为 4，Nvidia GPU 上 M 为 2）个检测窗口，由 work - group 内所有线程协同处理（通过检测的窗口返回队列），直到队列中的所有窗口都通过本级分类器检测为止；然后进入下一级分类器继续检测；最后只有经过最后一级分类器检测的检测窗口中才包含人脸。

由此可见，本地队列基本上解决了 work - group 内部线程间负载不均衡的问题。

6. 其他优化方法

除以上优化方法外，Viola - Jones 人脸检测算法还使用了 GPU 传统优化方法：

❑ 开发 ILP。开发 ILP 的主要有两种方式：一是循环展开；二是调整代码顺序，使相同指令类型（GPU 的指令类型可分为三种：读内存指令、计算指令以及写内存指令。在执行过程中，GPU 会将相互独立、相同类型且相邻的指令打包在一起并行执行）的代码打包在一起，编写对编译器友好的代码。

❑ 指令选择优化。因为人脸检测函数较高的计算密度，选择高吞吐量的指令对性能的提升就变得尤为重要。在改算法的实现中，共采取了两种指令优化：一是使用位运算指令代替乘法和除法指令；二是用 mad24、MUl24 指令代替乘加指令。

❑ 减少动态指令。主要方法是减少条件分支。因为人脸检测算法中存在着大量的条件判断语句，因此使用?：语句代替 if…else…语句是减少动态指令的主要方式。

7. 性能移植优化

如前文所述，虽然GPU架构日益多样化，但是统一的层次式架构模式为性能移植提供了可能。只要完成关键性能参数的抽取，并建立完善的性能参数传递机制，就可实现不同GPU硬件平台间的性能移植。

两个GPU计算平台的关键性能参数抽取如表7-1所示。在性能参数传递机制构建方面，利用OpenCL程序运行时编译的特点，通过宏定义将性能参数在编译时传入OpenCL kernel，根据目标平台，传入相应的性能参数。根据以上方法，本书在不修改代码的前提下，最终实现了Viola－Jones人脸检测算法在AMD Radeon HD7970和NVIDIA GTX680两个不同GPU计算平台上的性能移植。

表7-1　不同GPU计算平台的关键性能参数

GPU	AMD Radeon HD7970	NVIDIA GTX 680
work－group 大小	64	32
work－group 数目	28×8	14×12
全局队列任务发送单元	64	32
本地队列协同处理单元	4	2
处理每个检测窗口的线程数目	16	16
循环展开次数	4	2

7.4　性能评估

7.4.1　实验平台

本书选取AMD HD7970和NVIDIA GTX680两个不同架构的GPU作为性能测试平台，选取Intel（R）Xeon（R）X5550 Quad Core CPU（2.66GHz 8MB L3 cache）作为CPU计算平台。选取两个不同计算平台的目的是验证性能可移植性。两个GPU计算平台的主要性能参数如表7-2所示。

表7-2　GPU计算平台性能参数

GPU	AMD Radeon HD7970	NVIDIA GTX 680
Clock Rate	0.925GHz	1.006GHz
PE	2048	1536
CU	32	8
Peak Per	3790GFlops	3090GFlops
Memory	3.0GB	6.0GB
Peak BW	264GB/s	192GB/s
Register/CU	16K	16K
LDS/CU	64K	48K

Viola－Jones 人脸检测算法的 CPU 版本来自 OpenCV2.4，该版本已深度优化，在 CPU 平台上具有较高的性能。因此，选择该版本，可提高性能对比的可信性。值得注意的是 CPU 版本在编译时，添加“－o3”选项，以充分利用 CPU 的计算资源，提高 CPU 串行版本的性能。检测图片来源于 CMU 人脸检测项目所用的数据库[21]，该数据库是 CMU 人脸检测项目的专用数据库，提供了用于大量评估算法准确性的人脸正面图片，非常具有代表性。

在实际测试中，我们选择了 50 张图像，共包含 427 个人脸，来评估我们实现的人脸检测算法 GPU 版本的正确性和性能。图 7-10 列举了其中 3 幅不同大小、不同背景、不同人脸数目的图片。其中图片 1 的大小为 256 × 337，包含人脸数目为 1；图片 2 大小为 696 × 510，包含人脸数目为 12；图片 3 大小为 1280 × 1024，包含人脸数目为 56。

b)
c)　a)

图 7-10　检测图像

7.4.2　正确性验证

本书选取 OpenCV2.4 库中实现的 Viola－Jones 人脸检测算法作为进行 GPU 移植和优化的基准 CPU 程序，OpenCL 程序的各方面参数与该基准程序保持一致。同时，检测模型也直接使用 OpenCV2.4 自带的检测模型。因此，本书的正确性验证只和该 CPU 串行代码的运行结果进行比较。值得注意的是，通过改进算法及检测模型来提高检测的准确率并不是本书关注的内容，本书主要关注相同算法实现在 GPU 计算平台上的性能提升。

图 7-10 显示了本书实现的 OpenCL 版本对 3 幅不同图像的检测结果。从中我们可以看出：并不是所有的人脸都被检测出来。这主要是因为这些未检测出的人脸并不是标准正面像。同时也可以发现许多没有人脸的区域也被检测为人脸，如图像 3。这是因为这些区域在一定程度上与人脸相似。从以上分析可以看出，OpenCL 版本并没有达到 100% 的人脸检测精确度。但通过和 OpenCV 库中的 CPU 串行版本的运行结果相比较，我们发现人脸检测精度没有实现 100% 与串行算法实现及检测模型有关，而与 OpenCL 实现无关。

表 7-3 显示了 CPU 串行版本和本书实现的 OpenCL 版本针对不同图片的人脸检测数目。从中可以看出，本书实现的 OpenCL 版本在人脸检测数目上与 CPU 串行版本完全一致，这就证明了人脸检测算法 OpenCL 版本实现的正确性。而人脸检测的准确率可通过改进算法实现或者使用更精确的检测模型来提高，但这并不是本书关

注的内容。

表 7-3 CPU 版本与 OpenCL 版本人脸检测数目 （单位：个）

图片编号	CPU 版本		OpenCL 版本	
	group 前	group 后	group 前	group 后
1	24	1	24	1
2	621	11	621	11
3	2896	58	2896	58

7.4.3 性能分析

1. 整体性能分析

图7-11 和图 7-12 分别显示了优化后的 Viola – Jones 人脸检测算法在 AMD HD7970 和 NVIDIA GTX680 两个不同 GPU 计算平台上的性能及相对于 CPU 版本的性能提升。值得注意的是，OpenCL 版本的性能测定包含了 OpenCL 程序运行的所有时间，包括：OpenCL 初始化时间、CPU 和 GPU 间的数据传输时间以及 kernel 的运行时间。

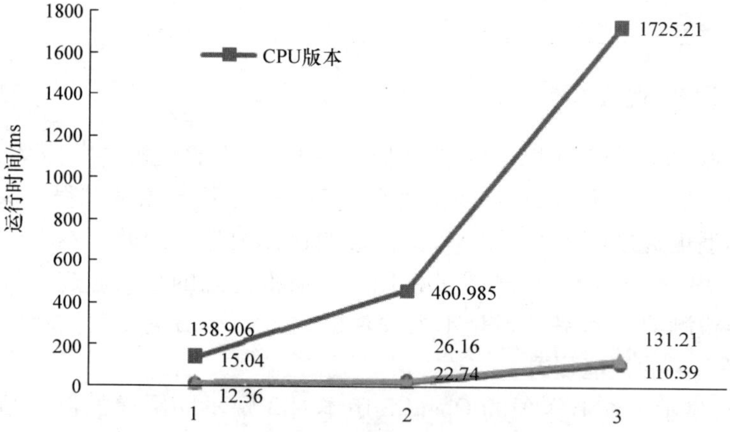

图 7-11 OpenCL 版本与 CPU 版本性能对比

从中我们可以看出，与人脸检测的 CPU 版本的性能相比，本书实现的 OpenCL 版本在两个 GPU 计算平台上处理不同的图片都达到了可观的加速比：在 AMD HD7970 GPU 计算平台上，实现了 11.24 ~ 20.27 的性能加速；在 NVIDIA GTX680 计算平台上，实现了 9.24 ~17.62 的性能加速。可以看到，NVIDIA GTX 680 GPU 与 AMD HD7970 GPU 相比，在性能提升方面略有差距。这主要是因为前者在峰值计算性能和峰值访存带宽这两个主要的性能参数方面，弱于后者。

图 7-11 和图 7-12 不仅说明了我们优化框架的有效性，有效地解决了算法负载不均衡的问题；而且说明了虽然两个 GPU 计算平台的架构不同，计算单元的组织

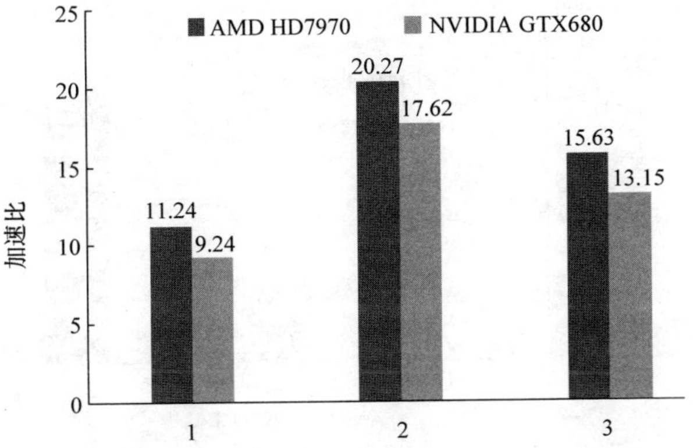

图 7-12　在两个 GPU 上的性能加速

也不相同，但是二者都采用了层次式架构，优化技术和方法也大致相同，只要对性能参数进行精心抽取和定义（如 7.3.3 小节中的每个 work - group 一次处理的窗口数 N 以及 work - group 内线程处理一次协同处理的窗口数 M 等），是完全可以实现不同 GPU 计算平台间性能移植的。

同时，我们可以看到，对于不同图像，GPU 的加速效果也是不同的。主要有两方面的原因：第一，GPU 是大规模并行处理器，理论上，图片规模越大，计算量越大，越能充分利用 GPU 计算平台强大的计算能力，加速效果也就越好。第二，图像的背景和人脸数目不同，算法的总体计算量也不同。同时，算法在处理不同图片时的负载不均衡的程度也不尽相同，从而进一步影响 GPU 计算平台对性能的提升效果。

2. 不同优化方法对性能的影响

图 7-13 显示了以 Naïve 版本为基准，采用不同优化方法后，在两个 GPU 计算平台上所带来的性能提升。

从图 7-13 中，我们可以看到六点：

- 在两个 GPU 计算平台上，不同优化方法带来的性能提升虽有差异，但趋势大致相同。这不仅说明了两个 GPU 计算平台在整体架构设计上的统一性，而且说明了在两个 GPU 计算平台上，线程间负载不均衡都是最严重的性能瓶颈，都是导致性能降低的主要因素。
- 线程与任务的动态映射带来的性能提升最大，注意这里的线程与任务动态映射实际指的是动态映射 + 全局队列，因为两者是一个统一整体，没有必要分开说明。从性能图中可以看出，采用传统 GPU 静态编程模式，work - group 间的负载不均衡会导致性能的极大降低，这是因为图片中绝大部分区域没有人脸，大量的线程可能运行很短的时间就会退出等待，只有少量线程在运行。而线程和任务的动态映射很好地解决了这个问题，因为线程和任务动态映射的核心是根据线程的实际任务负载情况，动态进行任务的分配。这样就可以让执行大任务的线程，执行的任务数

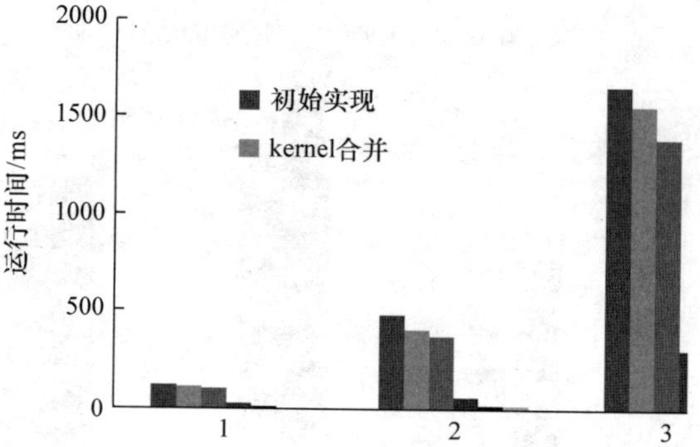

a) AMD HD 7970 GPU

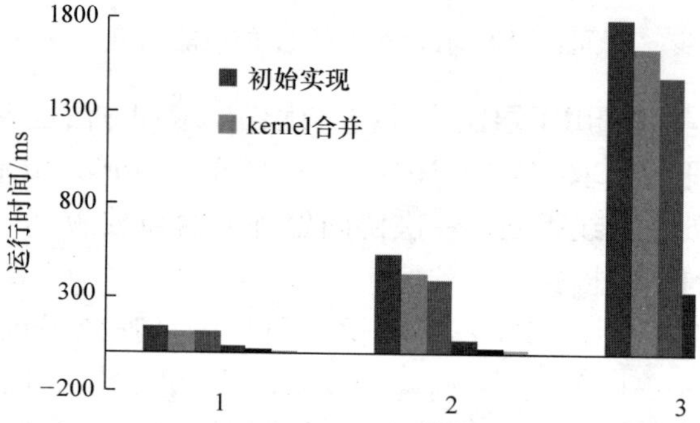

b) NVIDIA GTX680 GPU

图 7-13 不同优化方法在两个 GPU 计算平台上的性能提升

量就少一些；执行小任务量的线程，执行的任务数量就多一些。这就从根本上解决了 work-group 间负载不均衡的问题。

❑ 本地队列也有效地提升了算法性能。这说明了三点：①work-group 内同样存在线程间负载不均衡问题，同样会影响程序性能；②work-group 内线程间负载不均衡对性能的影响没有 work-group 间的负载不均衡对性能的影响大，这是因为一个 work-group 处理的图像区域毕竟有限，线程间的计算量并不会差距太大；③本地队列很好地解决了 work-group 内线程间的负载不均衡问题。

❑ 传统优化方法带来的性能提升并不明显。这就说明了负载不均衡是人脸检测算法在 GPU 计算平台上的性能瓶颈，传统意义上引起性能下降的因素在该算法上体现得并不明显。但同时也说明了，只要解决负载不均衡问题，传统优化方法依然会改善 GPU 计算资源的利用率，同样可以带来性能提升。

❑ 虽然 Persistent Thread 和 kernel 合并对性能的提升有限，但是两者是整个优化框架的基础。对性能影响最大的线程与任务的动态映射机制构建的基础就是 Persistent Thread 和 kernel 合并。粗粒度并行虽然无法测试对性能的具体影响，但同样作为优化框架的基础，同本地队列一起，克服 work-group 内线程间的负载不均衡问题，从而在一定程度上提升算法性能。

❑ 通过该算法的优化，说明了只要经过精心优化，具有负载不均衡特征的非规则算法在 GPU 计算平台上也能够取得非常好的加速比。因此，GPU 不仅对规则的数据级并行能够取得很好的加速效果，对于不规则的任务级并行，只要优化方法得当，也会取得相当可观的性能加速效果。这无疑会大大扩展 GPU 计算平台的应用场景。

3. 以往工作对比

虽然有很多关于 Viola - Jones 人脸检测算法的 GPU 移植工作，但很少有发布出来的代码或者库。而针对不同图片，人脸检测算法的性能又具有很大的差异性。因此，在与以往工作的对比上，本书只选取了 OpenCV2.4 库中该算法的 OpenCL 实现版本。但考虑到 OpenCV 在计算机视觉领域应用的广泛性，这个对比也在一定程度上体现了我们工作的有效性。

图 7-14 显示了本书实现与 OpenCV2.4 中人脸检测算法的 OpenCL 版本的性能对比。从图中可以看出，相对于 OpenCV 库的实现，本书实现在两个 GPU 计算平台上，针对不同图片都取得了较大的性能提升。具体为：在 AMD HD7970 计算平台上，取得了 27.1% ~37.9% 的性能提升；在 NVIDIA GTX 680 计算平台上取得了 20.6% ~31.7% 的性能提升。

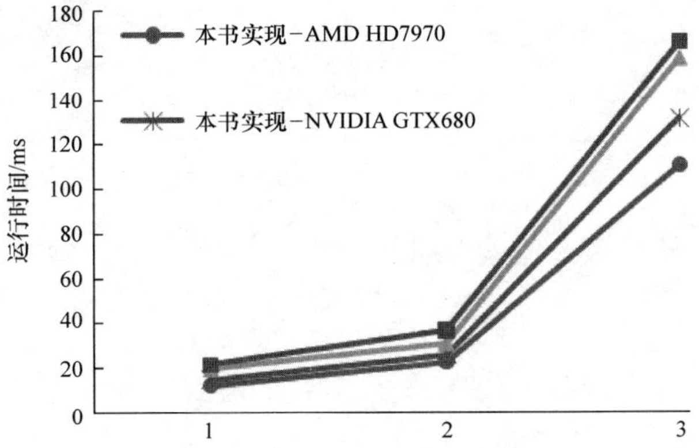

图 7-14 本书实现与 OpenCV 的性能对比

本书实现取得性能提升的主要原因是 work - group 间负载不均衡问题的解决：OpenCV 库的 OpenCL 实现版本中，全局队列依旧采用静态调度方式，没有很好地解决全局队列的任务调度问题，work - group 间的负载不均衡问题依然没有改善。而在本书中，实现了线程与任务的动态映射机制，全局队列可以根据线程的实际任务负载情况进行任务分配，很好地解决了 work - group 间的负载不均衡问题。

总之，本书提出的优化框架很好地解决了 Viola - Jones 人脸检测算法在 GPU 的实现和优化中，由于负载不均衡导致的性能瓶颈，取得了可观的性能加速比。该框架的六个组成部分，即各司其职，又相互协作，共同提升了人脸检测算法在 GPU

计算平台上的性能。同时，该框架不仅适用于人脸检测算法，而且对于其他具有类似特征的算法，也具有很好的指导意义和参考价值。

7.5 本章小结

本章详细介绍了 Viola - Jones 人脸检测算法在 GPU 计算平台上实现和优化的关键方法和技术。由于人脸检测算法的 GPU 实现存在线程间负载不均衡的非规则特性，导致仅使用传统优化方法无法有效提升性能。本书构建了一个针对此类算法的并行优化框架通过 Uberkernel、粗粒度并行、Persistent Thread、线程与任务动态映射、本地/全局队列等优化方法的使用突破了由于线程间负载不均衡导致的性能瓶颈。实验结果表明，与 OpenCV2.4 中经过高度优化的 CPU 版本在 Intel Xeon X5550 CPU 上的性能相比，优化后的算法在 AMD HD7970 和 NVIDIA GTX680 两个不同 GPU 计算平台上分别达到了 11.24 ~ 20.27 和 9.24 ~ 17.62 倍的加速比，不仅实现了高性能，而且实现了在不同 GPU 计算平台间的性能移植。本章所采用的优化方法，对其他具有线程间负载不均衡特性的算法在 GPU 计算平台上的实现和优化也具有很好的指导意义和参考价值。

第 8 章　异构平台激光雷达算法优化

8.1　引言

随着传感器技术、控制系统、人工智能的不断发展，无人自主驾驶技术取得了很大的进步。该技术可以在自动驾驶和辅助驾驶系统等方面帮助减少交通事故，帮助解决城市交通问题。因此，对于无人自主驾驶技术的研究具有广泛的科学意义和现实价值。近年来，在无人车系统中，常用的传感器有视觉传感器（相机）、激光传感器（单线和多线）、惯性导航（INS）、GPS 定位系统等。无人车通过传感器获取数据，然后经过相应的信号处理算法，得到车体周围的感知信息，规划模块依据感知模块所获得的信息给出目标路径，传给底层控制系统，最后做出相应的决策，确保安全驾驶。其中视觉传感器主要用于道路检测、目标检测跟踪、交通信号灯和交通标志信号检测等；激光传感器主要用于障碍检测、目标分类、目标跟踪、地形分类、同步建图（SLAM）等。视觉传感器有较好的角分辨率，但缺乏距离信息，而距离传感器有较精确的距离信息，但缺少颜色信息。因此，在实际的自主式系统中，往往会融合视觉传感器和距离传感器的信息，相互补充。

因此，激光雷达传感器在智能车辆环境感知系统中具有非常重要的意义。立体视觉系统则需要经过复杂计算过程，包括匹配、视差图计算等，才能够获取障碍物的距离信息，而激光雷达传感器能够直接、准确地获得障碍物的距离信息，更能满足智能车辆环境感知系统的高实时性要求。与其他主动性传感器相比，激光雷达传感器同样具有很大的优势。毫米波雷达由于波长的差别，其测距精度不如激光雷达，而超声波雷达则主要用于检测短距离的障碍物信息。因此，在高速、准确的道路跟踪中，激光雷达具有不可替代的地位。

8.1.1　国外研究现状

无人自主驾驶汽车的研究可追溯到 20 世纪 50 年代初美国 Barrett Electronics 公司研发出的汽车工业中的第一台自主导航车辆（Automated Guided Vehicle System，AGVS）。自 20 世纪 50 年代后半期开始，以美国为首，日本、德国、英国等许多国家就相继开展了无人自主驾驶汽车的研究。到目前为止，许多国家对无人自主驾驶汽车的研究和应用依旧表现出了极大的热情，各国从政府领域到高校、科研单位、汽车厂商甚至互联网公司都为此投入了大量的人力、物力，无人自主驾驶汽车技术也得到了突飞猛进的发展，如美国的卡内基梅隆大学（Carnegie Mellon University，CMU）的 NavLab 系统，NASA 喷气推进实验室的 DEMO 系列军用侦察无人车辆，斯坦福大学的 Junior，德国的 VaMoRs - P 系统，意大利帕尔玛（Parma）大学的 ARGo 车辆系统等。

德国乌尔姆（Ulm）大学 Dietmayer 教授领导的研究小组多年来致力于智能车辆的研究工作，在 ARGOS 项目中研究了激光雷达在智能车辆的环境感知中的应用。2002 年，该研究小组报道了利用激光雷达，通过特征提取的方式识别和跟踪环境中的目标的工作，提出了一种基于模型的目标分类算法，根据目标的几何外形和运动特性对目标进行分类，并用卡尔曼滤波器对目标进行跟踪。该小组 2004—2007 年报道的研究工作中，继续利用基于模型的方法识别和跟踪环境中的目标，采用基于距离的方法对激光测量值进行聚类，根据聚类大小，采用不同的特征提取算法，在聚类内提取目标的特征向量，识别不同类别的目标，加入了特别的行人识别算法和车辆目标识别算法。目标跟踪中，如果一个聚类中落入某个假设范围内的测量值的个数与该聚类中所有测量值个数的比值大于一定的阈值，则确认该聚类和假设的关联。当距离较近的几个聚类同时落入一个假设的预测范围内时，这种关联算法将不再适用。2007 年至今，该小组应用栅格地图处理激光雷达的数据，建立了车辆行驶环境中的交通设施，包括交通标示、路沿、护栏等的数字地图，通过检测路沿估计道路的可行驶区域，提出了栅格地图中的运动目标检测方法。

意大利（帕尔玛）大学 Broggi 教授的智能车辆研究小组在机器视觉方面取得了很大成就，但近年来也开始采用激光雷达进行车辆和行人的检测。2006 年，该小组报道了利用激光雷达和立体视觉分别建立栅格地图，然后将二者建立的栅格地图进行融合的工作。2009 年，该小组报道了利用单线激光雷达 SICK LMS211 分别检测运动的车辆目标和行人目标。该雷达通过四次扫描获取一帧数据，根据同一帧数据点间的相对位置关系判断车辆目标是否运动，但这种方法只局限于特定的激光传感器。在行人检测中，利用原始的激光雷达数据确定危险区域，在危险区域中通过基于特征的方法检测行人目标，不需要对行人目标进行危险等级的评估，节省了计算量。

法国 University of Grenoble 的 Vu 教授领导的智能车辆研究小组利用激光雷达建立环境的栅格地图，在地图中的空白区域检测运动目标，分别利用两种栅格地图代表静态和动态障碍物。利用多假设跟踪（MHT）对动态障碍物进行跟踪。该小组 2012—2013 年报道的工作中，建立了激光和视觉传感器的融合框架，对利用激光雷达的深度信息建立的栅格地图中识别出的运动目标，利用证据理论融合立体视觉的检测结果进行分类，最终通过多假设跟踪和交互多模型（Interacting Multiple

Models，IMM）对激光雷达检测到的多个运动目标进行跟踪。

法国 University of technologie de compiègne 的 Moras 等近年来在智能车辆的环境感知方面做出了很大贡献。该组利用激光雷达的深度信息，基于证据理论建立环境的栅格地图，利用证据理论中的冲突信息检测运动目标，并与现有的数字地图相结合，更加准确地对车辆的行驶环境进行感知。该组的工作未涉及对运动目标的跟踪。

Gidel 等利用四线激光雷达检测城市环境中的行人目标，首先通过每一层数据分别检测行人，然后对每层的检测结果通过无参密度估计得到某处行人目标存在的概率，相比单线激光雷达的检测结果，检测的正确率有所提高，误检率有所下降。考虑到行人运动的不确定性，采用粒子滤波对检测到的行人进行跟踪。

卡内基梅隆大学 Wang 等利用激光雷达和里程计同时完成智能车辆在城市环境中的同时定位与建图（Simutaneous Localization and Mapping，SLAM）和多目标识别与跟踪（Detection and Tracking of Multi Objects，DATMO）。文中通过基于距离的方法对深度信息进行分割，在上一帧地图的空白区域中检测运动目标，如果测量数据出现在空白区域中，则认为该测量值属于运动目标；如果一个聚类内的测量值有 50% 以上属于运动目标，则认为该聚类为运动目标。利用交互多模型（Interacting Multiple Model，IMM）算法估计运动目标的状态并估计其在下一帧中的位置，利用多假设跟踪（Multiple Hypothesis Tracking，MHT）进行数据关联。实验结果显示，该系统能够在城市道路中高速运动的平台上进行多种类别的目标检测和跟踪。

德国奥迪公司的 Bouzouraa 和 Hofmann 提出了一种栅格地图与基于模型的目标跟踪相融合的环境感知系统，利用激光和雷达的深度信息建立栅格地图，并在栅格地图中检测运动目标。该文中通过对比当前一帧测量值生成的局部栅格地图和通过时间累积融合生成的栅格地图检测到单元格的动态特性，继而对动态单元格中包含的测量值进行 L 形折线拟合，并提取特征向量来识别车辆目标，而且实现了地图构建和运动目标跟踪之间的相互促进。

斯坦福大学 Thrun 等提出了一种应用于高速运动的平台上的基于模型的车辆识别与跟踪系统。该系统将激光雷达的深度信息映射到基于极坐标系的栅格地图中，通过连续两帧栅格地图的不同之处来检测运动目标。但所建立的栅格地图只与当前采集到的一帧深度信息有关，未采用推理算法与之前的栅格状态进行融合，因此不能处理传感器数据带来的不确定性。

8.1.2　国内研究现状

目前我国开展无人自主驾驶汽车研究课题的机构主要是一些高校和科研单位，如国防科技大学、西安交通大学、军事交通学院、中科院、清华大学、北京理工大学等。课题的主要导向是在非结构、复杂化场景以及全天候场景下的无人自主驾驶汽车实用化技术方法，以及基于多传感器信息融合的无人自主驾驶汽车复杂系统的鲁棒性研究。最具代表性的典型系统包括国防科技大学的无人自主汽车 CITAVT-IV 及其与一汽集团合作的 HQ3 无人自主驾驶汽车，西安交大的 Springrobot 无人自主驾驶汽车，清华大学的 THMR 系列无人自主驾驶汽车。

上海交通大学甘志梅等通过提取目标的直线与直角特征来识别车辆目标，从而克服了目标形状变化对识别结果的干扰。但该算法采用固定距离阈值的方法进行聚类，在聚类过程中会丢失远处入射角较小的目标上的点，不仅影响到特征提取的准确性，而且在后续的目标跟踪过程中会产生较大的测量误差。

吉林大学赵一兵等采用激光雷达的成像技术在越野环境下检测水面、斜坡、树木以及凸出的石头等静态的障碍物，这种方法的实时性问题还有待解决。国防科学技术大学刘大学等则通过对四线激光雷达的测量值进行聚类分析，检测越野环境下的静止障碍物，实现了车辆以 5～20km/h 的速度在中等起伏的非结构化越野环境中的自主驾驶，但未考虑环境中存在运动目标的情况。

浙江大学杨飞等采用三维激光雷达对道路区域建立栅格地图，通过对单元格内测量值的最大高度差来判断单元格是否被占据，通过对占据的单元格进行聚类、特征提取来检测各种形状的障碍物。最终通过卡尔曼滤波器和多假设跟踪实现对道路区域内的多个障碍物的跟踪。这种方法所得到的栅格地图只和当前一帧深度信息有关，不能处理传感器数据的不确定性。

北京理工大学关超华等结合车辆行驶的实际环境，提出了一种基于改进 DBSCAN 快速聚类算法的激光雷达车辆探测方法。建立激光雷达与摄像机传感器坐标与车辆坐标之间的转换模型，进行数据融合，通过改进 DBSCAN 算法对雷达数据进行去噪声和聚类处理，根据车辆在激光雷达探测中的形状特征模型进行形状匹配，实时完成车辆探测，并将探测结果投影至图像上。西安电子科技大学的杜兰等利用目标方位信息基本不改变类内距离，但可以增大类间距离，从而提高雷达距离像识别性能。

西安电子科技大学杜兰等基于散射点模型理论，提出了一种利用距离像幅度起伏特性的特征提取方法，提取的加权距离像特征反映了各个距离单元内目标散射点的分布情况，可以更好地描述目标散射特性。清华大学王肖等针对车辆目标点云受观测点位置和自遮挡等因素的影响，提出一种动态参考点模型用于计算目标速度；对于目标航向角，采用先点云分块聚类后主成分拟合的思路来提高航向角精度；提出一种基于几何形状变化速率的滤波算法来解决几何形状不易测量和复杂多变等问题。

军事交通学院苏致远等为有效检测道路中的障碍物，识别其中的车辆目标，采用雷达相邻扫描点的距离特征分割地面，利用 DBSCAN 聚类方法对障碍物聚类，利用 IEPF 算法分割和拟合障碍物轮廓曲线，最后结合多个判据实现车辆目标检测。

8.2　车载激光雷达

工作在红外和可见光波段的雷达称为激光雷达（Light Laser Detection and Ranging，LIDAR），又可以称为激光探测及测距系统。它是用激光器作为发射光源，由发射系统、接收系统、信息处理等部分构成。它是激光技术、大气光学技术和雷达技术结合的产物。

车载激光雷达是指安装在自主车上的用于自主车导航的激光测距雷达。根据扫描机构的不同，可以分为单线扫描激光雷达、多线扫描激光雷达和面阵激光雷达。单线扫描激光雷达只有一条扫描线，通过旋转扫描得到一条线上的深度信息，如德国 SICK 光电设备公司研发的 LMS 系列激光雷达；多线扫描激光雷达通过多条扫描线的旋转扫描，得到多条线上的深度信息，如德国 IBEO 公司的 LD ML 激光雷达和美国 Velodyne 公司的 64 线/32 线激光雷达为面阵激光雷达，扫描的则是一个面，得到一个面上的深度信息。图 8-1 所示为三种典型激光雷达的传感器。表 8-1 是这三种典型激光传感器的性能参数。

图 8-1　三种典型激光雷达的传感器

表 8-1　三种典型激光传感器的性能参数

传感器	探测领域	范围	分辨率	精度
SICK LMS 291 - S05 LIDAR（LMS）（单线）	激光；移动器、人导航	水平视场 180°，垂直视场 0.9°，最远探测距离 80m	水平角度分辨率 0.5°	距离精度：1cm
IBEO LUX LIDAR（4 线）	905nm 激光；移动器、人导航	水平视场 85°，垂直视场 3.2°，最远探测距离 200m	水平角分辨率 0.125°；垂直角分辨率 0.8°	距离精度：10cm
Velodyne HDL - 64 LIDAR（HDL）（64 线）	905nm 激光；移动器、人导航	水平视场 360°，垂直视场 26.8°；探测距离：50m（对路面反射率约 0.1），120m（对汽车和植物反射率约 0.8）	水平角度分辨率 0.09°；垂直角分辨率 0.4°	距离精度：1.5m

车载激光雷达的基本测距原理都是测量发射光束与从被测物体表面反射光束的时间差，通过时间差和光速来计算被测物体到激光雷达的距离：距离 = 时间差 × 光速 ÷ 2。而测量时间差又有三种不同的技术。

- 脉冲检测法：直接测量反射脉冲与发射脉冲之间的时间差（time - of - flight，TOF）。早期雷达均用显示器作为终端，在显示器画面上根据扫掠量程和回波位置直接测读延迟时间。现代雷达常常采用电子设备自动地测读回波到达的延迟时间。
- 相干检测法：通过测量调频连续波（Frequency - Modulated Continuous - Wave，FMCW）的发射光束和反射光束间的差频来测量时间差。
- 相移检测法：通过测量调幅连续波（Amplitude - Modulated Continuous - Wave，AMCW）的发射光束和反射光束间的相位差来测量时间差。

由于相位差的 2π 周期性，这一方法测得的只是相对距离，而非绝对距离，这是 AMCW 激光成像雷达（LIRS）的重大缺陷。其中 2π 相位差所对应的距离称为多义性间距（Ambiguity Interval）。

8.2.1 激光雷达目标检测

近年来研究关于激光雷达的目标检测问题，目标对象主要是行人和车辆。目标检测的核心问题在于如何研究出有效的特征模型。

目标检测的难点：如何在复杂环境下准确提取出令人感兴趣的物体区域即障碍物分割；被测物体在不同距离、不同观察角度，尺度形状变化较大，并且在较远距离传感器的分辨率受到限制；物体自身的遮挡和别的物体遮挡，往往导致缺失部分信息；环境干扰，有较多形状相似的其他物体，单纯的几何方法几乎无能为力。因此，很难获得某种固定的模式来进行有效的目标检测。

目标检测方法大致可以分为两大类：基于模版匹配的方法和基于特征描述的机器学习方法。前者一般研究特定目标的几何模型，然后计算被检测物体和给定模版的相似程度来判别；后者是研究目标的有效特征描述，通过 SVM、AdaBoost、神经网络等机器学习方法来训练特定的分类器，从而达到目标识别。

显然基于模版匹配方法的优点是简单直观，容易实现；缺点是当被测目标遮挡或形状变化较大时，很难用统一的模型来描述。在国内外无人车实际系统中，常基于矩形框模型进行车辆检测，提取矩形框中的障碍分布形状，比如“L”形、“I”形等几何特点。与此同时，为了提高检测准确率，往往会利用视觉模块检测得到的二维道边，将目标检测限定在道路内进行。这样可以去除道路外的干扰，使得最终实际检测效果比较好。Petrovskaya 等人提出了车辆检测跟踪的几何运动模型，在 2D 栅格上采用矩形的长宽、中心点来描述车辆几何信息，同时依据连续三帧运动位移差来描述运动特性，最后结合 3D 雷达点云估计地面高度。在 2D 栅格中只考虑低于 2m 的障碍块，过滤一些大树等干扰，来提高检测准确率。在有电子地图和道路边约束的情况下，此方法有很高的车辆检测率，但对于环境中类似车辆的物体，就很难有稳定的检测率。

目前研究目标检测方法更多的是偏向如何挖掘有效特征，主要是基于特征的分类。它是将原始的数据信息映射到对应的特征空间中，在特征空间上基于机器学习的方法处理，最终使得同类的类内间距小，而不同类别之间的间距大，从而达到较好的分类效果。因此，有效特征的选取和分类器学习的策略是影响分类效果好坏的关键因素。

一般目标检测步骤为数据获取→分割→聚类→特征提取→分类。利用机器学习方法，可以更优化地组合各个特征项的权值，大大提高检测的准确性。Hui - jing-Zhao 等人提出用单线激光雷达利用类似决策树判别的方法进行目标检测，根据获取雷达片段数据流特征，第一层依据障碍片段的轴边数量分为 0 个、1 个、2 个，分别对应行人和其他，骑车的人和其他，车辆和其他；在第二层采用详细分类模型精确判别，人工标记建立每类样本和所属类的相似函数，将动态障碍物分类成行人、一群人、骑车的人和车辆。Taketoshi Mori kopkaet 等人提出在单线雷达上根据运动障碍连续帧栅格点的轨迹特征来检测和识别物体，利用标记样本提取特征来训练分类器。

单线激光雷达只能得到物体的一个横截面，不能得到较完整的立体信息，因此引入了三维激光雷达，以美国生产的 Velodyne - HDL - 64E 雷达使用最为广泛。Himmelsbach 等人在三维激光雷达点云上提出物体整体强度特征，利用高度分层协方差特征值等特征进行动态车辆检测。Azim 等人提出在三维激光雷达数据上，根据分割出来的障碍矩形块，利用长高比、宽高比特征来对车辆和行人进行分类，此方法可以高效实时检测，但在实际环境中常常有自身的遮挡和其他物体遮挡破坏原来长宽高比例的特点，就不能有较好的区别。

Velodyne - HDL - 64E 不仅可以返回三维点云信息，还可以得到反射强度值。反射强度的大小与物体的材料有较大关系。因此，近年来也有较多研究者挖掘强度信息上的特征，来进一步提高检测的鲁棒性。

8.2.2　激光雷达环境感知

激光雷达从 20 世纪 60 年代开始得到了快速的发展。激光传感器是一种主动传感器，对环境的感知信息来源于自身，因此受外界干扰小。它可以直接获取环境中被测物体的深度信息，通过激光束的扫描，能够为自主车的导航提供有效、丰富的障碍位置信息。

无人自主车是激光雷达主要的实验平台。无人自主车是一种复杂的人工智能系统，主要由环境感知模块、规划决策模块和运动控制模块组成。它是利用车载传感器来感知车体周围环境，并根据感知所获得的障碍物、道路和自身车体的位置信息，由规划系统给出路径点和速度，并由控制系统控制无人车的转向和速度，最终使得无人车能够安全、可靠地行驶。图 8-2 是典型的无人自主车系统的模块架构框图。

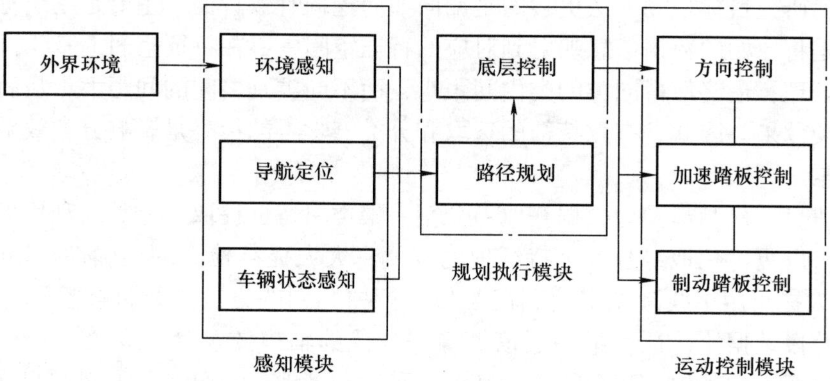

图 8-2　典型无人自主车系统架构

无人车的智能程度主要取决于传感器对于环境的感知能力。无人自主车在复杂环境下驾驶中必须要面临一系列非常具有挑战性的环境感知问题，比如道边检测和跟踪、交通标志和交通信号灯的识别、障碍检测、目标检测、跟踪预测动态障碍物等。激光雷达在无人车中的主要环境感知内容有障碍检测、动态障碍跟踪、目标识别、同步建图（SLAM）、道边检测等。

❑ 障碍检测是激光雷达最基本也是最重要的感知能力，稳定检测障碍信息是确保自主车在路径规划中避免碰撞、安全避开障碍物的基础。雷达数据分割方法大致可分为基于栅格的和基于图的两种。Jacoby Larson 提出了一种基于栅格的障碍检测方法，ChunzhaoGuon 等在栅格表示的基础上采用了马尔可夫随机场进行全局优化；Dominik Steinhauser 等使用 RANSAC 平面拟合对数据进行分割；Frank Moosmann 提出了局部数据块法向量聚类的方法进行分割；M. Himmelsbach 等人提出了先用网格划分再用各射线方向直线拟合来判断路面点和外点。

❑ 基于激光雷达的动态障碍跟踪是在障碍检测的基础之上，通常环境中的动态障碍物主要是行人和车辆。动态障碍物跟踪的一般步骤是：数据分割、聚类、数据关联跟踪、滤波器预测更新。动态障碍的判断一般可以根据相邻帧障碍物的位移差以及无人车自身 GPS 的位移信息来判断。另外障碍物是动态还是静态也可以由毫米波雷达提供的二维位置坐标和速度来融合确定。在描述障碍物方式上，一般有盒子模型和点模型。盒子模型可以很方便地表示障碍物的大小、位置、速度信息，因此大多系统会采用盒子模型来描述障碍物。常用的数据关联算法有最近邻法、联合概率数据关联法、多假设跟踪等。最近邻数据关联算法是由 Singer 等在 1971 年提出的。该算法的大致思想是，优先选取落在相关跟踪门限阈值，同时与跟踪目标预测位置最接近的检测目标作为其关联对象。最近邻法实际上是一种局部最优的贪婪算法，它并不能保证数据关联的结果达到全局最优。联合概率数据关联算法是由 Shalom 等人在概率数据关联（Probability Data Association）算法的理论基础上提出来的，综合考虑跟踪门限阈值内的所有检测目标的概率。多假设跟踪是一种最大后验概率估计器，结合了最近邻算法以及联合概率数据关联的优点。

- 基于激光雷达的目标识别，大致可以分为基于模版匹配的方法和基于特征描述的方法。基于模版匹配的方法一般研究特定目标的模型，然后通过计算被检测物体和给定模版的相似程度来判别。而基于特征描述的方法，则主要研究如何提取障碍物的有效特征。单线激光雷达的目标识别采用片段的轴线特征来分类，而由于多线激光雷达可以获取丰富的三维障碍信息，因此更多研究是基于点云分布和强度分布特征来分类的。对于特征提取的研究大致有三方面：几何形状、3D 点云分布和反射强度概率分布。在基于特征提取分类中，目前较多研究采用机器学习的方法，手工标记样本训练特定的分类器。准确的目标识别一方面可以提供更加丰富的障碍信息给路径规划，另一方面也可以减少目标跟踪匹配中的干扰。

- 路边（curb）检测不同于障碍检测，路边一般是指机动车和人行道的分割边界，是机动车辆驾驶的一种交通限制线。路边检测的研究有基于相机视觉传感器和基于激光雷达点云特征。Oniga 等人利用立体视觉和 Canny 算法来寻找路边。Gangqiang Zhao 等人利用三维激光雷达点云中三个空间线索：高度差距、梯度值、法向量的方向，通过拟合抛物线模型进行稳定的路边检测和跟踪。

激光雷达在无人自主车平台上的成功使用，足以显示出其在地面无人自主车智能导航中的至关重要的地位。激光雷达 1 +2 融合扫描覆盖范围如图 8-3 所示；IBEO 激光雷达 4 +2 融合系统如图 8-4 所示。

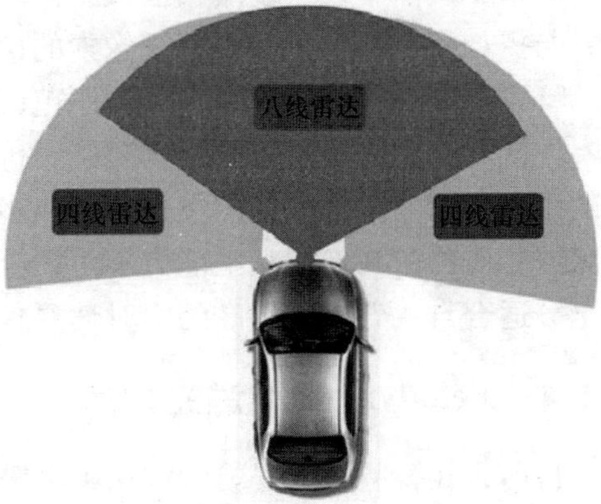

图 8-3　激光雷达 1 +2 融合扫描覆盖范围示意图

8.2.3　激光雷达的优势

传统的距离探测方法是使用无源技术，如立体视觉。而激光雷达之所以在无人驾驶系统中扮演越来越重要的角色，主要是因为它与摄像机等其他传感器相比具有以下优势：

- 激光雷达采用主动测距法，接收到的是物体反射的自己发出的激光脉冲，从而使得激光雷达对环境光的强弱和物体色彩差异具有很强的鲁棒性。

- 激光雷达直接返回被测物体到雷达的距离，与立体视觉复杂的视差深度转换算法相比更为直接，而且测距更为准确。

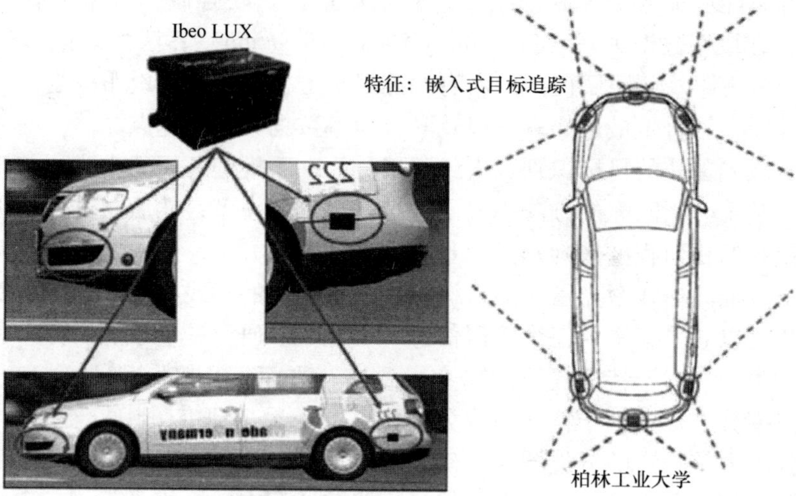

图 8-4　IBEO 激光雷达 4 +2 融合系统

❑ 对于飞点单线或多线扫描激光雷达，它每帧只返回几百到几千个扫描点的程距，与摄像机每帧要记录百万级像素的信息相比，速度更快，实时性更好。

❑ 激光雷达还具有视角大、测距范围大等其他优点。

但同时，激光雷达因为结构复杂，价格高，使得其在自主驾驶上的应用受到很大的限制。近年来，快速的飞点单线或多线扫描激光雷达发展很快。这类激光雷达在获取障碍物的几何形状上能力不足，但是其快速的信息采集速度和较小的系统误差十分适合自主驾驶中较高的实时性要求和复杂工作环境的要求。

8.2.4　Velodyne 三维激光雷达

目前，在智能车上安装的雷达种类繁多，主要有单线激光雷达、多线激光雷达及三维激光雷达等。它们可实现多种功能：障碍物检测、道路检测、目标跟踪等。单线或多线激光雷达只能完成相对简单的功能，如测试距离、障碍物检测等，而利用它们进行更复杂的三维建模、地图构建等功能比较困难。因此，三维激光雷达的引入，可以真正满足无人驾驶智能车对环境理解和地图构建的要求，具有典型代表性的三维激光雷达为美国 Velodyne 公司生产的 64 线激光雷达和 32 线激光雷达。其传感器如图 8-5 和图 8-6 所示。该激光雷达采用电动机旋转的方式来采集数据，用来探测周围 360°范围内的障碍物情况。如表 8-2 和图 8-7 所示，以 64 线激光雷达为例，64 线激光雷达由上下两组各 32 条扫描线组成，并且上下各有一个激光接收器镜面，每条扫描线有其固定的俯仰角。64 线激光雷达传感器探测范围：水平视场 360°，垂直视场 26.8°。探测距离：根据不同的激光反射率，探测距离不同，50m（对路面反射率约 0.1），120m（对汽车和植物反射率约 0.8）；角度分辨率：

0.09°；距离精度：1.5cm。

图 8-5　64 线激光雷达

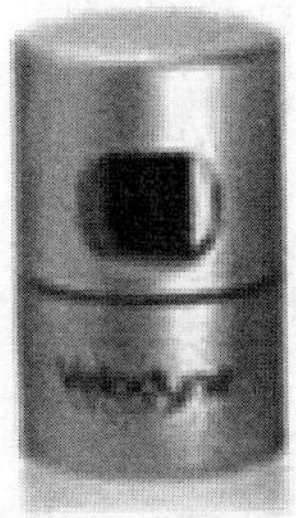

图 8-6　32 线激光雷达

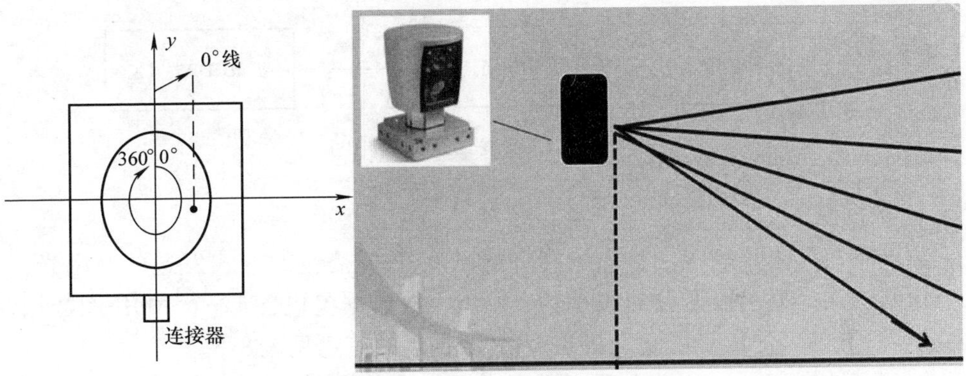

图 8-7　雷达扫描范围

表 8-2　64 线雷达相关数据

尺寸	识别周期	识别距离（厂家）	垂直角（厂家）	水平角（厂家）
203mm×203mm×437mm	100ns	70m	26.8°	360°

8.3　激光雷达数据处理算法

8.3.1　激光雷达数据获取及解包

三维激光雷达的数据是以 UDP 广播包的方式接收的，并通过解包从而获得所需要的点云数据。其流程图如图 8-8 所示。

1. UDP 协议

三维激光雷达的数据是以 UDP 广播包的方式接收的。UDP 协议为非面向连接

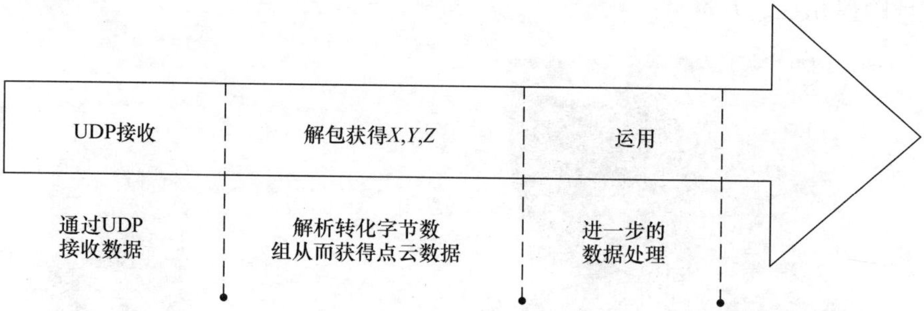

图 8-8 点云数据获取流程图

的协议，数据的发送与接收并不需要像 TCP/IP 协议那样事先建立连接，其次 UDP 以数据包的形式接收数据，因此其速度远高于 TCP/IP。雷达接收数据具体原理如图 8-9 所示。

图 8-9 雷达接收数据原理图

2. 数据解包

三维激光雷达的数据是在局域网络内以 UDP 广播包的方式发送的。激光雷达数据包的格式：每个数据包的大小为 1206B，该数据包包含 12 个 100B 的数据块，以及最后 6B 的其他信息。激光雷达 UDP 数据包的信息见表 8-3。

表 8-3 激光雷达 UDP 数据包信息

数据大小/B	数据内容
2	头信息，对应上 32 根雷达线或下 32 根雷达线
2	旋转角度信息（0～359.99°，精度 0.09°）
96	32 根雷达扫描数据（每根 3B：包括 2B 的距离信息，精度为 2mm；1B 的强度信息，用 0～255 表示）
2	旋转圈数计数（0～65535）
4	版本信息

3. 坐标系统和坐标系变换

建立坐标系统和坐标系变换是建立栅格地图的基础。因为激光雷达固有的复杂的几何模型以及激光雷达在车体上安装有一定的灵活性，所以利用车载激光雷达数据建立栅格地图往往要建立复杂的坐标系统，并且要完成程距数据在坐标系之间的转换。

在构建栅格地图的过程中共用到三个直角坐标系和一个极坐标系，其中三个直角坐标系都是右手坐标系。

❑ 地面坐标系 $OXYZ$。地面坐标系又称世界坐标系，是相对固定的坐标系，全局的栅格地图是在地面坐标系里建立的。定义坐标系原点 O 为地表面上的某一个初始点，X 为地理东方，Y 为地理北方，Z 垂直水平面向上。

❑ 车体坐标系 $O_cX_cY_cZ_c$。车体坐标系随车一起运动。定义坐标系原点 O_c 为车体上的某个固定点，X_c 为车正前方，Y_c 为车左方，Z_c 为车上方。

❑ 雷达直角坐标系 $O_rX_rY_rZ_r$。雷达直角坐标系与雷达固连，定义坐标系原点 O_r 为雷达上的某个初始点，X_r 为雷达主轴线方向，Y_r 为雷达左方，Z_r 为雷达上方。

❑ 雷达极坐标系（ρ,θ）。雷达极坐标系并不是雷达直角坐标系的简单极坐标化的结果。雷达极坐标系与程距数据相对应，因为在不同的扫描线上就有不同的俯角，所以与雷达直角坐标系之间就有不同的转换结果。极坐标原点与雷达直角坐标系原点 O_r 重合，如果忽略同一条扫描线在不同扫描角度上不共面的问题，则极轴可以近似地理解为扫描线在 0°扫描角的方向。

激光雷达的原始程距数据是在激光雷达极坐标系下获得的，而越野环境下的栅格地图则需要在地面坐标系中建立，多帧的程距数据只能在地面坐标系才能达到统一。根据需要，坐标系变换应该包括雷达极坐标系到雷达直角坐标系、雷达直角坐标系到车体坐标系和车体坐标系到地面坐标系的变换。

（1）雷达极坐标系到雷达直角坐标系的变换

雷达极坐标系到雷达直角坐标系的变换要借助于激光雷达的几何模型来进行，雷达极坐标系中坐标为（ρ,θ）的扫描点在雷达直角坐标系中的坐标为

$$\boldsymbol{r}=\begin{bmatrix}x_r\\y_r\\z_r\end{bmatrix}=\begin{bmatrix}\rho(\cos a\cos\theta+\sin a\sin^2\theta)\\\rho(\cos a\sin\theta+\sin a\sin\theta\cos\theta)\\\rho\sin a\cos\theta\end{bmatrix}$$

式中，a 是四扫描线校正角，$a=\begin{cases}0.02094(1.2°)\ 第一条线\\0.006981(0.4°)\ 第二条线\\-0.006981(-0.4°)\ 第三条线\\-0.02094(-1.2°)\ 第四条线\end{cases}$

（2）雷达直角坐标系到车体坐标系的变换

雷达直角坐标系到车体坐标系的变换需要经过一次绕 y 轴的反旋转和一次平移操作，变换公式如下：

$$\boldsymbol{c}=\begin{bmatrix}x_c\\y_c\\z_c\end{bmatrix}=\boldsymbol{R}_y(-a_0)\cdot\boldsymbol{r}+\begin{bmatrix}0\\0\\h_0\end{bmatrix}$$

式中，$\boldsymbol{R}_y$ 是旋转矩阵；$\boldsymbol{R}_y(-a_0)$ 表示绕 y 轴顺时针旋转 a_0。

（3）车体坐标系到地面坐标系的变换

越野环境下车体颠簸得比较厉害，车在行驶过程中相对于地面坐标系存在着偏航角、俯仰角和倾斜角，在三个自由度上都需要进行变换。总的变换过程需要经过三次旋转和一次平移，如图 8-10 所示。

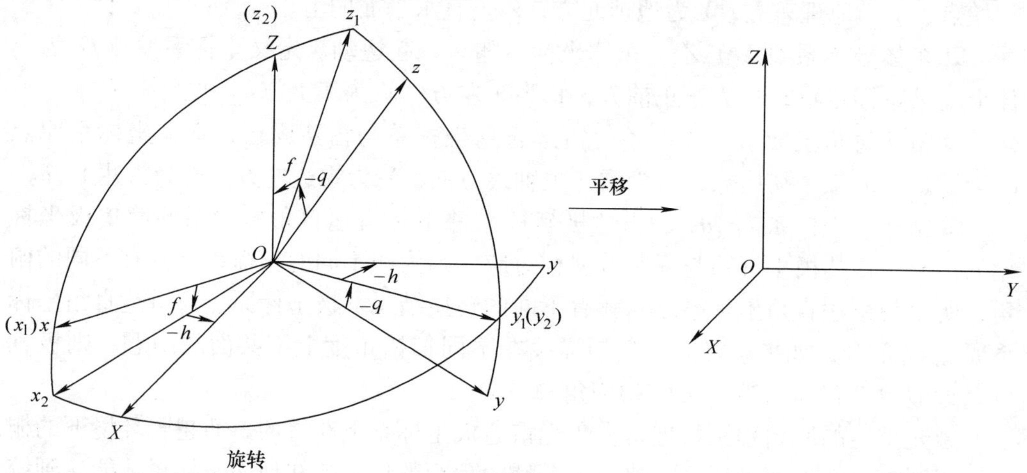

图 8-10　车体坐标系到地面坐标系的变换过程

引入欧拉角和旋转矩阵：偏航角 h，左偏为正；俯仰角 f，仰角为正；倾斜角 q，右倾为正。

$$\boldsymbol{R}_x(a)=\begin{bmatrix}1 & 0 & 0\\ 0 & \cos a & \sin a\\ 0 & -\sin a & \cos a\end{bmatrix},\ \boldsymbol{R}_y(a)=\begin{bmatrix}\cos a & 0 & -\sin a\\ 0 & 1 & 0\\ \sin a & 0 & \cos a\end{bmatrix},\ \boldsymbol{R}_z(a)=\begin{bmatrix}\cos a & \sin a & 0\\ -\sin a & \cos a & 0\\ 0 & 0 & 1\end{bmatrix}$$

x 轴　　　y_1 轴　　　z_2 轴

旋转顺序：$oxyz \Rightarrow ox_1y_1z_1 \Rightarrow ox_2y_2z_2 \Rightarrow oXYZ$

倾斜角 q　　　俯仰角 f　　　航向角 h

则变换公式为：$\boldsymbol{C}=\boldsymbol{R}\cdot\boldsymbol{c}+\boldsymbol{O}$

式中，$\boldsymbol{R}=\boldsymbol{R}_z(-h)\cdot\boldsymbol{R}_y(f)\cdot\boldsymbol{R}_x(-q)$

$$=\begin{bmatrix}\cos h\cos f, & -\sin h\cos q-\cos h\sin f\sin q, & \sin h\sin q-\cos h\sin f\cos q\\ \sin h\cos f, & \cos h\cos q-\sin f\sin q, & -\cos h\sin q-\sin h\sin f\cos q\\ \sin f, & \cos f\sin q, & \cos f\cos q\end{bmatrix};$$

$\boldsymbol{O}$ 是车体坐标与地面坐标相对平移量。

处理器从局域网络上获得这些数据包后，就需要将其进行转换，即从距离、角度信息，通过内外参的标定数据转换到车体坐标系。根据内参标定得到的文件，进行距离、角度信息的误差校正，其中包括旋转校正角度、垂直校正角度、距离校正角度、垂直偏移因子以及水平偏移因子等。在得到相对较为准确的距离角度信息后，通过下列公式将其转化为雷达坐标系下的三维位置点 $(x,y,z)_1$：

$$x = \rho\cos\alpha\cos\theta$$
$$y = \rho\cos\alpha\sin\theta$$
$$z = \rho\sin\alpha$$

式中，ρ 为三维点距离雷达的距离；α 为该点所在的雷达线的俯仰角，即垂直方向的角度；θ 为水平方向的航向角。

最后通过外参标定得到的旋转矩阵 $\boldsymbol{R}$ 和平移矩阵 $\boldsymbol{T}$ 将每个三维点转化为车体坐标系下的位置点 $(x, y, z)_v$。

$$\begin{bmatrix} x_v \\ y_v \\ z_v \end{bmatrix} = \boldsymbol{R}\begin{bmatrix} x_1 \\ y_1 \\ z_1 \end{bmatrix} + \boldsymbol{T}$$

其具体实现流程如图 8-11 所示。

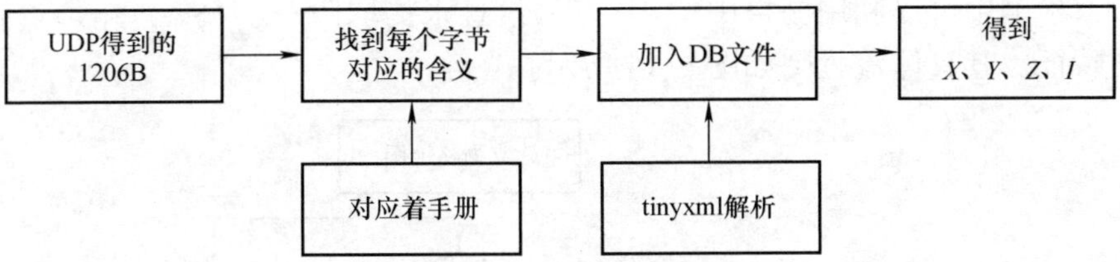

图 8-11　数据解包流程图

8.3.2　激光雷达识别障碍物

栅格地图最早是由 Elfes 和 Moravec 提出的，后来被扩展了，分为 2D 栅格地图和 3D 栅格地图。它们的共同点是都将整个环境分割成均匀的单元栅格；不同的是 2D 栅格地图每个栅格只有两种状态：1 或 0，而 3D 栅格地图每个单格的值代表这个格子的高度信息，从而更精细地表示整个环境地形。对于栅格地图，环境空间的分辨率与栅格尺寸的大小有关，要想增加分辨率，就要减小栅格的尺寸，同时也将增加运算的时间和空间复杂度，所以在实际应用时要权衡车辆导航需要和系统运算能力来合理选择栅格尺寸。

将解包后的每一帧数据（大约有 13 万个点）投影到栅格地图上，再进行相关处理，从而得到障碍物信息。其具体流程如图 8-12 所示。

图 8-12　障碍物检测流程图

1. 栅格投影

建立 $M \times N$ 的栅格地图，栅格大小是 G。在此我们定义一帧为激光雷达旋转一周内所获得的点云数据。将三维点投影到（x，y）栅格平面上，为了方便统一计算三维点所落入栅格的位置，需要将整体的 $x-y$ 坐标值都转化为正值，因此需要在 $x-y$ 坐标值上增加平移量（map_x，map_y）。栅格转化公式如下所示：

$$Row = (y + map_y)/G$$
$$Col = (x + map_x)/G$$

栅格障碍检测方法是用一个格子来表示格子中的三维点，在后续的目标分类中就难以充分利用原始三维点云信息，因此需要在栅格化的同时记录下每个落入的三维点云坐标和强度信息。图 8-13 所示为障碍栅格地图哈希映射 3D 点云，这种哈希的结合方法可以高效率地建立由栅格障碍点到三维点的映射关系，以便在后续车辆检测和行人检测中可以利用栅格中的 3D 点云信息来提取障碍物的特征。其具体流程图如图 8-14 所示。

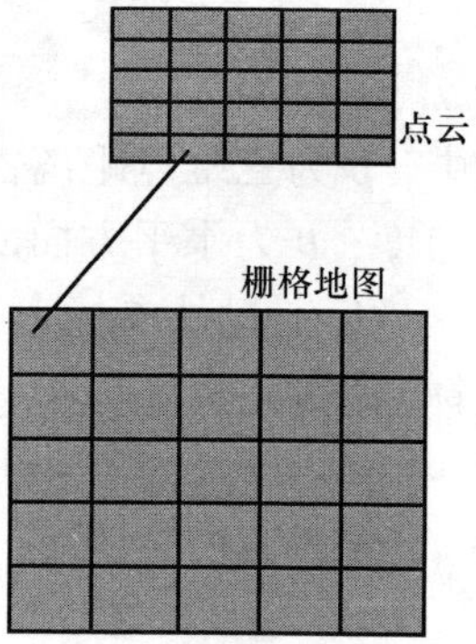

图 8-13　障碍栅格地图哈希映射 3D 点云

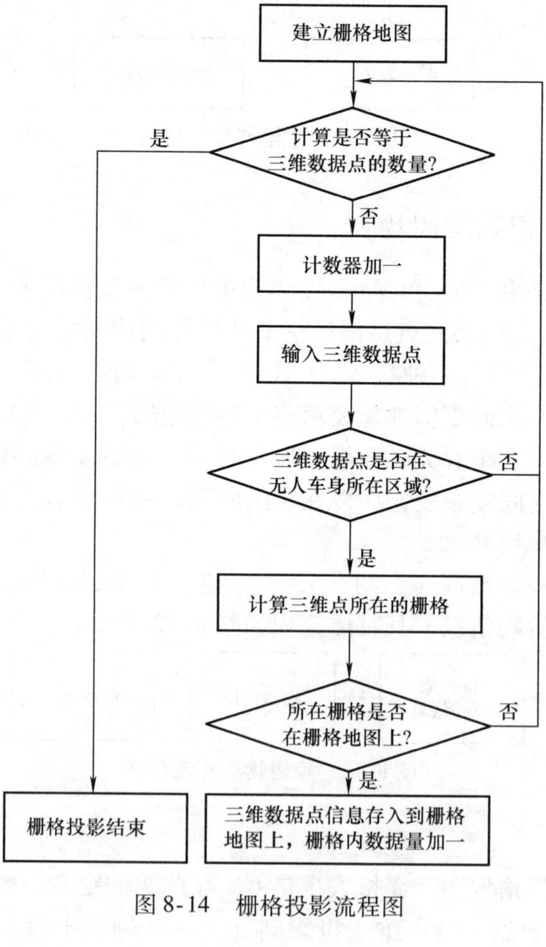

图 8-14　栅格投影流程图

2. 栅格处理

经过投影之后，地图上每个栅格包含三维点个数、最大高度、最小高度等信息。数据处理时遍历每个栅格，判断该栅格的属性。属性分为可通行、不可通行和未知区域三类。其中可通行属性是平坦地面、坡面等，不可通行属性指一般影响智能车安全行驶的障碍物，未知区域属性表示雷达检测盲点。

车辆在非结构化道路上行驶时，智能车会发生颠簸，影响俯仰角，导致障碍物的高度产生测量误差。另一方面，智能车前方如遇到一个大的上坡路段，虽然雷达能够测量到有一定高度的物体，但实际上这是可以通行的。故本系统采用相对高度的概念来判断栅格是否为障碍物，这样一方面减小车辆颠簸带来的影响，另一方面不会将小石块或坡面判定为障碍物。其具体流程如图 8-15 所示。

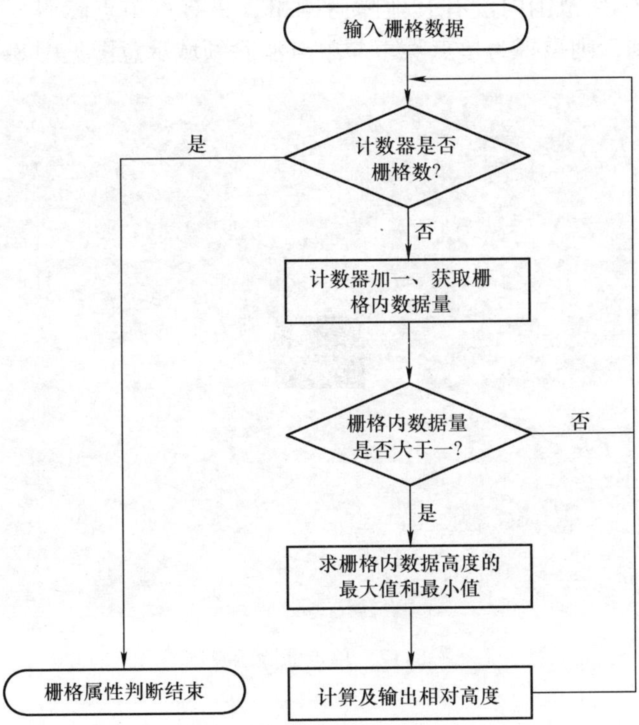

图 8-15　栅格处理流程图

在实验过程中，偶尔会遇到少数雷达错误反射点，而这些错误点往往是单点孤立存在的；还有一些是悬空小障碍，如悬挂的树枝、小飞虫等，也会引入一些障碍误检。在智能车路径规划中，若是碰到这些误检点就会使智能车紧急制动，造成智能车无法通过的假象。

因此在实际智能车系统中能够提供可靠稳定的障碍信息是非常重要的，在障碍栅格地图输出之前必须要进行悬空点滤除和单点滤除，可以有效抑制传感器噪声和环境噪声干扰。

（1）悬空点滤除

统计落在网格内的雷达三维点（x, y, z），对于最低高度超过 2m 的障碍点，如果少于两条雷达线扫描到，便被视为悬空点，如图 8-16 所示。

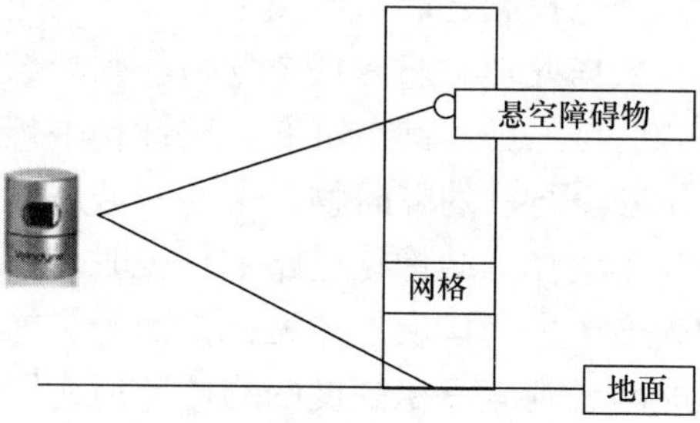

图 8-16　悬空点示意图

（2）单点障碍滤除

在近处小于 20m 的范围内，由于三维激光雷达数据是致密的，障碍点一般都是成堆出现的。若是在一个以障碍物网格为中心的 7×7 范围内没有其他障碍网格，只有点单点障碍，并且如果少于 2 条雷达线扫描到，则被视为单点噪声。单点滤除领域示意图见图 8-17。

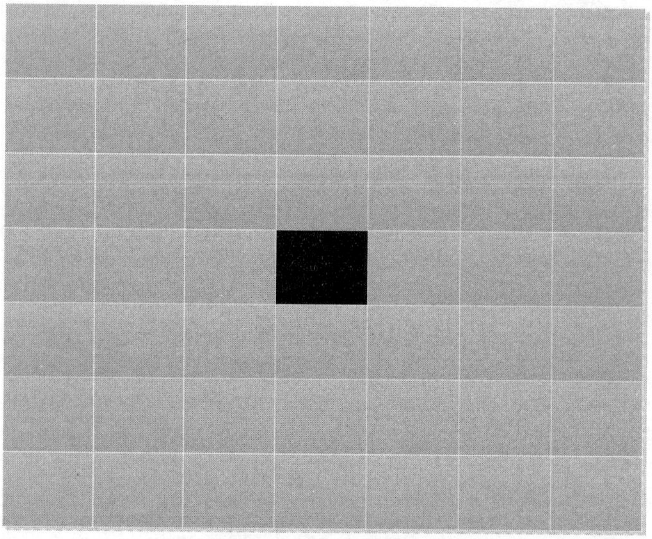

图 8-17　单点滤除示意图

8.3.3　用 Hough 变换进行路边检测

城市环境中的道路一般比较直，本章将路边采用直线模型进行拟合，本文选择 Hough 变换算法进行直线提取。把栅格地图看成一幅灰度图像，每个栅格就是一个像素，障碍栅格就是信息点，局部地图的路边大体在一条直线上，在图像中检测这些信息点的直线信息，Hough 变换算法是很好的方法。Hough 变换算法的思想，就是将笛卡儿坐标系下的所有信息点（包括所有可能通过该点的直线）变换为 Hough 参数空间中的相应曲线，那些在笛卡儿坐标下组成一条直线的点在 Hough 参数空间表现为一系列有公共交点的正弦曲线。Hough 参数空间中具有最大的正弦曲线的相交次数的点，对应为笛卡儿坐标系中具有最多点数的一条直线。在笛卡儿坐标系下，任何一条直线可以用以下的参数方程表示：

$$r = x\cos\theta + y\sin\theta \ (r \geqslant 0,\ 0° \leqslant \theta < 360° \text{或}\ r \in R,\ 0° \leqslant \theta < 180°)$$

r 和 θ 这两个参数形成一个参数空间，称为 Hough 参数空间。于是，通过改变描述直线的参数空间，就可以把在笛卡儿空间的一条线描述为 Hough 参数空间的一个点。Hough 变换的一般步骤为：

- ❑ 建立 Hough 参数空间的合理采样。
- ❑ 将图像空间中的所有目标点映射到 Hough 参数空间。
- ❑ 找出 Hough 参数空间累加器中的最大值。
- ❑ 将 Hough 参数空间中的最大值映射回到图像空间中，则该直线就是在图像空间中具有最显著的直线特征的直线（该直线的组成像素点数最多）。

Hough 变换是使用得最成功的直线提取算法，选择 Hough 变换来提取直线路边的主要原因是：①Hough 变换提取直线对噪声有很好的适用性，特别适合于存在一定噪声的情况下提取直线，而像最小二乘法拟合直线很容易受到噪声的影响而提取出错误的结果；②Hough 变换从整体来考虑所有候选点的分布，这样提取出的直线考虑了更多的全局信息，即使路边被障碍物（如停在路边的车辆）遮挡，也能够获得很好的结果，而一些增量式的直线提取算法考虑更多的是局部的候选点分布，容易产生漏检。当然 Hough 变换的处理时间比最小二乘法、增量式算法、RANSAC 算法可能要长一些，但是实际提取到的候选路边点的数量比较少，所以在实时性上也可以满足实际应用的要求。其具体流程如图 8-18 所示。

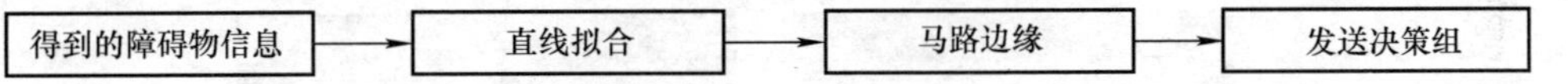

图 8-18　路边检测流程图

8.4　激光雷达数据处理算法优化

8.4.1　栅格投影优化

激光雷达数据是大量的随机数据，所以激光雷达数据投影栅格时将会有大量的访存。其一，激光雷达数据是随机的，无法确定激光雷达数据投影所在栅格的具体位置，因此无法利用合并访问来发挥 GPU 独有的优势；其二，无法确定激光雷达数据是栅格内第几个数据，需要通过累加来计算栅格内数据量，这将影响激光雷达数据之间的并行性，使得性能降低。所以，栅格投影并不适合放入 GPU 优化，我们采用 NVIDIA Tegra X1 ARM 处理器来处理该过程。

通过上述分析，本文结合 ARM 的运算特点，对该算法主要进行两方面优化。

1. 减小运算强度

利用左/右移位操作代替乘/除 2 运算：乘以 2 的幂次方或除以 2 的幂次方通常都可以通过左移或右移 n 位来完成。实际上乘以任何一个整数都可以通过移位和加法来代替乘法。Tegra X1 ARM 中加法和移位可以通过一条指令来完成，且执行时间少于乘法指令。例如：$\alpha = \alpha \times 5$ 可以用 $\alpha = (\alpha << 2) + \alpha$ 来代替。

利用逻辑与运算代替求余运算：用逻辑与（AND）指令代替求余操作（%）来提高效率。例如：$\alpha = \alpha \& 0 \times 07$ 可以用来代替 $\alpha = \alpha \% 8$。

2. 优化循环终止

Tegra X1 ARM 中判断条件在一个循环结构中，循环的终止条件将严重影响循环的效率，再加上 ARM 指令的判断条件执行特性，所以在编写循环终止条件语句时应尽量使用 count - down - to - zero 结构。这样编译器可以用一条 BNE（若非零则跳转）指令代替 CMP（比较）和 BLE（若小于则跳转）两条指令，既减小代码尺寸，又加快了栅格投影在 Tegra X1 ARM 上的运行速度。

8.4.2 数据传输优化

在 Tegra X1 平台中，虽然 device 和 host 内存共享，但是 device 端与 host 端之间的数据传输也是整个算法性能主要瓶颈之一。内存分为 pageable memory 和 pinned memory。如图 8-19 所示，当将数据从 host 传到 GPU 时，需要先将 pageable memory 传到 pinned memory，所以 pinned memory 无论是 device 与 host 还是 device 与 device，传输速率都远大于 pageable memory 的传输速率。

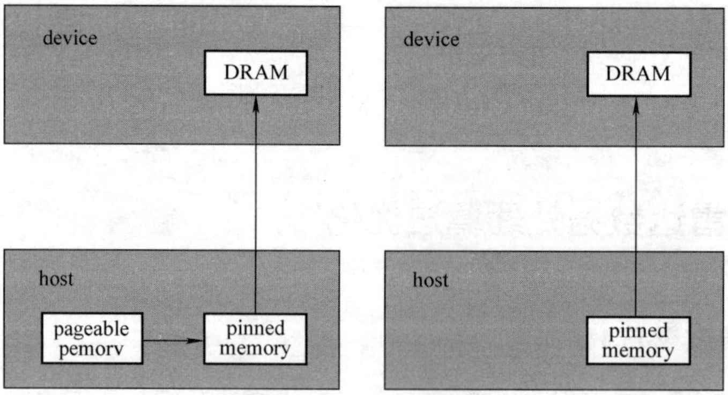

图 8-19 数据传输

以 NVIDIA Tegra X1 为例，传输 32MB 的数据，在 pinned memory 上 host 传输到 device 的传输速率的带宽为 9892.3MB/s，device 传输到 host 的传输速率的带宽为 10076.1MB/s。而在 pageable memory 上，host 传输到 device 的传输的实际带宽为 2236.1MB/s，device 传输到 host 的传输的实际带宽为 1958.4MB/s，而 device 之间传输的实际带宽达到 17919.4MB/s。因此，选择合适的内存可以实现数据传输的优化。

实际上，CUDA 提供一种允许 GPU 线程直接访问 host 端的 pinned memory 的机制，称为 zero copy。通过线程与底层硬件的直接映射，可以减少数据传输的消耗。

栅格投影后的栅格数据量非常大，如果采用通用的传输方法，则其占用内存和时间消耗极大。本书采用 zero copy 的方式来进行数据传输，将栅格投影后的数据存放在 pinned memory 上，从而减少数据传输的消耗。

8.4.3　栅格处理优化

1. 初步算法设计

栅格处理是以栅格为单位进行处理。栅格之间毫无依赖关系，具有良好的并行性。因此本书采用一个线程负责处理一个栅格的方法来处理栅格数据，这种初步算法设计比较容易实现。该算法设计以线程作为基本处理单元，不同的线程分别获取对应的栅格内的信息，根据栅格内的信息得出栅格的相对高度差。具体算法设计流程如图 8-20 所示。

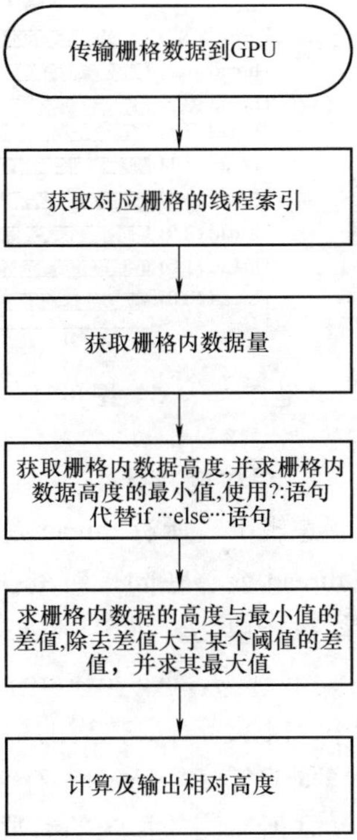

图 8-20　线程（Thread）处理栅格

栅格内数据量不一致，若采用初步算法设计的方法来处理栅格数据，将导致有的线程任务过大，造成线程间的负载不均衡。由于 GPU 采用 SIMT（单指令多数据，Signal Instruction Multiple Thread）编程模型，其调度和执行的基本单位是 warp，其最终执行时间由执行时间最长的线程决定。因此，这种线程间的负载不均衡现象可导致程序性能的极大降低。

图 8-21 显示了负载不均衡的现象。假设一个 warp 中包含 9 个线程，每个线程负责处理一个栅格。如图 8-21 所示，在处理完第一个栅格数据时，所有线程都处于忙碌状态，线程间负载均衡。然而，处理第二个栅格数据后，（0，0）和（1，1）负责的栅格数据已经处理完毕。那么在处理第二到第四个栅格数据时，这两个窗口对应的（0，0）和（1，1）线程将处于空闲状态，直接退出。更为严重的是，随着处理过程的进行，越来越多的栅格处理完毕，也就意味着越来越多的线程退出。直到处理到最后一个栅格数据时，只有线程（1，2）还处于活动状态，其他 8 个线程都已经退出，这就造成了这 9 个线程间的负载不均衡现象。更糟糕的是，各个栅格数据量差异越高，所需要的运算量就越大。这种线程间的负载不均衡现象，特别对采用多线程调度机制（warp）的 GPU 来说，会严重浪费其计算资源，进而严重制约算

法在 GPU 上的性能。

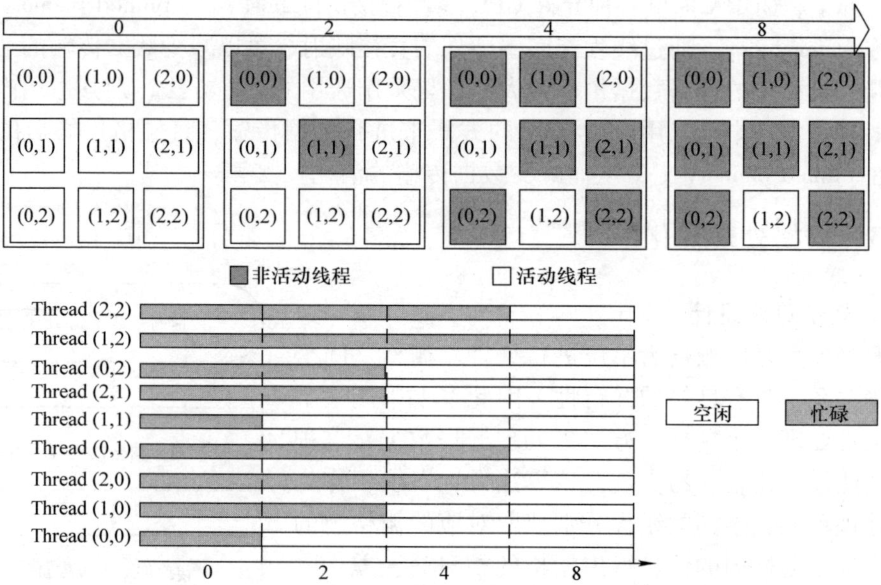

图 8-21　栅格处理初始 GPU 版本的负载不均衡现象

2. 粗粒度并行

逻辑上，所有 thread 是并行的，但是，从硬件的角度来说，实际上并不是所有的 thread 能够在同一时刻执行。32 个并行 thread 组成了一个 warp。warp 是 SM 的基本执行单元。在 SM 中 warp 调度器每个 cycle 会挑选 warp 送去执行。一个被选中的 warp 称为 selected warp；没被选中、但是已经做好准备被执行的称为 eligible warp；没准备好要执行的称为 stalled warp。warp 适合执行需要满足下面两个条件：

- 32 个 CUDA core 有空。
- 所有当前指令的参数都准备就绪。

图 8-22 所示为用 warp 处理的简单的执行流程。当 warp0 阻塞时，执行其他的 warp，当 warp 变为 eligible 时，重新执行。

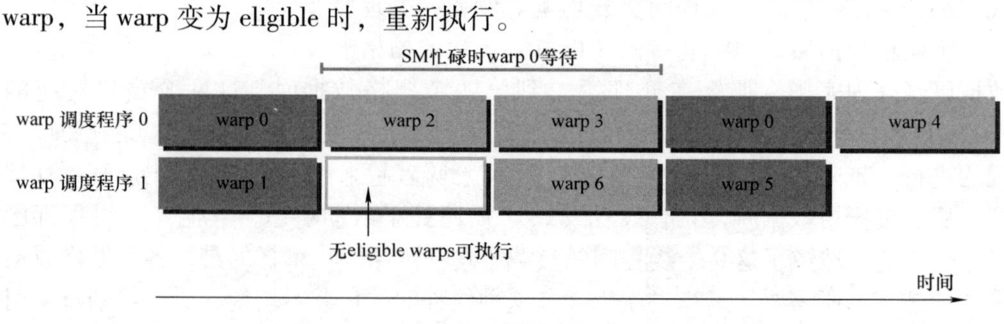

图 8-22　用 warp 处理的简单的执行流程

指令从开始到结束消耗的 clock cycle 称为指令的 latency。当每个 cycle 都有 eligible warp 被调度时，计算资源就会得到充分利用。基于此，我们就可以将每个指令的 latency 隐藏于 issue 其他 warp 的指令的过程中。

传统 GPU 编程模型都选择 thread 作为最基本的并行执行单位。然而在该算法中，各个栅格内的数据差异很大，当以线程作为基本单元处理栅格时，将出现线程间的负载不均衡现象，因此 thread 作为并行粒度的编程方法并不可行。在这种情况下，我们引入粗粒度并行的概念：选择 warp 作为基本并行执行和任务分配的单位，同时 warp 内所有线程将协同完成分配给 warp 的计算任务。

warp 是 SM 的基本执行单元，一个 warp 包含 32 个并行 thread。这 32 个 thread 执行于 SMIT 模式。也就是说，所有 thread 执行同一条指令，并且每个 thread 会使用各自的 data 执行该指令。一个 warp 中的线程必然在同一个 block 中。如果 block 所含线程数目不是 warp 大小的整数倍，那么多出的那些 thread 所在的 warp 中，会剩余一些非活动的 thread，也就是说，即使凑不够 warp 整数倍的 thread，硬件也会为 warp 凑足，只不过那些 thread 是非活动状态，需要注意的是，即使这部分 thread 是非活动的，也会消耗 SM 资源。一个 warp 的 context 包括 program counter、register 和 shared memory 三部分。

在同一个执行 context 中切换是没有消耗的，因为在整个 warp 的生命周期内，SM 处理的每个 warp 执行 context 都是 on - chip 的。每个 SM 有一个 32 位 register 集合放在 register file 中，还有固定数量的 shared memory，这些资源都被 thread 瓜分了。由于资源是有限的，所以，如果 thread 比较多，那么每个 thread 占用资源就较少；如果 thread 较少，那么占用资源就较多。这需要根据任务的需求做出一个折中选择。

本书根据栅格处理算法的特点，在一个 block 里分配 8 个 warp 来使 warp 内 thread 占有足够的资源，如图 8-23 所示。warp 是 SM 的基本执行单元，即 warp 内的线程是并行的。若 warp 内线程处理任务所需的时间不同，则出现 warp 内的任务小的线程等待任务大的线程，从而导致出现负载不均衡的问题。各个栅格内的数据差异很大，若以线程作为处理栅格的基本单元，则将出现严重的负载不均衡问题。对此，本书采用一个 warp 处理一个栅格的策略来处理栅格数据，再对 warp 内的线程的任务进行重新分配，使得 warp 内任务量大小相同来解决负载不均衡问题。栅格内数据都与结果数据有关，即数据之间有依赖关系，此时原有的 CUDA 编程技术并不能解决该问题。本书采用了 shuffle 技术来解决该问题，即通过 warp 内的 0 号线程来获取栅格内部数据量，其次通过__shfl（）函数将其将传到 warp 内的其他 31 个线程的寄存器上，如图 8-24 所示。

用__shfl_down（）函数来求极值的具体算法流程如图 8-25 所示。本书通过上述方法来取代一个线程处理一个栅格所需的单指令序列，增加有效带宽和减少延迟。对于栅格数据来说，因为许多栅格内的数据量并不超过 32（warpsize 的大小），

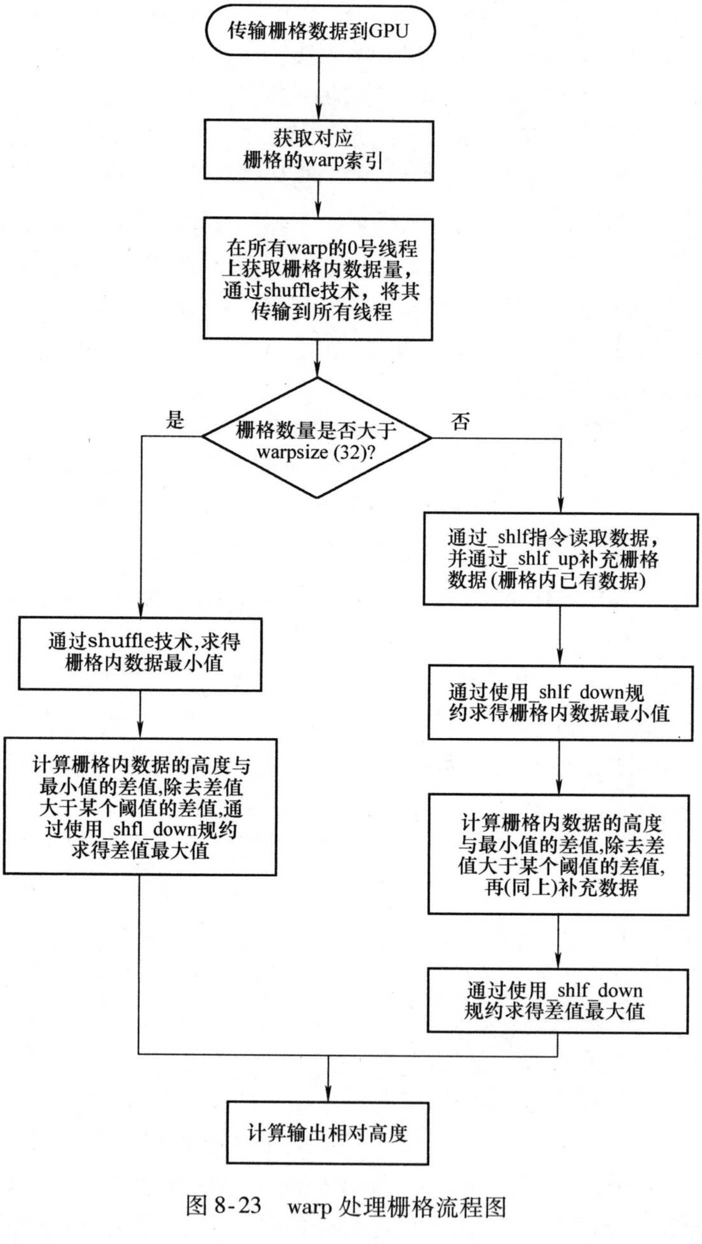

图 8-23　warp 处理栅格流程图

所以在该并行模式下，只需访问一次全局内存，即可将此栅格的数据读入寄存器，从而避免了多次访问该栅格的数据，减少了访问消耗。

3. 数据本地化

数据本地化是指将数据从片外内存（local memory、global memory、constant memory 和 texture memory）转移到片内（register、shared memory），并实现数据共享，以此来减少片外内存访存的依赖。因此，可以通过数据本地化，减少对 global

```
if ( laneid==0 ) //the zero – number thread
        n=cgeshu[sgwei];
n=_shfl(n,0);//gets the amount of data in the grid
```

图 8-24　用__ shfl（）函数获取栅格内部数据量信息

```
for(int offset = n/2+1;offset>0;offset/=2)
height=height<_shfl_down(height,offset,n)?heighe:_shfl_down(height,offset,n);
```

图 8-25　用_ shfl _ down（）求极值

memory 的访存依赖，从而提高算法性能。

就栅格处理程序而言，在 warp 处理完一个栅格数据后，其结果数据只有一个，若直接访问全局内存，那么一个 block 内将会发生多次访存请求，增加访存开销，大大影响处理性能。因此，本书采用数据本地化的方法，即每个 warp 在处理完一个栅格数据后，并不急于将结果写回全局内存，而是将结果数据放入 shared memory 上。在该 block 所有的 warp 处理完后，启用第 0 个 warp 一次性将所有结果数据存入全局内存中，从而减少对全局内存的访问，减少对访存带宽的依赖。其具体流程如图 8-26 所示。

图 8-26　数据本地化流程图

8.4.4　性能评估

1. 实验平台

本书应用北京联合大学 C70 智能车上使用的工控机和 NVIDIA Tegra X1 作为两个性能对比平台。其中工控机是 Inter i7 的高配置计算机，NVIDIA Tegra X1 是由 ARM 和 GPU 组合而成的。其具体配置见表 8-4。

表 8-4　平台配置

工控机配置		TX1 配置	
处理器	Inter（R）Core（TM）、i7CPU M620	ARM 处理器	4 × ARM Coretex A53 +4 × ARM Coretex A57
处理器频率	2.67GHz	GPU 架构	Maxwell
内存	8.00GB 内存	SMs	2
操作系统	Windows7 64 位操作系统	CUDA Cores	256 CUDA Cores
		Memory Clock rate	1.6GHz

2. 雷达算法性能分析

本小节激光雷达测试数据采集于障碍物较少的简单道路环境和障碍物较多的复杂道路环境，并以这两种数据进行激光雷达数据处理性能分析。简单道路环境激光雷达数据处理显示如图 8-27 所示，复杂道路环境激光雷达数据处理显示如图 8-28 所示。

图 8-27　简单道路环境激光雷达数据处理显示

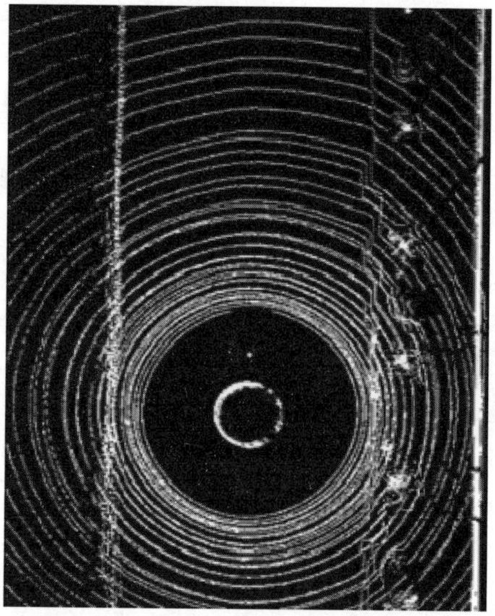

图 8-28　复杂道路环境激光雷达数据处理显示

（1）栅格投影

传统激光雷达栅格投影处理方式是将栅格数据存放在 pageable memory 上，如果采用该方式存放栅格数据，则 GPU 与 CPU 的传输只能用 cudaMemcpy（）来进行（目前 Tegra X1 不支持将已有数据的 pageable memory 直接锁定为 pinned memory）。传输 32MB 的数据在 pageable memory 上，host 传输到 device 传输的实际带宽为 2236.1MB/s，传输较大的栅格数据到 GPU 的消耗是极大的。

为此，本书将栅格数据存放在 pinned memory 上。因为 Tegra X1 的 CPU 和 GPU 内存共享，所以数据在 pinned memory 上的访存性能与在 page memory 上相当。再结合 Tegra X1 ARM 的特点对栅格投影进行优化，优化后 Tegra X1 与工控机的性能对比如图 8-29 所示。本书采用基于 Tegra X1 ARM 优化后的栅格投影算法来处理不同道路环境下的激光雷达数据。从图 8-29 可以看出，投影后的栅格数据存放在 pinned memory 的性能优于存放在 pageable memory，其性能相较于工控机的性能有了 5 ~6 倍的提升。

（2）栅格处理

本书首先完成栅格投影后的栅格数据基于 Tegra X1 ARM 处理算法的优化，对

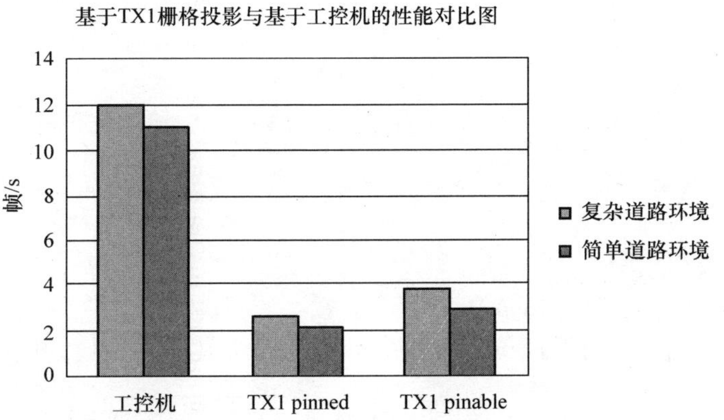

图 8-29　优化后 Tegra X1 与工控机栅格投影性能对比

于不同环境的激光雷达数据其处理性能相较于工控机的性能有 2 ~2.2 倍的提升，其性能对比如图 8-30 所示。

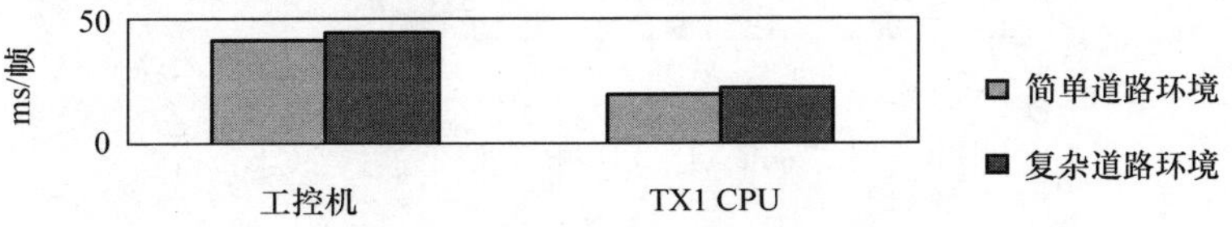

图 8-30　Tegra X1 ARM 优化与工控机栅格处理的性能对比

GPU 优化时考虑到栅格之间毫无依赖关系，即有良好的并行性，因此尝试采用一个线程处理一个栅格的方法来进行并行处理，以提高处理性能；再将处理后的数据放入共享内存中，来提高 global memory 的访存效率。GPU 采用 SIMT（Signal Instruction Multiple Thread，单指令多数据）编程模型，其调度和执行的基本单位是 warp。其最终执行时间由执行时间最长的线程决定。如图 8-27 所示，对于道路障碍物较少的简单环境，各个线程的负载比较均衡，warp 间的负载不均衡的现象并不严重。如图 8-28 所示，对于道路障碍物较多的复杂环境，各个线程的负载极度不均衡，warp 间的负载不均衡很严重。

当以 thread 作为处理单元时，激光雷达栅格数据处理的稳定性比较差。本书采用粗粒度并行的方法来处理栅格数据，即以一个 warp 处理一个栅格，可获得较高的稳定性，如图 8-31（见彩插）所示。

由于采用 warp 作为处理单元，其处理对应的栅格结果为一个数据，直接访问 global memory 的代价很高，因此本书将处理后的结果放入 shared memory 中（即数据本地化），从而实现合并访存，提高 global memory 的访存效率。采用 warp 作为处理单元加数据本地化的处理性能远远高于采用 thread 作为处理单元的处理性能，

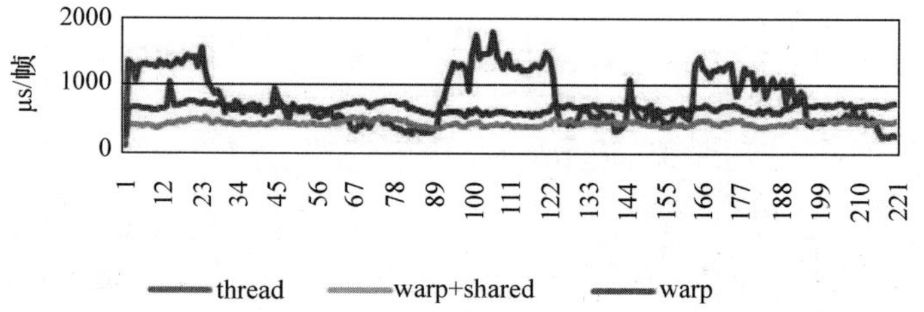

图 8-31　栅格处理数据稳定性对比

也高于只采用 warp 作为处理单元方法的处理性能，其性能对比如图 8-32 所示。

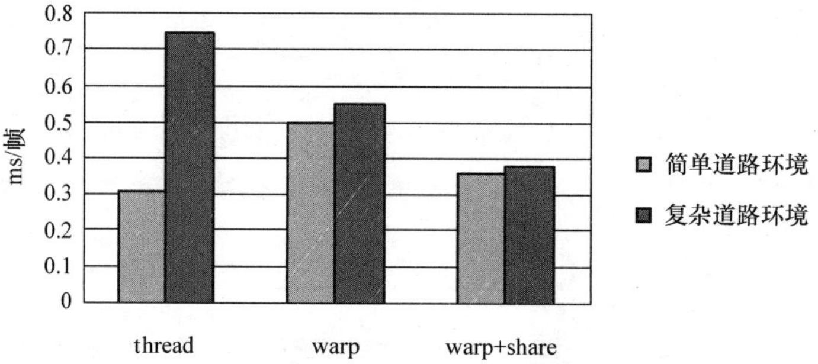

图 8-32　Tegra X1 GPU 栅格处理的性能对比

（3）实车测试

一个完整的激光雷达数据处理算法包括数据获取、数据解析、障碍物检测、道路检测和路径规划等几个算法模块。本书在对激光雷达数据处理算法优化之前，首先对这几种算法在 NVIDIA Tegra X1 上进行性能测试。测试结果发现障碍物检测算法耗时最长，其他几个算法模块在 NVIDIA Tegra X1 上所耗时间并不长。因此本书的主要工作是对障碍物检测算法进行了大量的优化，对其他几个算法模块只做了少量的优化。基于 NVIDIA Tegra X1 的 32 线激光雷达优化后的算法，已在北京联合大学 C70 智能车上完成行驶实验。对比 Tegra X1 和工控机处理数据性能分析，发现从雷达上读取数据 Tegra X1 和工控机性能相差不大，但其处理性能是采用工控机处理激光雷达数据的 5 ~6 倍。具体如图 8-33 所示。

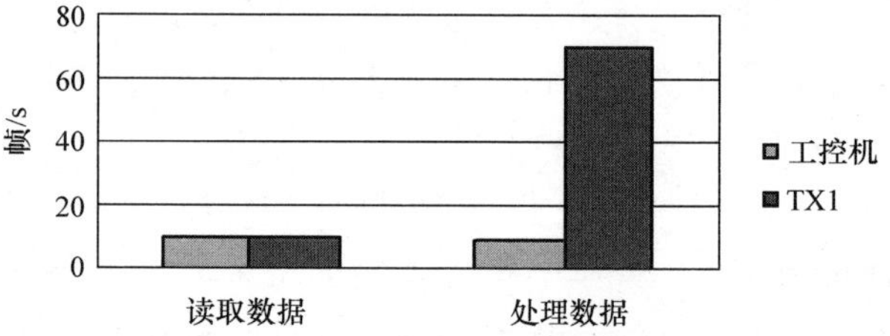

图 8-33　激光雷达 Tegra X1 与工控机处理数据的性能对比

8. 5　本章小结

本章讲述了车载雷达系统的发展以及相关的激光雷达算法。为了提高实时性要求，通过采用 zero - copy、粗粒度并行和使用 shared memory 的方法，来对激光雷达数据处理算法进行加速。实验结果表明，优化后的算法不仅在性能上得到了明显的提升，而且拥有更好的实时性，提高了其工程应用价值。

本章以基于三维激光雷达的雷达数据处理算法来讨论基于异构平台的激光雷达算法在无人驾驶的应用。在保证处理效果的基础上，对算法进行优化，从而提高无人车的检测性能，对提高智能性和安全性以及解决现实问题具有一定的参考价值。

第 9 章　性能与能耗的权衡

9.1 引言

长期以来，性能一直是高性能计算机系统研制中优先考虑的主要目标。微电子技术的变革与计算机体系结构的创新使得高性能计算机系统的性能有了明显的提高。然而，随着高性能计算机性能的快速提升，高性能计算机系统规模越来越大，能耗也随之急剧增加。能耗的增加使系统运行成本提高。能耗的增加影响系统可靠性。能耗的增加会对环境带来负面影响。近 9 年 Top500 中第一名能耗性能变化趋势如图 9-1 所示。

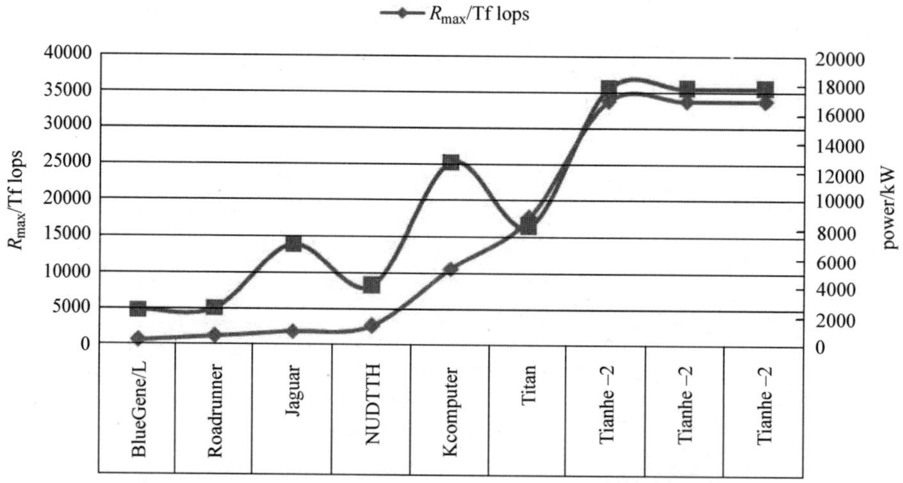

图 9-1　近 9 年 Top500 中第一名能耗性能变化趋势

随着能耗问题的日益突出，衡量高性能计算机系统的标准中逐渐增加了能效指标。Green Top500 以能效（即 MFlops - per - Watt）来评价超级计算机，2016 年 6 月，Green top 500 的前十名如表 9-1 所示，可以看到每瓦的百万浮点指令数是其排名依据。Green Grid 使用电源使用效率（PUE，Power Usage Efficiency）对计算机系统进行评价。工业界推出了评价多节点计算机能耗和性能特征的标准基准测试工具 SPECpower _ ssj2008。可见，能耗与性能一样，已经成为衡量高性能计算机系统的一个重要指标。

表 9-1　2016 年 11 月 Green500 的前十名

Green500 排名	MFLOPS/W	地址	系统	总功率/kW
1	9462.1	NVIDIACorporation	NVIDIADGX – 1，XeonE5 – 2698v420C2.2GHz，InfinibandEDR，NVIDIA TeslaP100	349.5
2	7453.5	Swiss National SupercomputingCentre (CSCS)	CrayXC50，XeonE5 – 2690v312C2.6GHz，Aries interconnect，NVIDIA TeslaP100	1312
3	6673.8	Advanced Center for Computing and Communication，RIKEN	ZettaScaler – 1.6，XeonE5 – 2618Lv38C2.3GHz，InfinibandFDR，PEZY – SCnp	150.0
4	6051.3	National Supercomputing CenterinWuxi	SunwayMPP，SunwaySW26010-260C1.45GHz，Sunway	15371
5	5806.3	FujitsuTechnology SolutionsGmbH	PRIMERGYCX1640M1，IntelXeon-Phi721064C1.3GHz，IntelOmni – Path	77
6	4985.7	Joint Centerfor Advanced High Performance Computing	PRIMERGYCX1640M1，IntelXeon-Phi725068C1.4GHz，Intel Omni – Path	2718.7
7	4688.0	DOE/SC/Argonne National Laboratory	CrayXC40，IntelXeonPhi723064-C1.3GHz，Ariesinterconnect	1087
8	4112.1	Stanford Research Computing Center	CrayCS – Storm，IntelXeonE5 – 2680v210C2.8GHz，InfinibandFDR，Nvidia K80	190
9	4086.8	Academic Center for Computing and Media Studies (ACCMS)，KyotoUniversity	CrayXC40，IntelXeonPhi725068-C1.4GHz，Ariesinterconnect	748.1
10	3836.6	ThomasJefferson National Accelerator Facility	KOICluster，IntelXeonPhi723064-C1.3GHz，Intel Omni – Path	111

因此，强劲性能如今不再是衡量超级计算机价值和影响力的唯一指标。日益增加的能耗已成为制约高性能计算机系统发展的主要瓶颈之一。

NVIDIA DGX – 1 位列 Green500 第一名，它是 NVIDIA 公司设计的首款单机箱人工智能超级计算机。而其使用的 Pascal 架构是非常强大的 GPU 内置计算架构。

它让普通计算机变成性能强大的超级计算机。在深度学习方面，与当前这代 GPU 架构相比，由 Pascal 支持的系统的神经网络训练性能提高了 10 倍。

提供更高的性能和提高能效是新的 GPU 架构的两个关键目标。与 Kepler 架构相比，Maxwell 架构中的 SM 做了许多改变，提高了其性能。Pascal 架构在这一基础上还进行了额外的改进，使我们能够提高每瓦的性能，甚至能超过 Maxwell 架构。尽管 TSMC 的 16nm FinFET 晶体管制造工艺起着重要作用，但也实施了许多 GPU 架构修改，以进一步降低能耗，同时保持高性能。并且 Pascal 的 SM 具有更简单的数据路径组织，需要更少的裸片面积和更少的能耗来管理 SM 内的数据传输。Pascal 还提供优越的调度和重叠的加载/存储指令，以增加浮点利用率。GP100 中的新 SM 调度器架构促进了 Maxwell 调度器的进步，使之更加智能，从而提供更高的性能和更低的能耗，使每个 warp 调度器（每个处理块一个）能够在单位时钟内调度两个 warp 指令。

9.2 能效评价指标

系统的性能和能耗都应该是可以测量的。要评价一个给定系统的效率，使用什么样的度量标准是非常重要的。度量标准可以对能耗进行定性定量测试，据此评估系统的能效，并作为决策的基础。目前，许多这样的度量标准已经被提出并使用。它们包括度量独立设备和器件的度量标准，也包括高性能计算机系统方面的标准。

一个度量 CPU 的能耗的指标是 MIPJ（millions - of - instructions - per - joule），即每焦耳的百万条指令数。MIPS（Million Instructions Per Second）是每秒百万条指令，即表示单位时间内的负载工作量，W 则表示电能消耗（瓦），1J = 1W · s，即 1W 的机械工作 1s 释放的能量为 1J。该指标通常评价在使用动态电压调节方式时的能耗。在低能耗电路设计领域最常用的能耗指标基于 *Edn* 形式，其中“*E*”表示能耗，“*d*”是电路时延，*n* 是一个非负整数。当 *Edn* 在 *n* > = 2 时，作为对比两个超级计算机设计的能效标准时，对大规模并行 HPC 架构会有偏差。

当前高性能计算机系统中，对节能技术效果的度量，比较常用的系统标准包括以下三种：

1）能效比。实际上它是从 *Edn* 衍生出的，作为超级计算机的衡量指标。表示为 FLOPS/W，FLOPS（Floating Point Operations Per Second）表示每秒浮点运算数。能效比就是每瓦的每秒浮点运算数。目前的 Green500 排行榜就是采用此评价标准进行排名的。

2）电源使用效率（PUE，Power Usage Efficiency）。这是绿色网格组织 Green Grid 提出的指标。该指标的定义如下所示：

$$\text{PUE} = \frac{\text{Total Facility Power}}{\text{IT Equipment Power}}$$

式中，Total Facility Power 为整个数据中心总耗电量；IT（Information Technology）EquipmentPower 为用于支持数据中心中所有 IT 设备的耗电量。包括计算设备、存储和网络等。而总耗电量则包括一切支持设备消耗的电量，如冷却系统、电力传输系统和其他基础设施等。电源使用效率越接近 1 表示整体效率越高。

3）总拥有成本（TCO，Total Cost of Ownership）。TCO 由两部分组成：购置成本和运营成本。TCO 是一种经济上的技术评价标准，其目的是帮助消费者和企业管理者判断产品或系统的直接和间接成本。现在也被用于评价大型集群系统或数据中心。

目前有两个测试基准，分别是：EECoMark 工具和 SPECpower _ ssj2008 测试标准。EECoMark 工具是由 Windows 基准测试组织 BAPCo 与欧洲计算机制造商协会（ECMA，European Computer Manufacturer Association）共同开发的，以节能效率为前提衡量个人电脑的性能水平。

SPECpower _ ssj2008 测试标准是由著名的标准性能评价公司（SPEC，Standard Performance Evaluation Corporation）发布的。它是工业界第一个用来评价多节点计算机能耗和性能特征的标准基准测试工具。该标准提供了一种测量能耗（交流输入）的方式，该标准既可以作为一个测试基准，用于比较不同服务器的能耗和性能，也可以作为一个工具集，用于改善服务器的能效，有助于管理员了解能耗特性，提高数据中心机房的效率。

评价能效调度时必须考虑能源消耗和调度指标。为解决最小化能耗和满足调度指标的双重标准，针对离线任务调度算法，采用一个线性时间算法，可用于计算单处理器机器上的调度问题。在多处理器方面，当每个作业需要相同数量的任务工作时，也可以快速得到其近似最优值。

提供良好的服务（如响应时间）表示系统性能的高低，它和节约能源是相互冲突的两个目标。调度的一个重要问题就是如何很好地权衡性能与能耗。非迁移调度意味着在多处理器上调度并行作业时要消除迁移。该算法使用分类轮转调度策略调度作业。在最坏情况下，它的性能是最优迁移离线算法的 O（$\log P$）倍，其中 P 是最大作业与最小作业的比率。

9.3　各层次能耗优化策略

能耗问题越来越受到国内外产业界和学术界的重视。在高性能计算机系统的能耗优化技术方面目前已开展的研究工作，主要集中在以下几个方面：

1）基础架构级的节能技术。主要包括液冷、存储制冷、高效能电源、高效能散热冷却技术等诸多技术。高效能散热冷却技术包括研究效率更高的散热方式和性能更好的冷却设备，如 HP PARSEC 体系结构、IBM 的机房冷却系统等。存储制冷（Stored Cooling）指预先基于制冷设备存储部分制冷能力，在需要时再有效释放，类似电池的储电功能。液冷技术包括水冷及液态金属制冷，它在当前大型计算机中使用越来越普遍。该技术从系统布局方面进行能耗优化，其优化空间有限。

2）芯片级和部件级的节能技术。主要包括 CPU 能耗控制、CPU 频率调整和专用低能耗部件。CPU 加工工艺的不断提升，多核技术和在 CPU 中集成内存控制器技术的出现，都在提高性能的同时，降低了主板芯片组的能耗。另一方面，通过降低电压和频率也可以降低 CPU 的动态能耗。Intel 推出的动态能耗节点管理器就是一个内嵌于芯片组的带外功率管理策略引擎。它与 BIOS 和操作系统能耗管理协作，动态地调整平台能耗。在专用低能耗部件研究方面，包括高级内存缓存 AMB 芯片、SSD 固态电子硬盘等技术与产品。该技术控制粒度较细，但均属于局部优化方法，有可能对全局造成负反馈。

3）系统级的节能技术。系统级节能技术包括：基于负载情况动态调整系统状态，实施部分节点或部件的休眠的技术。根据各个进程能耗的不同对 CPU 任务队列进行调整，把一些产生较多热量的任务从温度较高的 CPU 上迁移到温度较低的 CPU 上，从而实现能耗均衡的技术等。该技术主要是从系统全局进行能耗优化。相对于其他级别的低能耗技术，系统级的能耗优化技术是新兴的技术，从全局角度对整体能耗进行优化。可以避免局部的能耗控制对整体造成负反馈，从而达到全局最优控制。

表 9-2 显示了不同层次上能耗优化方法的关注点以及各自的优势和不足。可以看出，基础架构级的能耗优化需要计算机外的其他知识，而且优化空间有限；部件或芯片级控制粒度比较细，但是局部优化可能对全局产生负面影响；系统级方法则主要通过资源分配等软件方法进行，控制粒度较粗，可以从全局角度进行能耗优化。

表 9-2　不同级别的能耗优化方法优缺点对比

能耗优化层次	主要工作	优势	不足
系统级	基于作业调度的节点休眠 能耗感知的作业调度及资源分配 面向能耗的进程与作业级迁移	从全局角度对整体能耗控制，可避免局部能耗管控对整体造成的负反馈	控制粒度较粗
部件级	根据系统负载，实施部分部件的低能耗控制	控制粒度细	从局部进行优化，可能对全局产生负反馈
芯片级	CPU 能耗控制、CPU 频率调整和专用低能耗部件		
基础架构级	存储制冷、高效能电源、高效能散热冷却技术等	从系统布局方面优化	优化空间有限，需计算机外的其他知识

9.4 系统级能耗优化技术

从作业调度和任务分配控制系统的能量消耗是系统级能耗优化的关键技术之一。

动态电源管理（DPM）是一种根据工作负载变化，选择性地设置系统部件到低能耗状态或关闭部分系统部件，以最小的活动部件数目或最小的部件能耗来提供系统所需服务和性能级别的方法。该方法最早被应用于单机系统中。在机群中则表现为关闭或休眠暂时不用的节点或设备。由于动态电源管理需按照系统负载变化适时采用。因此，可将其与调度系统相结合。目前在高性能计算机系统中多与作业调度系统结合使用。

广义上讲，动态电源管理可以在三个级别上实施，分别是 CPU 级、单机系统级和机群级。CPU 级为动态电压频率调节方法，单机系统级的动态电源管理策略是指对系统部件能耗状态转换时机和选择何种状态做出决策，主要分为超时策略、基于预测的启发式策略和基于随机过程的优化策略。在机群系统级，通过动态电源管理降低能耗的基本思想是粗粒度地调节处于活动状态的服务器数量，即关闭或休眠系统中某些空闲的节点，以适应变化的系统需求。

DPM 技术实施需要一定的前提。首先，系统中的工作负载是不断变化的，这样才能存在资源组件的空闲期，将其关闭或转为低能耗状态；其次，工作负载的起伏变化是可以预测的，即能决定何时改变设备状态。

动态电压频率调节（DVFS）从广义上说是一种 CPU 级的动态电源管理方法。目前的大多数处理器都支持动态电压调节，该方法被普遍运用在实时系统中。DVFS 允许处理器在运行时动态改变速度和电压，这样可以使运行周期扩展到空闲时间，从而节约能源。因为 CPU 速度和能耗之间的关系是非线性的，作业运行时可以通过将运行周期分散到空闲周期，而不采用先让 CPU 全速运行，之后闲置的方式。处理器以较低的速度运行时消耗较少的电能。因此，通过使任务运行时降低电压和频率来降低能耗是可行的。

松弛时间（slack time）指在实时系统中前一个操作在截止期之前完成所剩的时间，此时可以采用 DVFS 来节能。越多松弛时间可以用于频率和电压调节以节能，则用于容错的松弛时间就会越少。这样可能导致可靠性降低，并且有时会引起延迟。因此，各种反馈控制技术被采用。

在机群作业调度系统中，传统调度算法的评价指标主要集中在性能方面，包括：资源利用率、吞吐率、作业平均响应时间等。由于能耗问题日趋明显，基于原有算法研究能效感知的调度算法越来越多。目前对能效感知的调度算法的研究呈现多角度的趋势。从任务模型来看，有独立任务、树型任务和基于有向无环图（DAG，Directed Acyclic Graph）模型的任务；从适用环境来看，有网格调度和机群作业调度。近年来，随着机群能耗问题的凸显，研究者开始从调度算法入手研究降低系统能耗的方案。主要是通过一般调度算法中加入能耗计算以及能耗控制的方法来实现任务执行过程中的能耗优化。

从冷却角度研究热量感知或温度感知的调度算法也逐渐增多。高性能计算机系统中的电能消耗表现在系统设备和冷却设备两个方面。对于一个大型数据中心，每年的能耗成本高达几百万美元，而其中近一半是冷却成本。由于机群系统大多采用机房空调系统（Computer Room Air Conditioning，CRAC）进行冷却。图9-2（见彩插）显示了系统中具有不同状态节点的示意图。由于负载分布的不均匀、异构硬件特点、基础设施的分布不均匀（即交换机、存储、备份设备等在系统中位置的多变性）以及其他的一些因素，热区问题是不可避免的。机房过热实际上是指“局部过热”，即形成了相对集中的发热量过大机柜形成的过热区域。

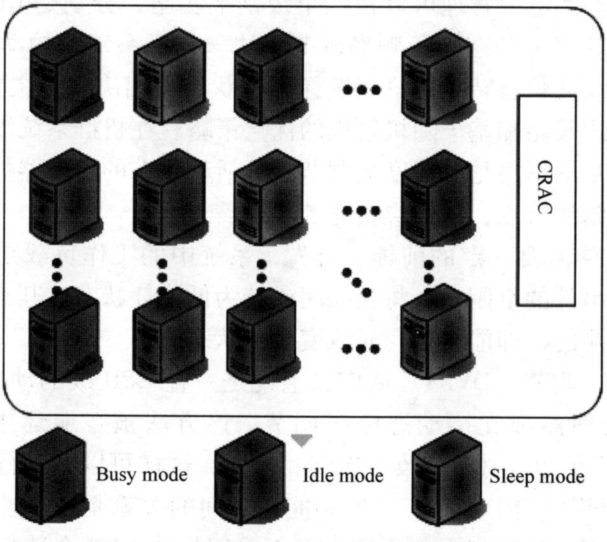

图9-2 节点状态示意图

系统布局图中可以看到有热区出现。为解决“热区”（hot spot）问题，除了很多基础架构级别的诸如冷却系统布局等方法外，商业资源管理和调度系统 LSF（Load Sharing Facility）提出了按照节点所在的空间位置选择合适的节点，使热量聚集最小化。负载管理系统按照事先收集到的应用程序的能耗数据，分配时优先使用最冷的节点。在很多情况下，关于能耗的数据不能事先获得。针对冷却成本增加，温度感知的负载分配策略可以降低冷却成本。通过探究热量传递的物理特点，从系统热力学角进行分析，然后依据其冷却成本对各服务器赋予优先级。

9.5　本章小结

作为服务于多领域科学计算应用的高性能计算机系统，随着计算机系统的规模越来越大，在计算速度飞速提高的同时，系统能耗成为高性能计算机发展面临的重大挑战。

在分析实际负载的基础上，设计根据负载动态变化的节点调整策略，并且要能自适应不同负载特征的系统需求，权衡能耗和性能的关系。在保证不影响任务完成时间情况下，更大程度地节约能耗。

参考文献

[1] 李弼程，彭天强，彭波，等．智能图像处理技术［M］．北京：电子工业出版社．2004.

[2] 毛星云，冷雪飞．OpenCV3 编程入门［M］．北京：电子工业出版社．2015.

[3] 贾海鹏．面向 GPU 计算平台的若干并行优化关键技术研究［D］．青岛：中国海洋大学，2012.

[4] 王育坚，鲍泓，袁家政．图像处理与三维可视化［M］北京：北京邮电大学出版社，2011.

[5] 张利峰．面向智能交通的图像处理技术与应用［J］．金陵科技学院学报，2010，（04）：32－35.

[6] 吴炜视频图像处理技术的发展应用探析［J］．硅谷，2014，（01）：107＋112.

[7] 谭鹃．视频图像处理技术的发展应用探析［J］．中国新通信，2015，（01）：70－71.

[8] 刘倩．智能交通系统中的数字图像处理技术［J］．科技创新导报，2009，（09）：14－15.

[9] Massimo Bertozzi，Alberto Broggi，，Alessandra Fascioli，．Vision－based Intelligent Vehicels：State of the art and perspective［J］. Robotics and Autonomous Systems 32. 2000：1－16.

[10] 刘冠宇．基于视觉的车道线检测与车辆识别技术研究［D］．北京：北京工业大学，2015.

[11] Ruta A，Li Y，Liu X. Real－time traffic sign recognition from video by class－specific discriminative features［J］. Pattern Recognition 2010，43（1）：416－430

[12] 刘华平，李建民，胡晓林，等．动态场景下的交通标志检测与识别研究进展［J］．中国图象图形学报，2013，（05）：493－503.

[13] 王蕾．基于视频图像处理的车辆识别技术研究［D］．青岛：中国海洋大学，2009.

[14] 陈波．基于 CPU－GPU 异构平台的性能优化及多核并行编程模型的研究［D］．合肥：中国科学技术大学，2011.

[15] 李繁．基于 GPU 的高性能并行优化算法研究［D］．大连：大连理工大学，2014.

[16] Kammel S，Pitzer B. Lidar－based lane marker detection and mapping［J］. 2008：1137－1142.

[17] Huang A S，Moore D，Antone M，et al. Finding multiple lanes in urban road networks with vision and lidar［J］. Autonomous Robots，2009，26（2－3）：103－122.

[18] Li Q，Chen L，Li M，et al. A Sensor－Fusion Drivable－Region and Lane－Detection System for Autonomous Vehicle Navigation in Challenging Road Scenarios［J］. IEEE Transactions on Vehicular Technology，2014，63（63）：540－555.

[19] Jiang R，Reinhard K，Tobi V，et al. Lane detection and tracking using a new lane model and distance transform［J］. Machine Vision & Applications，2011，22（4）：721－737.

[20] Shin J，Lee E，Kwon K K，et al. Lane detection algorithm based on top－view image using random sample consensus algorithm and curve road model［C］. Sixth International Conference on Ubiquitous and Future Networks. 2014：1－2.

[21] Liu H，Ran B. Vision－Based Stop Sign Detection and Recognition System for Intelligent Vehicles［J］. Transportation Research Record Journal of the Transportation Research Board，2001，1748（1）：161－166.

[22] Ren F X，Huang J，Jiang R，et al. General Traffic Sign Recognition by Feature Matching［C］. Im-

age and Vision Computing New Zealand, 2009. IVCNZ '09. 24th International Conference. 2009: 409 – 414.

[23] Greenhalgh J, Mirmehdi M. Real – Time Detection and Recognition of Road Traffic Signs [J]. IEEE Transactions on Intelligent Transportation Systems, 2012, 13 (4): 1498 – 1506.

[24] Kuo W J, Lin C C. Two – Stage Road Sign Detection and Recognition [C]. IEEE International Conference on Multimedia and Expo. 2007: 1427 – 1430.

[25] Loy G, Barnes N. Fast shape – based road sign detection for a driver assistance system [C]. Intelligent Robots and Systems, 2004. (IROS 2004). Proceedings. 2004 IEEE/RSJ International Conference on. IEEE, 2010: 70 – 75 vol. 1.

[26] Brackle D V, Rangarajan K, Shah M. Optimal corner detector [J]. Computer Vision Graphics & Image Processing, 1989, 47 (2): 230 – 245.

[27] Zadeh M M, Kasvand T, Suen C Y. Localization and recognition of traffic signs for automated vehicle control systems [C]. Intelligent Systems & Advanced Manufacturing. International Society for Optics and Photonics, 1998: 1 – 19.

[28] Shen Y, Ozguner U, Redmill K, et al. A robust video based traffic light detection algorithm for intelligent vehicles [J]. 2009: 521 – 526.

[29] 张玉珍. 视频自动分割及语义提取若干关键技术研究 [D]. 南京: 南京理工大学, 2011.

[30] 田克微. 基于双目立体视觉的三维图像重建 [D]. 北京: 首都师范大学, 2008.

[31] 贾慧星, 章毓晋. 车辆辅助驾驶系统中基于计算机视觉的行人检测研究综述[J]. ActaAutomaticaSinica, 2007, 33 (1): 84 – 90.

[32] 田广. 基于视觉的行人检测和跟踪技术的研究 [D]. 上海: 上海交通大学, 2007.

[33] 陈双玉, 王海晖, 吴云韬, 等. 基于双目立体视觉和 SVM 算法行人检测方法 [J]. 华中科技大学学报自然科学版, 2015 (s1): 140 – 143.

[34] 张昊, 黄战华, 郁道银, 等. 基于差分图像的运动目标跟踪与分割方法的应用研究 [J]. 光学技术, 2005, 31 (4): 565 – 567.

[35] 李茂林, 沈锦祥. 基于 DPM 的快速目标检测方法: 中国, CN104200236A [P]. 2014.

[36] 熊聪, 王文武. 基于 DPM 模型的行人检测技术的研究 [J]. 电子设计工程, 2014 (23): 172 – 173.

[37] 韩晓光. 基于深度数据的人体视频编辑 [D]. 杭州: 浙江大学, 2011.

[38] 曹宇亭. 基于视频图像的交通要素感知与行为理解 [D]. 哈尔滨: 哈尔滨工程大学, 2013.

[39] 孙志军, 薛磊, 许阳明, 等. 深度学习研究综述 [J]. 计算机应用研究, 2012, 29 (8): 2806 – 2810.

[40] Lecun Y, Bengio Y, Hinton G. Deep learning [J]. Nature, 2015, 521 (7553): 436 – 444.

[41] Deng L, Yu D. Deep Learning: Methods and Applications [J]. Foundations & Trends ® in Signal Processing, 2014, 7 (3): 197 – 387.

[42] Chen Z, Wang J, He H, et al. A fast deep learning system using GPU [C]. IEEE International Symposium on Circuits and Systems. IEEE, 2014: 1552 – 1555.

[43] Parker S P. GPU implementation of a deep learning network for image recognition tasks [J]. Uni-

versity of Iowa, 2012.

[44] Juan Fang, Zhen – Yu Leng, Si – Tong Liu, Zhi – Cheng Yao, and Xiu – Feng Sui. Exploring Heterogeneous NoC Design Space in Heterogeneous GPU – CPUArchitectures [J]. Journal of Computer Science and Technology (JCST), 2015: 30 (1): 74 – 83 (SCI: 000349577600007).

[45] Lee J, Kim H. TAP: A TLP – aware cache management policy for a CPU – GPU heterogeneousarchitecture [C]. Proc. the 18th Int. Symp. High Performance Computer Architecture, 2012: 91 – 102.

[46] Zhao H, Kandemir M, Ding W, et al. Exploring heterogeneous No C design space [C]. Proc. Int. Conf. Computer – Aided Design, San Jose, CA, 2011: 787 – 793.

[47] Asit K M, Onur M, Chita R D. Design of Heterogeneous On – Chip Networks: An Application Driven Approach [R], SAFARI Technical Report No. 2011 – 010, 2011.

[48] S. Xu, Gregg D. Exploiting Hyper – Loop Parallelism in Vectorization to Improve Memory Performance on CUDA GPGPU [C]. IEEE Trustcom/bigdatase/ispa. IEEE Computer Society, 2015.

[49] 刘颖，吕方，王蕾，等．异构并行编程模型研究与进展［J］．软件学报．2014（07）．

[50] J. D. Owens, D. Luebke, et al. A survey of general – purpose computation on graphics hardware [J]. Computer graphics forum, 2007, 26 (1), 80 – 113.

[51] J. D. Owens, M. Houston, D. Luebke, et al. GPU computing [C]. Proceedings of the IEEE, 2008, 96 (5), 879 – 899.

[52] 何婷婷，茵建武，温腊．CPU – GPU 协同计算加速 ASIFT 算法［J］．计算机科学，2014，05（5）．

[53] Tomov S, Nath R, Ltaiel H, et al. Dense Linear Algebra Solvers for Multicore with GPU Accelerators [C]. High – level Parallel Programming Models and Supportive Environments 2010. Atlama: IEEE, 2010.

[54] 卢风顺，宋君强，银福康，等．CPU/GPU 协同并行计算研究综述［J］．计算机科学，2011，38（3）

[55] 吕向阳．基于 CPU + GPU 的图像处理异构并行计算研究［D］．南昌：南昌大学，2014.

[56] Jang B, Schaa D, Mistry P, et al. Exploiting memory access patterns to improve memory performance in data – parallel architectures [J]. IEEE Transactions on Parallel and Distributed Systems, 2011, 22 (1): 105 – 118.

[57] Che S, Sheaffer J W, Skadron K. Dymaxion: optimizing memory access patterns for heterogeneous systems [C]. Proceedings of 2011 international conference for high performance computing, networking, storage and analysis. ACM, 2011: 13.

[58] ChienT, ChiouL, chengC, et al. Memory access algorithm for low energy CPU/GPU heterogeneous systems with hybrid DRAM/NVM memory architecture [C]. 2016 IEEE Asia Pacific Conference on Circuits and Systems, 2016: 461 – 464

[59] 许瑾晨，郭绍忠，黄永忠，等．面向异构众核从核的数学函数库访存优化方法［J］．计算机科学，2014，41（6）：12 – 17.

[60] 徐金龙，赵荣彩，徐晓燕．SIMD 代码中的向量访存优化研究［J］．计算机科学，2015，42（12）：18 – 22.

[61] S. Xu, Gregg D. Exploiting Hyper – Loop Parallelism in Vectorization to Improve Memory Performance on CUDA GPGPU [C]. IEEE Trustcom/bigdatase/ispa. IEEE Computer Society, 2015.

[62] Munshi A, Gaster B, Mattson T G, et al. OpenCL programming guide [M]. San Antonio: Pearson Education, 2011.

[63] 贾海鹏，张云泉，龙国平，等. 基于 OpenCL 的拉普拉斯图像增强算法优化研究 [J]. 计算机科学, 2012, 39 (5): 271 – 277.

[64] 钱晓捷，杨镇江，杜志刚，等. 矩阵相乘算法优化的研究 [A]. 郑州: 郑州大学信息工程学院. 2009.

[65] 吕相文. 高性能计算云环境下 GPU 并行计算技术及应用研究 [D]. 南京: 南京航空航天大学, 2015.

[66] 刁张舒，褚艳利，等. GPU 高性能运算之 CUDA [M]. 北京: 中国水利水电出版社, 2009: 1 – 13.

[67] 梁军，李威，肖琳，等. NVIDIA Tegra K1 异构计算平台访存优化研究 [J]. 计算机工程, 2016, 42 (12): 44 – 49.

[68] Ruetsch G, Micikevicius P. Optimizing matrix transpose in CUDA [J]. NVIDIA CUDA SDK Application Note, 2009, 18.

[69] 颜深根，张云泉，龙国平，等. 基于 OpenCL 的归约算法优化 [J]. 软件学报, 2011, 22 (2): 163 – 171.

[70] Harris M. Optimizing parallel reduction in CUDA [J]. NVIDIA Developer Technology, 2007, 2 (4).

[71] Stone J E, Gohara D, Shi G. OpenCL: A parallel programming standard for heterogeneous computing systems [J]. Computing in science & engineering, 2010, 12 (1 – 3): 66 – 73.

[72] 磨少清. 边缘检测及其评价方法的研究 [D]. 天津: 天津大学, 2011.

[73] Torre V, Poggio T A. On edge detection. [J]. IEEE Transactions on Pattern Analysis & Machine Intelligence, 1986, 8 (2): 147 – 63.

[74] Tian X. A Novel Image Edge Detection Algorithm based on Prewitt Operator and Wavelet Transform [J]. International Journal of Advancements in Computing Technology, 2012.

[75] 徐少平，张华，江顺亮，等. 抗高噪声彩色图像的 Canny 边缘检测器 [J]. 计算机工程, 2009, 35 (14): 22 – 24.

[76] Chen G L, Sun G Z, Xu Y, et al. Integrated research of parallel computing: Status and future [J]. Science Bulletin, 2009, 54 (11): 1846 – 1853.

[77] 金晶. 并行计算普适编程模型及系统架构研究 [D]. 北京: 北京邮电大学, 2012.

[78] 董鸿燕. 边缘检测的若干技术研究 [D]. 长沙: 国防科学技术大学, 2008.

[79] Xie S, Tu Z. Holistically – Nested Edge Detection [J]. Computer Science, 2015: 1396 – 1403.

[80] Canny J. A Computational Approach to Edge Detection [J]. IEEE Transactions on Pattern Analysis & Machine Intelligence, 1986, 8 (6): 679 – 98.

[81] 许宏科，秦严严，陈会茹，等. 一种基于改进 Canny 的边缘检测算法 [J]. 红外技术, 2014, 36 (3): 210 – 214.

[82] Cook S. CUDA Programming: A Developer's Guide to Parallel Computing with GPUs [M]. Amster-

dam: Elsevier, MK, 2012.
[83] Mattson T, Sanders B, Massingill B. Patterns for parallel programming [M]. New Jersey: Addison - Wesley Professional, 2005.
[84] 孟小华，刘坚强，区业祥，等. 基于 CUDA 的拉普拉斯边缘检测算法 [J]. 计算机工程, 2012, 38 (18): 190 - 193.
[85] 彭爽，蒋荣欣. 面向高清视频监控系统的实时运动检测算法 [J]. 计算机工程, 2014, 40 (11): 288 - 291.
[86] 贾海鹏，张云泉，龙国平，等. 基于 OpenCL 的拉普拉斯图像增强算法优化研究 [J]. 计算机科学, 2012.
[87] 张龙. 基于 OpenCL 的 Canny 算法并行与性能优化研究 [D]. 北京：中国科学院大学, 2013.
[88] Luo Y, Duraiswami R. Canny edge detection on NVIDIA CUDA [J]. Computer Vision & Pattern Recognition Workshops. cvprw. ieee Computer Society Confe, 2008: 1 - 8.
[89] 罗伯特·拉加尼耶. OpenCV 2 计算机视觉编程手册 [M]. 张静，译. 北京：科学出版社, 2013.
[90] 宋凤菲. 彩色图像灰度化及其效果的客观评价方法研究 [D]. 泉州：华侨大学, 2014.
[91] Hager G, Wellein G. Introduction to High Performance Computing for Scientists and Engineers [J]. International Journal of Modern Physics A, 2010, 28 (2): 163 - 172.
[92] 刘文志. 并行算法设计与性能优化 [M]. 北京：机械工业出版社, 2015.
[93] Wehr A, Lohr U. Airborne laser scanningan introduction and overview [J]. ISPRS Journal of Photogrammetry and Remote Sensing, 1999, 54 (2): 68 - 82.
[94] Baltsavias ERA comparison between photogrammetry and laser scanning [J]. ISPRS Journal of photogrammetry and Remote Sensing, 1999, 54 (2): 83 - 94.
[95] KrotkovE, Hoffman R. Terrain mapping for a walking planetary rover [J]. Robotics andAutomation, IEEE Transactions on. 1994, 10 (6): 728 - 739.
[96] Gowdy JW, Stentz A, Hebert M. Hierarchical terrain representations for off - road navigation [C]. Fibers'91, Boston, MA. International Society for Optics and Photonics, 1991: 131 - 140.
[97] Alberto Lacaze, Karl Murphy, MarkDelGiorno. Autonomous mobility for theDemo III experimental-unmanned vehicles [C]. Assoc. for Unmanned Vehicle Systems Int. Conf. on Unmanned Vehicles (AUVSI 02), July 2002.
[98] D. Streller, K. Furstenberg, K. Dietmayer. Vehicle and object models for robust tracking in traffic scenes using laser range images [C]. IEEE international conference on intelligent transportation systems. Sep. 2002: 118 - 123.
[99] K. Ch. Fuerstenberg, K. Dietmayer, V. Willhoeft. Pedestrian recognition in urban traffic using a vehicle based multilayer laserscanner [C]. IEEE intelligent vehicles symposium. June 2002: 31 - 35.
[100] D. Streller, K. Dietmayer. Object tracking and classification using a multiple hypothesis approach [C]. IEEE intelligent vehicles symposium. June 2004: 808 - 812.
[101] N. Kaempchen, M. Buehler, K. Dietmayer. Feature - level fusion for free - form object tracking

usinglaserscanner and video [C]. IEEE intelligent vehicles symposium. June 2005: 453 - 458.

[102] K. Ch. Fuerstenberg, K. Dietmayer. Object tracking and classification for multiple active safety and comfort applications using a multilayer laserscanner [C]. IEEE intelligent vehicles symposium. June 2004: 803 - 807.

[103] S. Wender, K. Dietmayer. 3D vehicle detection using a laser scanner and a video camera [J]. IET intelligent transportation systems. 2008, 2 (2): 105 - 112.

[104] T. Weiss, K. Dietmayer. Automatic detection of traffic infrastructure objects for the rapid generation of detailed ditital maps using laser scanners [C]. IEEE intelligent vehicles symposium. June 2007: 1271 - 1277.

[105] M. Konrad, M. Szczot, K. Dietmayer. Road course estimation in occupancy grids [C]. IEEE intelligent vehicles symposium. June 2010: 412 - 417.

[106] M. Konrad, M. Szczot, F. Schule, K. Dietmayer. Gneric grid mapping for road course estimation [C]. IEEE intelligent vehicles symposium. June 2011: 851 - 856.

[107] S. Reuter, K. Dietmayer. Fuzzy estimation and segmentation for laser range scans [C]. International conference on information fusion. July 2009: 1974 - 1981.

[108] A. Broggi, S. Cattani, P. P. Porta, et al. A laserscanner - vision fusion system implemented to the TerraMax autonomous vehicle [C]. IEEE/RSJ international conference on intelligent robots and systems. Oct. 2006: 111 - 116.

[109] F. Garcia, P. Cerri, A. Broggi. Vehicle detection based on laser radar [J]. Computer aided systems theory. - EUROCAST 2009, 5717: 391 - 397.

[110] A. Broggi, P. Cerri, S. Ghidoni. A new approach to urban pedestrian detection for automatic braking [J]. IEEE transactions on intelligent transportation systems. 2009, 10 (4): 594 - 605.

[111] T. D. Vu, O. Aycard, N. Appentodt. Online Localization and Mapping with Moving Object Tracking in Dynamic Outdoor Environments [J]. IEEE IntelligentVehicles Symposium. 2007: 190 - 195.

[112] R. O. Chavez - Garcia, T. D. Vu, J. Burlet, et al. Frontal object perception using radar and mono - vision [C]. IEEE IntelligentVehicles Symposium. 2012: 159 - 164.

[113] Q. Baig, O. Aycard, T. D. Vu, et al. Fusion between laser and stereo vision data for moving objects tracking in intersection like scenario [C]. IEEE IntelligentVehicles Symposium. 2011: 362 - 367.

[114] R. O. Chavez - Garcia, T. D. Vu, O. Aycard, et al. Fusion framework for moving - object classification [C]. international conference on information fusion, 2013: 1159 - 1166.

[115] J. Moras, V. Cherfaoui, P. Bonnifait. Credibilist Occupancy Grids for Vehicle Perception in Dynamic Environments [C]. IEEE International Conference on Robotics and Automation. 2011: 84 - 89.

[116] J. Moras, V. Cherfaoui, P. Bonnifait. Moving objects detection by conflict analysis in Evidential Grids [C]. IEEE Intelligent Vehicle Symposium. 2011: 1122 - 1127.

[117] M. Kurdej, J. Moras, V. Cherfaoui, et al. Controlling remanence in evidential grids using geodata for dynamic scene perception [J]. International Journal of Approximate reasoning. 2014, 55

(1): 355 - 375.

[118] S. Gidel, P. Checchin, C. Blanc, et al. Pedestrian detection and tracking in an urban Environment using a multilayer laser scanner [J]. IEEE transactions on intelligent transportation systems. 2010, 11 (3): 579 - 588.

[119] C. - C. Wang, C. Thorpe, A. Suppe. Ladar - based detection and tracking of moving objects from a ground vehicle at high speeds [C]. IEEE intelligent vehicles symposium. 2003: 416 - 421.

[120] C. - C. Wang, C. Thorpe. Simultaneous localization and mapping with detection and tracking of moving objects [C]. International conference on robotics and automation, 2002: 2918 - 2924.

[121] M. E. Bouzouraa, U. Hofmann. Fusion of Occupancy Grid Mapping and Model based Object Tracking for Driver Assistance Systems using Laser and Radar Sensor [C]. IEEE Intelligent Vehicle Symposium. 2010: 294 - 300.

[122] A. Petrovskaya, S. Thrun. Model based vehicle detection and tracking for Autonomous Urban Driving [J]. Autonomous Robots. 2009, 26: 123 - 139.

[123] 甘志梅，王春香，杨明．基于激光雷达的车辆跟踪与识别方法 [J]. 上海交通大学学报，2009，(06): 923 - 926.

[124] 赵一兵，王荣本，李琳辉，金立生，郭烈．基于激光雷达的无人驾驶车前方障碍物检测 [J]. 交通与计算机，2007，(02): 9 - 13.

[125] 刘大学．用于越野自主导航车的激光雷达与视觉融合方法研究 [D]. 长沙：国防科技大学博士学位论文，2009.

[126] 杨飞．基于三维激光雷达的运动目标实时检测与跟踪 [D]. 杭州：浙江大学，2012.

[127] 关超华，陈泳丹，陈慧岩，等．基于改进 DBSCAN 算法的激光雷达车辆探测方法 [J]. 北京理工大学学报，2010，30 (6): 732 - 736.

[128] 杜兰，刘宏伟，保铮．利用目标方位信息改善雷达距离像识别性能 [J]. 系统工程与电子技术，2004，26 (8): 1040 - 1043.

[129] 杜兰，刘宏伟，保铮，等．一种利用目标雷达高分辨距离像幅度起伏特性的特征提取新方法 [J]. 电子学报，2005，33 (3): 411 - 415.

[130] 王肖，李克强，王建强，等．基于三维激光雷达的智能车辆目标参数辨识 [J]. 汽车工程，2016，38 (9): 1146 - 1152.

[131] 苏致远，徐友春，李永乐．基于三维激光雷达的车辆目标检测方法 [J]. 军事交通学院学报，2017，19 (1).

[132] PETROVSKAYA A, THRUN S. Model based vehicle detection and tracking for autonomous urban driving [J]. Autonomous Robots, 2009, 26 (2 - 3): 123 - 139.

[133] Zhao H, Sha J, Zhao Y, et al. Detection and Tracking of Moving Objects at Intersections Using a Network of Laser Scanners [J]. Intelligent Transportation Systems, IEEE Transactions on, 2012, 13 (2): 655 - 670.

[134] HIMMELSBACH M, LUETTEL T, WUENSCHE H J. Real - time object classification in 3D point clouds using point feature histograms [C]. Intelligent Robots and Systems, 2009. BROS 2009. IEEE/RSJ International Conference on. IEEE, 2009: 994 - 1000.

[135] AZIM A, AY CARD O. Detection, classification and tracking of moving objects in a 3D environ-

ment [C]. Intelligent Vehicles Symposium (IV), 2012 IEEE: 802 – 807.

[136] LUETTEL T, HIMMELSBACH M, WUENSCHE H J. Autonomous Ground Vehicles – Concepts and a Path to the Future [J]. Proceedings of the IEEE, 2012, 100 (13): 1831 – 1839.

[137] LevinsonJ, Askeland J, Becker J, et al. Towards fully autonomous driving: Systems and algorithms [C]. Intelligent Vehicles Symposium (IV), 2011 IEEE. IEEE, 2011: 163 – 168.

[138] Darms M S, RYBSKI P E, Baker C, et al. Obstacle detection and tracking for the urban challenge [J]. Intelligent Transportation Systems, IEEE Transactions on, 2009' 10 (3): 475 – 485.

[139] DARMS M, RYBSKI P E, URMSON C. An adaptive model switching approach for a multisensor tracking system used for autonomous driving in an urban environment [J]. AUTOREG 2008.

[140] ZHAOH, ZHANG Q, CHIBA M, et al. Moving object classification using horizontal laser scan data [C]. Robotics and Automation, 2009. ICRA' 09. IEEE International Conference on. EEEE, 2009: 2424 – 2430.

[141] Zhao G, Yuan J. Curb detection and tracking using 3D – LDDAR scanner [C]. Image Processing (ICIP), 2012 19th IEEE International Conference on. IEEE, 2012: 437 – 440.

[142] WissamChedid, ChansuYu. Survey on power management techniques for energy efficient computer systems [R]. Department of Eletrical and Computer Engineering, Cleveland State University, 2121 Euclid Avenue, SH 332, Cleveland, OH 44115, 2002.

[143] G. Verdun. The Green Grid metrics: Data center infrastructure efficiency (DCiE) detailed analysis [R]. The Green Grid, Tech. Rep., Feb. 2007.

[144] C. Belady. The Green Grid Data center Efficiency Metrics: PUE and DCIE [R]. The Green Grid, Tech. Rep., Feb. 2007.

[145] GuangliangXie, Youer Dong, Baoming Chen, Zhiguo Fan. Building and research of low – carbon home demonstration project [A]. Proceedings of International Conference on Material for Renewable Energy & Environment, Shanghai. 2011, 1: 1004 – 1007.

[146] Kim K H, Buyya R, Kim J. Power aware scheduling of bag – of – tasks applications with deadline constraints on DVS – enabled clusters [A]. Proceedings of the Seventh IEEE International Symposium on Cluster Computing and the Grid, Citeseer, 2007: 541 – 548.

[147] Weng L C, Wang X J, Liu B. A survey of dynamic power optimization techniques [A]. Proceedings of the 3rd IEEE International Workshop on System – on – Chip for Real – Time Applications, IEEE, 2003: 48 – 52.

[148] Hsu C, Feng W, Archuleta J. Towards efficient supercomputing: a quest for the right metric [A]. Proceedings of the 19th IEEE International Parallel and Distributed Processing Symposium, 2005.

[149] Laros J H. Topics on Measuring Real Power Usage on High Performance Computing Platforms [A]. Proceedings of 2009 IEEE International Conference on Cluster Computing and Workshops. New Orleans, LA, 2009, 154 – 161.

[150] Liu Y, Zhu H. A Survey of the Research on Power Management Techniques for High Performance Systems [J]. Software: Practice and Experience. 2009, 40 (11): 943 – 964.

[151] Weiser M, Welch B, Demers A, Shenker S. Scheduling for reduced CPU energy [J]. Mobile

Computing. 1996, 353: 449 – 471.

[152] P. P'enzes and A. Martin. Energy – delay efficiency of VLSI computations [A]. Proceedings of the 12th ACM Great Lakes Symposium on VLSI (GLSVLSI '02), 2002: 104 – 111.

[153] Horvath T. Multi – mode Energy Management for Multi – tier Server Clusters [A]. Proceedings of the Seventeenth International Conference on Parallel Architectures and Compilation Techniques (PACT'08), 2008: 270 – 279.

[154] Choi, GS, et al. A comprehensive performance and energy consumption analysis of scheduling alternatives in clusters [J]. Journal of Supercomputing. 2007, 40 (2): 159 – 184.

[155] J. Lorch and A. Smith. Software strategies for portable computer energy management [J]. IEEE Personal Communications, 1998, 5 (3): 60 – 73.

[156] E. N. Elnozahy, M. Kistler, R. Rajamony. Energy – Efficient Server Clusters [A]. Proceedings of the 2nd Workshop on Power Aware Computing Systems (PACS2002), Cambridge, USA, 2002.

[157] Kveton B, Gandhi P, Theocharous G, et al. Adaptive timeout policies for fast fine – grained power management [A]. Proceedings of the National Conference on Artificial Intelligence, Menlo Park, CA; Cambridge, MA; London; AAAI Press; MIT Press; 2007: 1795.

[158] Hwang C H, Wu A. A predictive system shutdown method for energy saving of event – driven computation [J]. ACM Transactions on Design Automation of Electronic Systems. 2000, 5 (2): 226 – 24.

[159] Garg R, Son S W, Kandemir M, et al. Markov model based disk power management for data intensive workloads [A]. 9th IEEE/ACM International Symposium on Cluster Computing and the Grid, IEEE, 2009: 76 – 83.

[160] Lam, T. W., Lee, L. K., Ting, H. F., To, I., Wong, P. Sleep with guilt and work faster to minimize flow plus energy [A]. Proceedings of 36th International Colloquium on Automata, Language and Programming (ICALP), LNCS, Springer, Heidelberg, 2009, 5555: 665 – 676.

[161] C. Bash and G. Forman. Cool job allocation: Measuring the power savings of placing jobs at cooling – efficient locations in the data center [A]. Proceedings of USENIX Annual Technical Conference, Santa Clara, CA, 2007: 363 – 368.

[162] Varsamopoulos G, Banerjee A, Gupta S. Energy Efficiency of Thermal – Aware Job Scheduling Algorithms under Various Cooling Models [A]. Proceedings of 2nd International Conference on Contemporary Computing, 2009: 568 – 580.

[163] Hamano T, Endo T, Matsuoka S. Power – Aware Dynamic Task Scheduling for Heterogeneous Accelerated Clusters [A]. Proceedings of 23rd IEEE International Parallel and Distributed Processing Synposium, 2009, 1912 – 1919.